地球大数据科学论丛　郭华东　总主编

基于遥感云计算的生态大数据平台建设
——理论、方法与实践

董金玮　何洪林　翟　俊　黄　麟　李之超　陈　玉等　著

科学出版社
北　京

内 容 简 介

本书聚焦于遥感云计算的生态大数据平台技术前沿，从理论、方法、实践三个方面进行系统的阐述，首先介绍了基于遥感云计算的生态大数据平台的背景、基本概念与原理；其次介绍了基于遥感云计算的生态大数据平台的数据、方法与关键技术；最后介绍了基于遥感云计算的生态大数据平台在土地覆盖和土地利用信息提取及生态学应用的最新进展，并提供了基于遥感云计算的甘南州生态大数据平台案例。

本书的读者对象为遥感、土地利用和全球变化分析等方面的科研工作人员和地理、资源、环境以及生态等相关专业的广大师生。

审图号：GS 京（2024）0445 号

图书在版编目（CIP）数据

基于遥感云计算的生态大数据平台建设：理论、方法与实践/董金玮等著. —北京：科学出版社，2024.3

（地球大数据科学论丛/郭华东总主编）

ISBN 978-7-03-074729-7

Ⅰ. ①基…　Ⅱ. ①董…　Ⅲ. ①遥感技术–云计算–应用–生态文明–研究　Ⅳ. ①X24-39

中国国家版本馆 CIP 数据核字（2023）第 020526 号

责任编辑：石　珺 / 责任校对：郝甜甜

责任印制：赵　博 / 封面设计：蓝正设计

科 学 出 版 社 出版

北京东黄城根北街 16 号

邮政编码：100717

http://www.sciencep.com

北京建宏印刷有限公司印刷

科学出版社发行　各地新华书店经销

*

2024 年 3 月第　一　版　开本：720×1000　1/16

2024 年 8 月第二次印刷　印张：19 3/4

字数：380 000

定价：198.00 元

（如有印装质量问题，我社负责调换）

“地球大数据科学论丛”编委会

本书作者名单

总主笔

董金玮

主　笔

何洪林　翟　俊　黄　麟　李之超　陈　玉

主要作者

邵全琴　闫慧敏　胡云锋　曹　巍　匡文慧

赵志平　裴艳艳　杨吉林　李愈哲　何盈利

尤南山　孟紫琪　周　岩　张海燕　牛忠恩

殷嘉迪　赵苗苗　李　韩　杨　柳　刘岳坤

崔耀平　张　强　赵国松　邸媛媛　陈　曦

马淑敏

“地球大数据科学论丛”序

第二次工业革命的爆发，导致以文字为载体的数据量约每 10 年翻一番；从工业化时代进入信息化时代，数据量每 3 年翻一番。近年来，新一轮信息技术革命与人类社会活动交汇融合，半结构化、非结构化数据大量涌现，数据的产生已不受时间和空间的限制，引发了数据爆炸式增长，数据类型繁多且复杂，已经超越了传统数据管理系统和处理模式的能力范围，人类正在开启大数据时代新航程。

当前，大数据已成为知识经济时代的战略高地，是国家和全球的新型战略资源。作为大数据重要组成部分的地球大数据，正成为地球科学一个新的领域前沿。地球大数据是基于对地观测数据又不唯对地观测数据的、具有空间属性的地球科学领域的大数据，主要产生于具有空间属性的大型科学实验装置、探测设备、传感器、社会经济观测及计算机模拟过程中，其一方面具有海量、多源、异构、多时相、多尺度、非平稳等大数据的一般性质，另一方面具有很强的时空关联和物理关联，具有数据生成方法和来源的可控性。

地球大数据科学是自然科学、社会科学和工程学交叉融合的产物，基于地球大数据分析来系统研究地球系统的关联和耦合，即综合应用大数据、人工智能和云计算，将地球作为一个整体进行观测和研究，理解地球自然系统与人类社会系统间复杂的交互作用和发展演进过程，可为实现联合国可持续发展目标（SDGs）做出重要贡献。

中国科学院充分认识到地球大数据的重要性，2018 年年初设立了 A 类战略性先导科技专项“地球大数据科学工程”（CASEarth），系统开展地球大数据理论、技术与应用研究。CASEarth 旨在促进和加速从单纯的地球数据系统和数据共享到数字地球数据集成系统的转变，促进全球范围内的数据、知识和经验分享，为科学发现、决策支持、知识传播提供支撑，为全球跨领域、跨学科协作提供解决方案。

在资源日益短缺、环境不断恶化的背景下，人口、资源、环境和经济发展的矛盾凸显，可持续发展已经成为世界各国和联合国的共识。要实施可持续发展战略，保障人口、社会、资源、环境、经济的持续健康发展，可持续发展的能力建设至关重要。必须认识到这是一个地球空间、社会空间和知识空间的巨型复杂系统，亟须战略体系、新型机制、理论方法支撑来调查、分析、评估和决策。

一门独立的学科，必须能够开展深层次的、系统性的、能解决现实问题的探究，以及在此探究过程中形成系统的知识体系。地球大数据就是以数字化手段连接地球空间、社会空间和知识空间，构建一个数字化的信息框架，以复杂系统的思维方式，综合利用泛在感知、新一代空间信息基础设施技术、高性能计算、数据挖掘与人工智能、可视化与虚拟现实、数字孪生、区块链等技术方法，解决地球可持续发展问题。

“地球大数据科学论丛”是国内外首套系统总结地球大数据的专业论丛，将从理论研究、方法分析、技术探索以及应用实践等方面全面阐述地球大数据的研究进展。

地球大数据科学是一门年轻的学科，其发展未有穷期。感谢广大读者和学者对本论丛的关注，欢迎大家对本论丛提出批评与建议，携手建设在地球科学、空间科学和信息科学基础上发展起来的前沿交叉学科——地球大数据科学。让大数据之光照亮世界，让地球科学服务于人类可持续发展。

郭华东

中国科学院院士

地球大数据科学工程专项负责人

2020 年 12 月

序

生态环境是人类社会生存和发展的基础，生态环境监测和评价是生态环境保护和生态文明建设的前提。过去 40 多年，空间信息技术快速发展，特别是海量遥感数据呈爆炸式、聚集性增长，极大促进了我国生态环境监测和评价能力的提升，拓展和深化了生态环境遥感应用的深度和广度。当前，随着生态环境研究和应用步入到大数据时代，大数据驱动的崭新科研范式给生态环境监测和评价带来了新的突破，生态环境大数据能够克服传统生态环境数据库在数据规模、数据结构和数据类型整合方面的不足，提供更加科学高效的技术手段，实现生态环境领域海量时空数据的动态更新、高度整合和深度分析，对于刻画复杂多变的环境变化过程、分析种类繁多的生态环境问题具有重要价值和巨大潜力。

二十几年来我一直从事生态环境遥感技术工作，主持发展了自主环境卫星及应用系统，依托环境遥感与高性能计算集成技术优势，设计开发了具有水环境、大气环境、生态环境综合遥感监测功能的环境卫星应用平台。2000 年以来，我们陆续完成我国西部地区生态环境遥感调查、全国十年生态环境遥感调查等大规模环境遥感调查，全面揭示了我国生态环境格局、功能、质量、胁迫的时空演变特征。这一时期，数据来源不断丰富，既有来自卫星和航空遥感的海量遥感数据，也有来自野外观测台站网络地面观测数据和各行各业统计分析资料。当前，以遥感大数据为主的多元生态环境数据呈现出爆炸式的增长，生态环境大数据已成为生态环境保护综合决策、监管治理和公共服务的重要手段和技术支撑，深化大数据技术在生态环境监测和评价领域中的应用、构建适合新时代生态环境保护工作需要的具有强大计算分析能力的、更高精度、更高效率的生态环境大数据平台将迎来前所未有的机遇和挑战。

来自中国科学院地理科学与资源研究所、生态环境部卫星环境应用中心的多位科学家围绕生态环境大数据平台的理论、方法和实践开展了一系列合作研究，提出了生态环境大数据平台构建的初步设想和技术思路，并形成了可供复制和推广的典型案例。研究亮点在于充分利用遥感大数据和云计算平台实现对生态系统类型结构、功能保障和胁迫机制的高效辨识，给生态环境高效率监测与评价带来了重要促进，一方面遥感云计算极大提高了海量生态环境遥感数据的处理和计算效率，另一方面，降低了非遥感行业领域人员的技术门槛，提升了生态环境相关领域科学家认识和掌握生态环境变化时空特征和演化规律的能力。

我相信该书出版发行不仅会对遥感大数据技术发展及其在生态环境监测和评价领域中的应用带来有益的促进，而且可为从事生态环境监测和评价相关研究的学者提供方法借鉴和技术参考，期待大家能够在生态环境遥感大数据技术方法创新和推广应用上取得更多、更好的成果！

王桥

2022 年 8 月

前言

生态文明和美丽中国建设是我国重要的国家战略，我国高度重视生态大数据在生态文明和美丽中国建设中的作用。习近平总书记明确指出，要推进全国生态环境监测数据联网共享，开展生态环境大数据分析。生态大数据平台建设是国家新时期生态文明和美丽中国建设任务的战略需要，是大数据时代生态环境治理决策的必然需求，是生态科学领域数据集成和技术创新的重要途径。党的十九大报告中关于“加快生态文明体制改革，建设美丽中国”的论述也明确提出了加强生态系统保护和监管的要求。为有效提升生态系统监测、评价和管理水平，生态环境部发布了《生态环境大数据建设总体方案》，提出了“一个机制、两套体系、三个平台”的建设方案。“一个机制”即生态环境大数据管理工作机制；“两套体系”即组织保障和标准规范体系、统一运维和信息安全体系；“三个平台”即大数据环保云平台、大数据管理平台和大数据应用平台。中共中央、国务院印发的《关于全面加强生态环境保护坚决打好污染防治攻坚战的意见》提出“建立独立权威高效的生态环境监测体系，构建天地一体化的生态环境监测网络”，亟须充分运用大数据、多元立体遥感等新技术，推进生态环境立体遥感监测，开展生态环境立体遥感监测大数据应用，实现从传统环境监测向生态环境监测的快速转变。

20 世纪 90 年代末，我国遥感产业逐步建立，在短短 20 年间，我国的遥感事业在国际遥感技术快速发展的同时一路高歌猛进，到今天国产中低分辨率数据基本实现自给自足，同时高分辨率产品已占到国内市场约 85%。不断涌现的海量遥感数据对于数据的快速处理和挖掘提出了新的挑战和机遇。遥感云计算技术的发展和云计算平台的出现为海量遥感数据处理和分析提供了前所未有的机遇，并彻底改变了传统遥感数据处理和分析的模式，极大提高了运算效率，使得全球尺度的快速分析和应用成为可能。近 20 年来，有关生态学数据、生态观测技术、生态模型、生态预警等方面的科学研究已经取得了重要进展，很大程度上取决于对地观测技术发展和卫星遥感数据的爆炸式增长。天空地一体化连续、立体监测体系的发展为生态学研究提供了前所未有的海量数据，云计算、深度学习等大数据处理和分析技术有力推动了生态学数据的分析和应用。生态大数据平台的建设能够将维度繁多的生态数据实现有效管理、数据标准统一和综合集成。耦合云计算和深度学习算法的生态大数据平台可以高效地实现生态数据预处理（数据清洗、数据转换）、数据分析和建模、数据可视化和决策支持，支撑国家生态环境保护监测与管理，以及应对与适应气候变化的决策支持等。本书试图以当前方兴未艾的遥感云计算生态大数据平台为例，为生态大数据平台的方法和构建提供指南和应用案例，为遥感和地理信息工作者提供技术参考。

全书聚焦基于遥感云计算的生态大数据平台建设前沿，从理论与基础、方法与模型、典型应用案例三个方面进行系统的阐述，全书分为三篇共计 13 章。第一篇：理论篇，主要是基于遥感云计算的生态大数据平台建设理论与基础，包括生态大数据平台建设的背景和基本概念、指标体系、遥感云计算、遥感云计算支持下的生态大数据平台构建；第二篇：数据与方法篇，从数据与方法上详细介绍了生态大数据平台的大数据体系与关键技术、生态空间管控、生态功能保障和生态安全胁迫相关数据与指标；第三篇：实践篇，重点介绍了目前基于遥感云计算的生态大数据平台应用的典型案例，包括中国生态空间演变分析、生态用地演变与预测等生态空间管控实践，典型案例区生态系统供给功能、生态系统服务变化评估等生态功能保障实践，气候变化对特定生态系统影响、城市扩张对生态系统安全影响等生态安全胁迫实践，典型生态功能区的生态修复成效监测评估实践等，最后集中介绍了以甘南州为例的遥感生态大数据平台建设案例。

全书共包括 13 章：第 1 章主要包括生态大数据平台建设的国家需求和科学意义，以及生态大数据与遥感云计算的新技术进展前沿，由董金玮主笔；第 2 章主要包括生态大数据平台建设的指标体系，详细介绍了指标体系的设计原则与选取，主要由裴艳艳和董金玮完成；第 3 章和第 4 章介绍了遥感云计算及基于遥感云计算的生态大数据平台总体架构，主要由董金玮和杨吉林完成；第 5 章主要介绍了生态大数据平台建设的大数据体系与关键技术，包括数据预处理、生态系统类型划分，趋势分析与变化检测等，主要由李之超、尤南山、殷嘉迪和董金玮完成；第 6～8 章重点介绍了生态空间管控、生态功能保障和生态安全胁迫相关的指标方法和数据体系，主要由何盈利、裴艳艳、孟紫琪、牛忠恩完成；第 9～11 章分别介绍了生态空间管控、生态功能保障和生态安全胁迫的典型案例，其中生态空间管控案例主要包括全国生态空间演变案例、生态用地质量变化以及自然保护区的生态管控与干扰案例，分别由胡云锋、殷嘉迪、何盈利和孟紫琪完成，生态功能保障案例主要包括典型农业区、森林生态系统固碳、生态系统服务、典型物种生境变化等案例，主要由黄麟、曹巍、赵志平、牛忠恩和尤南山完成，生态安全胁迫案例主要包括气候变化对湖泊生态系统的影响、城市扩张对华北平原生态安全的影响，主要由周岩和董金玮完成；第 12 章主要是生态修复成效监测评估案例，包括三北防护林森林变化、黄土高原退耕还林还草生态成效评估等，主要由邵全琴、尤南山、李韩和何盈利完成；第 13 章主要是基于遥感云计算的甘南州生态大数据平台综合案例，由董金玮、孟紫琪、裴艳艳、刘岳坤、杨柳、马淑敏等人完成。董金玮、翟俊、何洪林负责了全书的内容设计、排版和校稿，所有著者参与了本书所有章节的多次修订和完善，为本书的格式修改和编排付出了大量劳动！

在写作过程中，还得到了生态及遥感领域多位专家、学者的大力指导和帮助。感谢王桥院士对本书的指导并欣然为本书作序！感谢中国科学院地理科学与资源研究所刘纪远研究员、甄霖研究员、刘荣高研究员等专家给予的支持和指导！

本书的出版得到了中国科学院 A 类战略性先导科技专项“地球大数据科学工程”子课题“生态与资源安全评估”(XDA19040301)的资助。由于作者学识有限，书中难免存在诸多不妥之处，还望各位读者朋友能够提出宝贵意见，我们将在再版时予以更正！

著　者

2022 年 8 月

目 录

第一篇 理 论 篇

第二篇 数据与方法篇

第三篇　实　践　篇

第一篇　理　论　篇

第1章

生态大数据平台建设：背景和基本概念

导读　本章首先介绍了生态大数据平台建设的国家需求和科学意义，并对当前生态大数据平台存在的不足进行了归纳，探讨了生态监测和评价平台对大数据和云计算技术的新需求。在此基础上，介绍了生态大数据、遥感云计算两个方面的最新进展，提出了结合大数据和云计算的新时期生态大数据平台建设的思路框架。通过本章的介绍，读者将会对生态大数据平台的时代背景、基本概念、应用场景与前景展望形成宏观上的认识与理解。

1.1　生态大数据平台建设的国家需求和科学意义

生态文明和美丽中国建设是我国重要的国家战略，我国高度重视生态大数据在生态文明和美丽中国建设中的作用。习近平总书记明确指出，要推进全国生态环境监测数据联网共享，开展生态环境大数据分析。生态大数据平台建设是国家发展的重大需求，且具有重要的科学意义：

首先，生态大数据平台建设是国家新时期生态文明和美丽中国建设任务的战略需要。为了全面推进我国大数据发展和应用，加快建设数据强国，2015 年 9 月国务院正式印发《促进大数据发展行动纲要》。党的十九大报告中关于“加快生态文明体制改革，建设美丽中国”的论述也明确提出了加强生态系统保护和监管的要求。为有效提升生态系统监测、评价和管理水平，2016 年 3 月 7 日，原环境保护部发布了《生态环境大数据建设总体方案》，提出了“一个机制、两套体系、三个平台”的建设方案。“一个机制”即生态环境大数据管理工作机制；“两套体系”即组织保障和标准规范体系、统一运维和信息安全体系；“三个平台”即大数据环保云平台、大数据管理平台和大数据应用平台。为实现生态环境综合决策科学化、监管精准化和公共服务便民化，方案中提出“互联网+”、大数据等前沿技术应用于生态环境大数据的建设和集成应用，为生态环境保护科学决策提供支撑。2018 年 6 月，《中共中央 国务院关于全面加强生态环境保护 坚决打好污染防治攻坚战的意见》提出“建立独立权威高效的生态环境监测体系，构建天地一体化的生态环境监测网络”。2021 年 12 月，生态环境部印发《“十四五”生态环境监测规划》提出“提升大数据监测水平。按照统一架构、分级建设、规范安全、开放共享的原则，制定生态环境监测大数据和智慧创新应用技术指南，开展全国生态环境智慧监测试点，打造国家—省—市—县交互贯通的会商系统和智慧监测平台，‘一张图’展示全国生态环境质量状况”。因此，亟须充分运用大数据、多元立体遥感等新技术，推进生态环境立体遥感监测，开展生态环境立体遥感监测大数据应用，实现从传统环境监测向生态环境监测快速转变（孙中平等，2020）。

其次，生态大数据平台建设是大数据时代生态环境治理决策的必然需求。随着互联网技术的发展，人类已经进入一个信息爆炸的时代。大数据的概念已经深入到不同领域，其主要思路是通过数据挖掘技术从海量数据中进行知识发现，得到新的知识为决策服务。目前，大数据在商业领域的应用已经非常深入，如市场交易和浏览记录等已经普遍应用大数据挖掘技术来指导市场决策；在民生服务领域，大数据的应用也十分广泛，例如许多城市已经在城乡建设、人居环境、健康医疗、养老服务等方面实现了较为成熟的大数据应用示范，特别是新冠疫情发生以来，在统筹推进疫情防控和经济社会发展中发挥了重要作用。但在生态环境保护领域，大数据平台建设的进展仍然相对滞后。

最后，生态大数据平台建设是生态科学领域数据集成和技术创新的重要途径。近二十年来，有关生态学数据、生态观测技术、生态模型、生态预警等方面的科学研究已经取得了重要进展，很大程度上取决于对地观测技术发展和卫星遥感数据的爆炸式增长。天空地一体化连续、立体监测体系的发展为生态学研究提供了前所未有的海量数据，云计算、深度学习等大数据处理和分析技术有力推动了生态学数据的分析和应用。生态大数据平台的建设能够将维度繁多的生态数据实现有效管理、数据标准统一和综合集成。耦合云计算和深度学习算法的生态大数据平台可以高效地实现生态数据预处理（数据清洗、数据转换）、数据分析和建模、数据可视化和决策支持，支撑国家生态环境保护监测与监管，以及应对与适应气候变化的决策支持等。

1.2 现有生态大数据平台存在的不足和需求展望

目前生态大数据平台的进展较快，为各类生态环境问题的解决提供了新的机遇。在我国，大数据在环境监测与保护领域的应用已经取得了初步进展。环境监测和智慧环保系统充分利用了多源数据汇聚和同化、多尺度数据耦合、云计算等技术，实现了对污染物排放的监测及污染源的发现，获得了污染物的排放源头、传输过程和治理方案，提出了污染治理的对策建议。如结合新疆生态环境监测信息化建设现状和管理需求，构建了生态环境监测大数据系统（李新琪，2020）。基于物联网技术搭建的“智慧环保”平台，利用遥感、GPS、视频监控+红外探测等技术，实时进行污染源监控和环境质量检测，助力了环保监督执法及管理决策。

大数据在生态保护领域的应用相对滞后。近年来，随着“绿水青山就是金山银山”理念的不断实践，生态文明建设被提升到一个前所未有的高度。充分利用大数据手段对实现生态监测和生态保护具有重要意义。相对于环境污染，引起生态退化的因素较多，包括乱砍滥伐、过度农垦、陡坡开垦等人类土地利用方式和气候变化、外来物种入侵、火灾等自然影响因素（刘丽香等，2017），因此生态监测的内容更多、更复杂。目前的生态大数据平台多以监测系统为主，如中国生态系统研究网络（Chinese Ecosystem Research Network，CERN）土壤水分监测系统旨在为 CERN 获取长期连续的土壤水分变化监测数据。该平台通过监测设备和物联网设备完成对气象、水环境、土壤环境或大气环境数据的采集，采用自组网实现数据的传输，采用 B/S 架构实现数据的实时查看和追踪。

但是，生态大数据平台仍存在诸多问题，包括：

1）多源异构大数据集成能力欠缺

生态大数据来源类型多，包括卫星遥感数据等栅格数据、地面监测数据等实时文本数据和实验数据等，这些数据的获取方式、数据格式和精度等均不统一。目前多是数据的简单集成，导致数据“不能用、不会用、不好用”，形成了数据沼泽，阻碍数据价值的实现（孙中平等，2020）。此外，国内卫星数据资源利用仍然不够。卫星遥感数据已经成为生态监测和评价的主要数据源，但目前主要的数据源仍然为国外卫星数据，特别是 MODIS（the Moderate Resolution Imaging Spectroradiometer）和 Landsat（Land Remote Sensing Satellite）等数据应用较为广泛，国产卫星数据在我国已经发布的全球生态环境遥感监测年报中应用率不足 20%。如何进一步耦合国内外不同数据源实现更高数据精度的评价是需要思考的重要问题。

2）处理能力难以满足时效性需求

据估计，未来 10 年每日可获取的生态大数据体量将超过 10PB，如何处理这样庞大的数据成为制约生态大数据平台建设的关键技术问题之一。计算机和物联网等技术的发展为解决生态大数据时效性提供了重要技术保障。比如，在数据采集和传输环节，物联网等实时数据传输技术的发展也加快了数据采集效率，实现了光湿水土等生态指标的实时获取；其次，在数据存储和处理分析环节，遥感云计算和云存储的发展给这一问题的解决提供了重要的支撑（董金玮等，2020）。

3）数据指标真实准确性有待提升

数据的质量是生态监测和评价工作的前提。尽管遥感数据提供了客观评价生态指标的独立数据源，但生态遥感指标在数据质量等方面也存在一定的不确定性。最为常见的是当前不同生态系统类型或土地覆盖类型产品之间存在较大的不确定性，土地覆盖产品精度也参差不齐。如 Globeland30-2010 的精度在 46.0%和 88.9%之间，FROM_GLC-2015 精度为 57.71%和 80.36%，GLC_FCS30-2015 精度为 65.59%和 84.33%。全球 30m 专题土地覆盖数据的精度在 67.86%和 95.1%之间，其中 8 种不透水地表产品、7 种林产品、6 种农田产品和 6 种内陆水产品的报告准确率分别为 56.72%～97.36%、32.73%～98.3%和 15.67%～99.7%（Liu et al.，2021）。此外，已有的生态系统生产力指标（如 GPP），尽管数据成果丰富，但不同层面的应用误差较大。例如 PML、BESS、PML、MOD17 等 GPP 产品精度差异巨大，特别是干旱状态下误差十分明显（Pei et al.，2020）。

4）平台指导决策的应用不够落地

目前生态大数据平台的应用多以简单的数据统计和可视化展示为主，如何利用数据挖掘模型，从海量数据中实现知识的发现，切实解决各种生态监测、评价、预警和规划中的实际问题，是当前平台改进的重要方向。

1.3 新技术进展前沿：生态大数据与遥感云计算

1.3.1 生态大数据

目前对于生态系统的监测已经形成了天空地网一体化监测能力。常用的数据源包括卫星遥感、无人机遥感、地面观测、统计数据和众源数据等。

首先，随着遥感技术的发展，卫星遥感技术在生态监测与评价中的应用越来越广泛，已经向产业化方向发展。可见光、红外、微波等不同卫星传感器均在生态监测中发挥了不同的作用，如美国 MODIS、Landsat，欧空局 ENVISAT/MERIS，SPOT，Sentinel-2 和我国的资源、环境和高分系列卫星，不同尺度、不同波谱分辨率和波段设置的卫星遥感数据，及其一系列光谱指数（如绿度 NDVI、EVI，水分指数 NDWI、LSWI 等），为生态系统结构和功能参数的反演提供了重要的数据支撑，它们一起构成了海量的生态监测遥感数据。

其次，地面观测数据不断丰富，全球尺度的主要观测网络包括全球环境监测系统（GEMS）、全球陆地观测系统（CTOS）、国际长期生态研究网络（ILTER）、全球通量观测网络（FLUXNET）以及国际生物多样性观测网络（GEO BON）等。有代表性的国家尺度生态环境观测研究网络包括美国生态环境观测研究网络（US-LTER）、中国生态环境观测研究网络（CERN）、澳大利亚陆地生态系统监测研究网络（TERN）、英国生态环境观测研究网络（ECN）和日本长期生态研究网络（JALTER）。近年来，美国国家自然科学基金会已经投入了 4.34 亿美元来建造国家生态观测网络（NEON），并开放数据共享。几十年来，我国生态系统监测工作取得了长足进展，目前已经建成了覆盖农田、森林、草原、荒漠、湖泊、海湾、沼泽、喀斯特及城市 9 类生态系统的监测台站网络，其中包括中国科学院所属 45 个站，国家林业和草原局所属森林站 105 个、湿地站 35 个、荒漠站 26 个；农业农村部所属 68 个野外农业试验站和 185 个国家级草原固定监测站，此外，水利部、教育部以及地方政府也拥有上百个生态监测站（赵海凤等，2018）。

此外，众源数据、统计数据等也是重要的数据来源。特别是手机端 app 收集的照片、植物和动物信息已经成为生态学研究的重要数据源之一（Yang，2020；Hampton et al.，2013）。如像 eBird 这样的众源科学项目显示了公众收集的小的、局部的观察结果的价值，当这些观察结果聚集在一起时，可以构建对生态学现象的更深入和更广泛的理解。

综上所述，生态大数据具有大数据的五大特征：数据量大、种类多、价值大、时效性高和准确性强（表 1-1）。

表 1-1　生态大数据的基础特征

基础特征	特征表述
数据量大	通过天、空、地、网一体化立体监测生成的数据量级从 TB 级迅猛增长到 PB 级甚至 EB 级。这些数据也呈现空间维度、时间维度、光谱维度、角度维度等多维度特征
种类多	从内容上包括水、土、气、生、人等多个方面的生态相关的数据；从数据来源上讲，数据源主要有卫星遥感数据、地面联网观测数据、无人机数据、地面调查数据、实验数据等
价值大	生态大数据具有重要价值，但如何挖掘生态大数据实现价值是一个重要挑战
时效性高	生态系统干扰和突变、生态退化、生物入侵等过程等的监测需要高时效性的数据支撑
准确性强	生态具有准确客观性，但指标往往也具有一定误差，如何不断提高准确性是重要的努力方面

1.3.2 遥感云计算

遥感云计算平台是在遥感数据量不断增加、海量遥感数据处理能力需求强烈的背景下产生的。遥感云计算技术的发展和平台的出现为遥感大数据处理和分析提供了前所未有的机遇，主要表现在三个方面：一是云端有海量数据资源，无需下载到本地处理；二是云端可以提供批量和交互式的大数据计算服务；三是云端能够提供便捷的应用程序接口API（Application Programming Interface），无需在本地安装软件，就可以进行处理分析（付东杰等，2021）。

以现在使用最广泛的遥感数据源之一——美国陆地卫星 Landsat 数据为例，2008 年之前并非免费，研究人员往往用尽量少图幅的 Landsat 影像来开展研究（Woodcock et al.，2008）。Landsat 数据可以免费获取之后，数据下载量提高了 100 倍（Popkin，2018）。可用数据量的增加，也推动了遥感数据处理新范式的产生，并引发了众多地球科学领域的科学创新（Wulder et al.，2019）。随后，其他公开免费的遥感数据也越来越多，数据的时间分辨率、空间分辨率以及光谱分辨率都得到了提升。但不断涌现的海量遥感数据需要大量的计算资源，传统的单机计算资源难以满足这一需求。而且卫星和地面传感器所提供的地理信息迅速扩大，促使大家寻求新的、第四种大数据科学范式，这种科学范式强调国际合作、数据密集分析、巨大计算资源和高端可视化（Goodchild and Li，2012）。

1.4 基于遥感云计算的生态大数据平台建设思路

1.4.1 建设目标与要求

基于遥感云计算的生态大数据平台建设目标主要是面向国家生态环境保护需求，发挥云计算技术优势，针对国家和区域生态空间管控、生态功能保障和生态安全胁迫综合分析与应用，运用信息化技术和手段，构建面向科学研究与业务应用的数据平台、计算平台、服务平台、应用平台和展示平台，提升信息处理与科学分析能力和生态环境保护业务管理决策水平，更好的服务经济社会发展、政府管理和社会公众。具体建设过程中，首先，充分开展业务需求分析，全面分析建设需求，梳理业务流程及内容，明确系统建设的关键技术与性能要求，开展技术攻关和标准规范研制。其次，运用软件工程、系统工程的设计思想，组织系统总体架构、细化分系统、子系统以及各功能模块的输入输出和接口技术要求，形成系统建设需求分析报告、项目总体设计、关键技术研究报告及详细设计等论证文件。

1.4.2　建设思路

首先，明确平台用户和服务对象。一般来讲，生态大数据平台可以服务三类用户。第一，决策部门用户。包括国家和地方生态环境、自然资源、农业水利、应急灾害等机关和事业单位。第二，教育科研机构用户。包括高等院校、研究院所自然地理、生态环境和资源保护等领域的教学和科研人员。第三，社会公众。包括社会公众和志愿者。

其次，强调数据资源与计算资源深度整合。依托高效数据库存储技术，发挥云计算平台优势，为多源数据提供统一的访问模式，为大数据平台提供统一的数据格式标准、数据汇交方式和日常管理模式，优化计算资源调度方式，提高数据传输速度和容错能力。

再次，算法模型与指标体系高度融合。面向卫星遥感、野外观测、行业统计、文献资料等多元数据融合的自适应算法模型，以模块化、智能化的思想优化模型与分析评估指标体系的融合程度，依据指标特征科学划分测试集和训练集，依据指标类型优化模型结构质量，构建模型与指标的动态网状映射关系，实现二者高度融合。

然后，学科知识与业务领域紧密配合。围绕学科特点梳理业务领域，面向业务领域完善学科知识体系。凝练自然地理、生态保护、资源环境等学科知识的专业范围、对象和功能，对标政府管理和社会分工需求，识别关键的业务对象、业务活动、业务系统和业务知识，在大数据平台内部通过唯一信息标识实现面向业务服务的知识信息分类与管理。

最后，应用领域与信息共享充分结合。改变生态环境保护数据共享“一事一议、一事一共享”的模式，打通生态环境科学分析评估和各行业应用领域的信息共享渠道，开放数据资源，以领域问题为导向，解决信息互通互认机制和共享服务存在的壁垒，加快推进大数据时代生态环境信息价值的实现。具体到地区应用落地的需求，依托国家和地方数据中心、电子政务网络和门户展示终端，构建数据平台、基础设施平台、技术平台及应用服务平台，建设一个以高效数据计算处理、数据共享使用、信息互联互通、综合评估分析为特色的面向生态环境保护业务协同平台，实施统一管理，实现数据调用和互操作，为不同用户提供多层次和多维度的计算与信息服务。平台可以扩大生态环境保护数据快速计算、科学分析与综合评估的内容和范围，增强业务协同和联动能力。

参 考 文 献

董金玮，李世卫，曾也鲁，等. 2020. 遥感云计算与科学分析. 北京：科学出版社.

付东杰, 肖寒, 苏奋振, 等. 2021. 遥感云计算平台发展及地球科学应用. 遥感学报, 25(1): 220-230.

李新琪. 2020. 基于“5+3+3”总体架构的新疆生态环境监测大数据系统建设方案研究. 干旱环境监测, 34(2): 79-83.

刘丽香, 张丽云, 赵芬, 等. 2017. 生态环境大数据面临的机遇与挑战. 生态学报, 37(14): 4896-4904.

孙中平, 申文明, 张文国, 等. 2020. 生态环境立体遥感监测大数据顶层设计研究. 环境保护, 48(Z2): 56-60.

赵海凤, 李仁强, 赵芬, 等. 2018. 生态环境大数据发展现状与趋势. 生态科学, 37(1): 211-218.

Goodchild M F, Li L. 2012. Assuring the quality of volunteered geographic information. Spatial Statistics, 1: 110-120.

Hampton S E, Strasser C A, Tewksbury J J, et al. 2013. Big data and the future of ecology. Frontiers in Ecology and the Environment, 11(3): 156-162.

Liu L, Zhang X, Gao Y, et al. 2021. Finer-resolution mapping of global land cover: Recent developments, consistency analysis, and prospects. Journal of Remote Sensing, 2021: 5289697.

Pei Y Y, Dong J W, Zhang Y, et al. 2020. Performance of four state-of-the-art GPP products (VPM, MOD17, BESS and PML) for grasslands in drought years. Ecological Informatics, 56: DOI101052.

Popkin G. 2018. US government considers charging for popular Earth-observing data. Nature, 556(7700): 417-419.

Woodcock C E, Allen R, Anderson M, et al. 2008. Free access to Landsat imagery. Science, 320(5879): 1011-1011.

Wulder M A, Loveland T R, Roy D P, et al. 2019. Current status of Landsat program, science, and applications. Remote Sensing of Environment, 225: 127-147.

Yang J. 2020. Big data and the future of urban ecology: From the concept to results. Science China-Earth Sciences, 63(10): 1443-1456.

第 2 章

生态大数据平台建设的指标体系

导读　本章首先明确了与生态系统监测评价相关的技术问题，考虑了指标的可获得性和可测量性，梳理了各类指标。其次根据生态大数据平台建设的指标体系设计原则，结合数据可获得性等遴选生态安全评估的具体 9 个方面指标，并将其分为一级、二级指标层。最后采用文献调查法、层次分析法、专家打分法和熵权法等方法构建生态大数据平台指标体系。通过本章的介绍，读者将掌握生态大数据平台指标体系建设的基础知识。

2.1　生态大数据平台建设的指标体系设计原则

全球生态环境问题日趋严重，主要表现在气候变化、生物多样性丧失、环境污染、森林锐减、水资源枯竭以及土地退化等方面（徐广才等，2009）。这些问题往往过程复杂、驱动因素众多、涉及尺度大，解决起来难度大。大数据为各种生态环境问题的解决提供了新机遇。2015 年，大数据建设上升为国家战略，国务院印发了《促进大数据发展行动纲要》，对我国大数据建设作出部署。《促进大数据发展行动纲要》指出：大数据的主要特征是存取速度快、类型多、容量大、应用价值高，正快速发展为对格式多样、来源分散、数量巨大的数据进行采集、存储和关联分析，从中发现新知识、创造新价值、提升新能力的新一代信息技术和服务业态。2016 年，生态环境部组织编制《生态环境大数据建设建设总体方案》，明确指出通过大数据的建设和应用，要在未来五年实现生态环境综合决策科学化、生态环境监管精准化、生态环境公共服务便民化。从大数据的 3V 特性：数据的规模性（Volume）、结构多样性（Variety）和高速性（Velocity）逐步拓展到 6V 特性，增加了真实性（Veracity）、易变性（Variability）和价值性（Value）（彭宇等，2015；董玉红等，2017）。大数据来源丰富，通过收集、整理海量的多结构、多类型数据，会产生分散数据体现不出来的价值，会催生新业态、新机制。

大数据为科学研究带来了新的方法论。作为科学研究的新范式，大数据正在催生人们用全新的思维追求科学发现。生命科学领域多层次大数据的汇聚、深度分析，以及通过学科交叉与生态、地理、遥感、环境等数据的融合所实现的知识发现，推动着生态系统科学研究向“数据密集型科学”的新范式转变，正在深刻改变着人类对生态系统的认知方式和生物资源的利用能力。生态大数据平台建设的指标体系研究已经受到国内外学者的广泛关注（马克平等，2018）。已有研究从生态有效性和管理有效性两个方面开展生态系统保护成效评估框架和指标体系构建，也有学者根据“生态恢复—生态系统结构—质量—服务—效益”级联式概念框架，构建了重点脆弱生态区生态恢复综合效益评估指标体系。针对生态保护红线保护成效的评估，也有学者开始了探索性研究，目前主要侧重于生态系统类型构成和服务功能评价，包括生态保护红线生态状况保护成效评估指标方法以及生态系统服务研究在生态保护红线保护成效评估中的应用等。可以看到，已有的生态保护成效评估指标体系其适用对象多为自然保护区、重点生态功能区、生态保护修复工程等，且多聚焦于保护性区域自身生态状况的变化。而已开展的生态系统保护成效评估主要侧重于生态功能和质量，对于人类活动干扰、管理有效性等综合因素考虑不足。

大数据系统平台建设的关键是要以系统的思路来建设，一是系统化的设计思路和技术对大数据组织和管理极为重要；二是生态监测、评价和保护需要对生态系统有综合性的思维，需要融合到平台设计指标中。在充分遵循综合性和科学性的原则、体现主体功能区划的区域发展差异和保障指标可行性的基础上，通过参考和比较现有各类生态评估技术规范、指标体系和相关报告，考虑到国家生态保护红线划定战略和国家大数据发展战略的重大需求（高吉喜，2015；高吉喜等，2017），我国生态保护领域存在的主要问题是如何围绕生态系统的保护与利用，有效整合多源异构数据资源并建立我国的生态大数据平台（马克平等，2018），实现生态保护成效评估和有效管理，保障国家生态安全，支撑国家公益性科学研究和产业创新，促进生态系统信息最大限度地整合、分析、评价、保护和利用，推动我国生态系统与保护科学创新和产业乃至社会经济的可持续发展。生态大数据平台指标体系构建的最终目标是服务于生态系统保护成效评估，要通过重要自然生态空间的保护成效评估，为经济社会可持续发展提供必要的生态支撑和生态安全保障。在生态保护成效评估中，除了考虑其内部生态状况的提升，还需结合人类社会对生态保护的影响开展综合评估。因此，基于生态保护红线的内涵目标与管控需求，以生态保护红线与区域社会经济系统人—地耦合响应机制为主线，构建生态大数据平台指标体系，从而为定量评估生态保护红线对改善区域生态状况和保障区域生态安全的贡献提供技术支撑。

2.1.1　科学性原则

在生态大数据指标体系建设之前，必须明确与生态系统监测评价相关的技术问题：①监测评价的目的；②监测评价的区域；③监测评价的对象；④监测评价的方法和流程。明确监测评价的目标和技术方法，是开展生态大数据指标体系建设的关键环节。监测评价指标的概念必须明确，且具有较为准确的科学内涵，能够客观反映生态系统的内部结构关系，并能够较好地度量生态保护成效。指标的选取应具有科学性，应借鉴复合生态系统理论、景观生态学、区域生态学等先进理论方法，采用统一、标准化的方法，监测生态系统变化规律，以确保指标体系的准确性和客观性。

2.1.2　可操作性原则

主要是考虑指标的可获得性和可测量性。由于受到监测方法、资料来源、评价模型及模型参数的限制，不同生态效益指标评价的难易程度和可靠性具有很大差异。为保证评价的客观性，避免主观因素的影响，选择指标时主要考虑可以量化的（包括直接观测、计算或模拟）指标，进而依靠数据做出客观的判断。指标计算需要的直接观测数据、模型和参数要容易采集或有权威、可靠的来源。因此筛选时需要综合考虑评价模型的可靠性以及数据资料的可获得性及其可靠性，优先选择一些资料可靠完整和评价方法科学简单的指标。总体来说，指标应易于获取，评价方法易于掌握，可操作性强。

2.1.3　系统性原则

面向生态空间管控、生态功能保障和生态安全胁迫的基本要求，从生态功能、保护面积、用地性质与管理能力等多方面，分析生态系统的面积、结构变化、功能状况和保护成效情况。生态大数据平台指标体系的建设应尽可能反映生态系统的完整性，系统反映总体生态状况，抓住关键性指标，并体现不同生态类型的主要特征和保护状况。生态空间、生态功能和生态安全相关的指标数量多、项目繁杂，如何清晰的将各类指标梳理，是生态大数据平台指标体系建设必须要解决的问题。指标体系内部应具有较强的逻辑性，层次分明，结构清晰，确保在实际应用中能够准确、快捷的选取评价指标。

基于以上依据与原则，将生态安全评估指标体系的指标分为三个类别：生态空间管控、生态功能保障、生态安全胁迫。在此基础上结合数据可获得性等遴选生态安全评估的具体指标（图 2-1）。总共选取 9 个方面的指标。

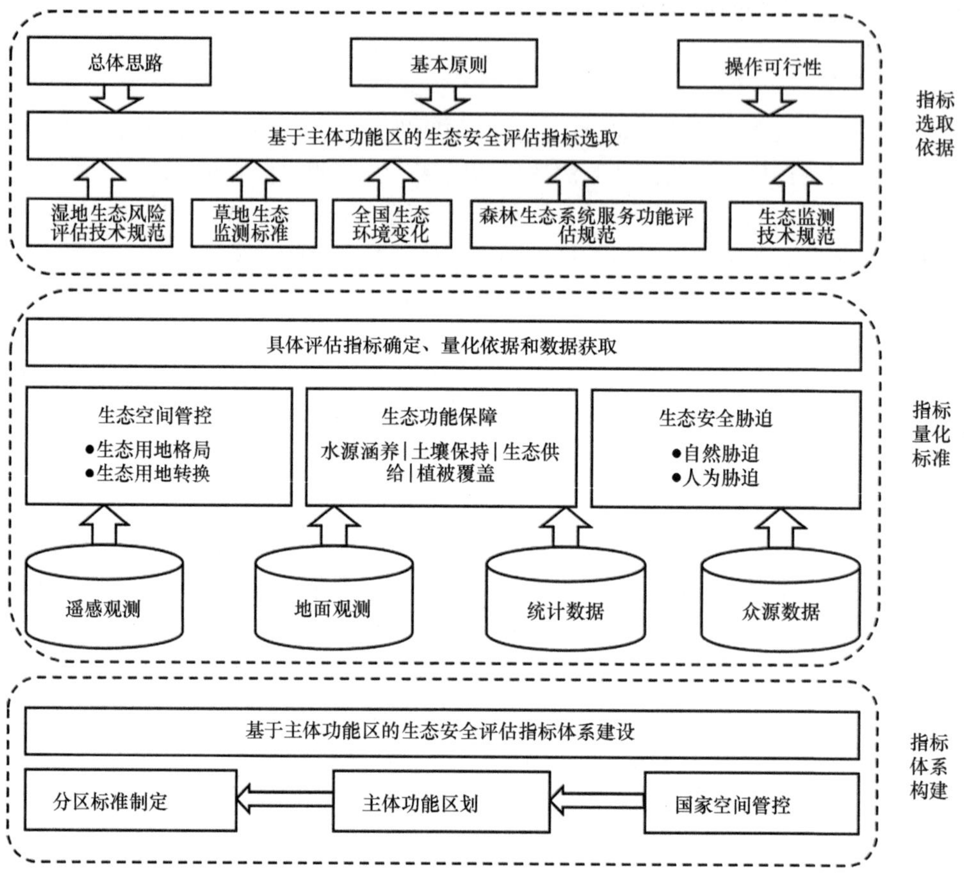

图 2-1　生态大数据平台建设的指标体系设计依据

2.2　生态大数据平台指标体系的选取

梳理国内外相关指标体系构建的研究成果，服务于生态大数据平台构建目标，构建科学依据充分，技术先进可行，逻辑关系明确，紧密服务于生态系统管理、保护和修复的指标体系框架。该指标体系框架以生态系统宏观结构、服务功能和生态安全胁迫的基本特征及其变化规律为核心，在实现不同时空尺度生态系统综合监测与评估工作的同时，就不同区域、不同类型生态系统的管理、保护和修复等提供有效的决策支持。

生态系统大数据平台建设的指标体系分为一级、二级指标层（表 2-1）。其中，一级指标层有 3 个，分别为生态空间管控指标、生态功能保障指标和生态安全胁迫指标；二级指标层有 9 个，即：生态用地格局指标、生态用地转换指标、生态供给功能指标、生物多样性保护指标、水源涵养指标、土壤保持指标、植被覆盖状况指标、自然胁迫指标、人为胁迫指标。

表 2-1　生态系统大数据平台建设的指标体系

一级指标层	二级指标层	指标解释
生态空间管控指标	生态用地格局指标	不同生态用地类型（自然生态用地、半生态用地和弱生态用地）的面积、比例和景观指数
	生态用地转换指标	自然生态用地、半生态用地和弱生态用地之间的转换特征
生态功能保障指标	生态供给功能指标	体现了陆地生态系统在自然条件下的生产能力，是一个估算地球支持能力和评价生态系统可持续发展重要指标
	生物多样性保护指标	指地球上数以百计的动物、植物、微生物及其与环境形成的生态复合体，以及与此相关的各种生态过程
	水源涵养指标	指生态系统通过其特有的结构与水相互作用，对降水进行截留、渗透、蓄积，并通过蒸散发实现对水流、水循环调控的能力
	土壤保持指标	指保持土壤资源，防治土壤侵蚀，以保持土地生产力，指对于水力、风力等各类因素引起的土壤侵蚀的治理
	植被覆盖状况指标	指植被冠层在地面上的垂直投影面积与土地面积的百分比，是衡量地面植被特征及区域生态环境质量的重要指标
生态安全胁迫指标	自然胁迫指标	指由自然因素引起的对生态系统的威胁和压力，包括自然灾害、气候变化等
	人为胁迫指标	指由人类活动引起的对生态系统的威胁和压力，包括土地利用、重大建设工程、农林牧副渔产业、旅游活动、污染等

2.2.1　生态空间管控指标体系

随着我国工业化和城镇化进程的快速推进，经济布局与人口、资源分布不协调，经济社会发展与生态环境保护、区域发展不平衡等矛盾日益凸显（高吉喜等，2021）。尤其是伴随着城镇空间的不断扩张，城镇、农业、生态空间结构性矛盾日益加剧，大量的自然生态空间被侵占，加速了原本就十分脆弱的生态系统功能退化，最终造成诸多生态环境问题。为此，党的十八大报告首次提出，“促进生产空间集约高效、生活空间宜居适度、生态空间山清水秀”的总体要求①，将优化国土空间开发格局作为生态文明建设的首要任务。党的十九大报告进一步提出，“必须坚持节约优先、保护优先、自然恢复为主的方针，形成节约资源和保护环境的空间格局、产业结构、生产方式、生活方式，还自然以宁静、和谐、美丽”，将

① 胡锦涛在中国共产党第十八次全国代表大会上的报告. 2012.

构建空间格局作为节约资源和保护环境的优先任务[①]。这标志着我国的生态环境保护已进入注重国土空间格局“源头”管控的新阶段，其中构建自然生态空间格局成为国土空间格局管控的重要内容。

自然资源部在《自然生态空间用途管制办法》中首次对生态空间进行了定义，指森林、草地、湿地、河流、海洋、荒地等以提供生态产品或服务为主导功能的国土空间。随后学术界就生态空间展开深入研究，但目前对于生态空间的概念与分类尚未达成共识。生态空间源于对生态用地概念的拓展与延伸，即生态用地所在的空间范围。综合对比和分析前人研究中对生态空间的相关定义（表 2-2），本书界定生态空间内涵为：能够生产生态产品或提供生态服务，且自身有一定自我调节、修复、维持和发展能力，并具有水源涵养、土壤保持、防风固沙、生物多样性、洪水调蓄、产品提供或人居保障等功能，在保障生态安全及维护生态系统可持续发展等方面有一定推动作用的国土空间（殷嘉迪等，2020）。

表 2-2　生态空间相关概念在前期研究中的表述和内涵比较

概念	常见内涵	与本文界定的生态空间的异同
生态空间	具有较为关键的生态功能且以提供生态产品或服务为主导的国土空间，是保障国土生态安全的生态红线	无明显差异
城市绿色空间	城市区域内自然或半自然的土地利用状态	属于生态空间的重要组成部分
城市公园绿地	由自然植被和人工植被共同组成的城市绿化用地，或经专门规划建设以休憩为主要功能的城市绿地	是城市绿色空间的一种
城市生态用地	具有生态系统服务功能的生态单元，一般不以经济效益为目标	与城市绿色空间内涵相似
景观生态空间	生态结构和功能在外界干扰和其本身自然演替的作用下，呈现出动态特征	定义较为模糊
生态用地	以保护和稳定区域生态系统为目标，能够直接或间接发挥一定的生态服务功能，且其自身具有自我调节、修复、维持和发展能力的土地	无明显差异
自然生态空间	具有自然属性、可以提供生态产品或生态服务的国土空间	是生态空间的重要组成部分
三生用地	由生活、生产及生态用地构成。其中，生态用地指具有维护生态系统安全的能力，且能够提供生态服务功能的土地	无明显差异
三生空间	由生活、生产及生态空间组成。其中，生态空间指以保护和发展区域生态系统可持续为目标，能直接或间接提供生态调节和生物支持等生态服务功能，且自身具有一定自我调节、修复、维持和发展能力	无明显差异

自然生态空间格局构建可实现对国土空间生态功能的总体管制，其最终目的是对国土空间开发行为进行管控，理顺保护与发展的关系，最终达到保护重要生态空间及促进区域可持续发展的目的（高吉喜等，2021）。自然生态空间与城镇空间、农业空间在符合一定的条件下，可按照资源环境承载能力和国土空间开发适宜性评价，根据功能变化状况可以进行动态的相互转化。在落实生态文明战略、

① 习近平在中国共产党第十九次全国代表大会上的报告. 2017.

维护国家生态安全的背景下，构建自然生态空间格局对于优化国土空间开发格局，指导生态保护与建设具有重要意义。因此，生态空间管控指标体系的选取主要包括生态用地格局和生态用地转换两方面内容。

1. 生态用地格局

生态用地具有重要的生态系统服务功能，在维护生态平衡、保障国土生态安全、应对全球气候变化中具有特殊地位。生态用地是指能够直接或间接发挥生态环境调节和生物支持等生态服务功能且其自身具有一定的自我调节、修复、维持和发展能力的土地利用类型（龙花楼等，2015）。生态用地是一个国家或地区生态环境质量好坏的“晴雨表”，也是衡量中国重要生态空间生态保护成效的重要指标（高吉喜等，2020）。

关于生态用地分类，国内诸多学者从不同的角度得到不同的分类结果，总体上看，生态用地分类主要有 3 种划分方式：从土地覆被类型角度划分、从土地利用程度角度划分和结合二者的综合划分方式（管青春等，2018）。由于生态用地的分类方式还与不同的研究区域有关，需要对各种层次和类型的生态用地按照统一标准进行分类。在这些分类体系当中，有的类型间界限不是很清楚，不容易区分，有的可能有重叠。而且如此多的分类，缺乏一个统一的标准，势必对生态用地的保护造成障碍。目前，学界对“生态用地分类”的观点主要分为四种：①“生态要素决定论”，主要从土地空间形态角度来定义生态用地，认为生态要素的空间定位统称为生态用地。按空间形态分为两类，即成片森林、湖泊水体、湿地、农业用地以及开敞空间等属于面状生态用地，河流、沿海滩涂等属于线状生态用地。②“泛生态功能决定论”，单纯从土地生态功能角度来定义生态用地，认为凡是可以提供生态系统服务的土地均可以视为生态用地，包括农田、林地、草地、水域和沼泽等在内的、地表无人工铺装的、具有透水性的地面等都可以纳入生态用地的范围。③“主体功能决定论”，以土地主体功能来划分生态用地，认为以发挥自然生态功能为主、对维护关键生态过程具有重要意义的生态系统为生态用地，其生态系统服务功能重要、生态敏感性高。④“利用形式决定论”，从是否开发利用的视角来分类生态用地，认为除农用地和建设用地外，其他未被人类所利用的、能够直接或间接发挥生态功能的土地就是生态用地。

生态空间范围很广，在生态价值、利用方式上也存在较大差异，不同类型生态空间所承载的生态功能也有所不同（管青春等，2018）。不同用地类型在某种程度上均存在一定的生态功能，但其强度有所不同。考虑到人为活动本身无法脱离生态空间而是其一部分，以及人类活动作用范围与生态空间的关系，故将生态空间划分为生态用地、半生态用地及弱生态用地（表 2-3）。为使生态空间分类在生态空间管控及生态文明建设中发挥应有的作用，以生态空间辨识为出发点，以强化生态功能的基础地位为分类目标，建立中国生态空间分类体系与中国科学院土地利用分类系统（刘纪远等，2014）的衔接关系，使生态空间分类体系与原有工作实现有效对接（殷嘉迪等，2020）。

表 2-3　生态空间分类体系及其与中国科学院土地利用分类系统的映射关系

用地类型	含义	一级类型		二级类型		分类依据
		类别代码	类别名称	类别代码	类别名称	
自然生态用地	完全生态用地或生态功能较其他功能强	2	林地	21	有林地	有林地、灌木林、疏林地及其他林地均具有水源涵养、气候调节、防风固沙等重要作用，是重要的生态用地
				22	灌木林	
				23	疏林地	
				24	其他林地	
		3	草地	31	高覆盖度草地	草地作为一种可更新土地资源，其具有土壤保持、气候调节、自然景观等生态服务功能，具有一定的生态价值，属于重要的生态用地
				32	中覆盖度草地	
				33	低覆盖度草地	
		4	水域	41	河渠	水域包括河渠、湖泊、冰川、滩涂、滩地等具有调节区域气候和水文等作用，是维护生态安全不可或缺的生态用地
				42	湖泊	
				43	水库坑塘	
				44	永久性冰川雪地	
				45	滩涂	
				46	滩地	
		6	未利用地	61	沙地	未利用地多为天然的生态类型，具有原生植被或景观特征，不能被随意扰动，具有重要生态价值
				62	戈壁	
				63	盐碱地	
				64	沼泽地	
				65	裸土地	
				66	裸岩石质地	
				67	其他	
		9		99	近海岸海洋	其他用地在固定流沙、减弱风蚀、改善生态环境质量等方面起着不可替代的作用
半生态用地	生态功能较其他功能相当	1	耕地	11	水田	水田和旱地是国家粮食安全的重要保障，首先具有较强的食物供给功能，但同时也具有较强的气候调节、碳固定等生态功能
				12	旱地	
弱生态用地	生态功能极弱	5	城乡工矿居民点用地	51	城镇用地	城镇用地、农村居民点及其他建设用地主要以生产和生活功能为主
				52	农村居民点	
				53	其他建设用地	

所有土地利用类型或生态类型均有一定的生态服务价值，因此将生态用地分为自然生态用地、半生态用地、弱生态用地（表 2-3）。

（1）自然生态用地：包括天然林地、天然草地、水域、滩涂等。

（2）半生态用地：包括经济林地、耕地、绿化用地等。

（3）弱生态用地：包括建设用地等。

生态用地格局的指标包括：不同生态用地类型（自然生态用地、半生态用地和弱生态用地）的面积、比例和景观指数等。

2. 生态用地转换

生态用地转换在全球环境变化和可持续发展中占有重要的地位（傅伯杰和张立伟，2014）。人类通过对与土地有关的自然资源的利用，改变地球陆地表面的覆被状况，其环境影响不只局限于当地，而远至全球。而生态用地转换对区域水循环、能量质量、生物多样性及陆地生态系统的生产力和适应能力的影响则更为深刻。生态用地转换表现在生物多样性、土壤质量、地表径流和侵蚀沉积及实际和潜在的土地第一性生产力等方面。土地作为地圈与大气圈的界面，其变化是地圈、生物圈和大气圈中多数物质循环和能量转换过程，包括温室气体的释放和水循环的源汇。因此，生态用地转换与全球环境变化及可持续发展的关系研究至关重要，内容包括：①生态用地变化对全球环境变化的影响。全球环境变化包括两个层次的变化：系统性的变化和累积性的变化。前者指真正全球意义上的变化，如气候波动和碳循环等；后者指区域性的变化，其累积效果影响到全球性的环境现象，如植被破坏、生物多样性的损失及土壤侵蚀等。生态用地变化对系统性全球环境变化的影响研究，其内容包括：温室气体的净释放效应、大气下垫面反照率的变化等等。对累积性变化影响的研究内容包括：土地退化、生物多样性、流域水平衡、水质和水环境、河流泥沙及海洋生态系统等方面的影响。②全球环境变化对生态用地变化的影响。研究其他方面的环境变化，主要是气候变化对生态用地的影响，以及生态用地对可能的环境变化的敏感性图。气候变化对生态用地的影响包括通过气温和降水的波动造成的直接影响及通过干旱、洪水、土地退化产生的间接影响。各种土地利用方式对气候波动的敏感性差异很大，如旱作农业就比灌溉农业脆弱得多。③生态用地变化与可持续发展。由于陆地和海洋生态系统的土地、水、食物及纤维等资源的丰缺都会受到生态用地变化的直接或间接的影响，因此世界环境和发展大会所提出的许多可持续发展问题均与生态用地转换有关。这方面的研究主要着眼于三个方面：一是协调各经济部门对土地的利用，保护那些对人类未来发展至关重要的生态用地类型，如耕地和湿地的保护；二是探索有利于生态和环境的土地利用方式，如免耕和少耕农业、生态农业及复合农林业等；

三是现状土地利用方式的可持续性及其调控，如河北平原地下水位降低的主要原因是耕作制度的变化，这就涉及到生态用地本身的可持续性。

生态用地变化的机制研究通过区域案例的比较，分析影响土地使用者或管理者改变生态用地利用和管理方式的自然和社会经济方面的主要驱动因子，建立区域性的生态用地变化经验模型。影响生态用地变化的社会经济因素可分为直接因素和间接因素。间接因素包括 6 个方面：人口变化、技术发展、经济增长、政经政策、富裕程度和价值取向。它们通过直接因素作用于生态用地，后者包括：对土地产品的需求、对土地的投入、城市化程度、土地利用的集约化程度、土地权属、土地利用政策以及对土地资源保护的态度等。应当指出，影响生态用地的直接和间接的社会经济因素多种多样，与生态用地间的相互关系亦非简单的线性关系，而且具有很大的区域差异。为解释生态用地的全球变化，必须进行广泛的区域案例研究。此外，在不同的时间尺度上，各种因素的作用也存在很大的差异。因此，对生态用地机制的研究需综合自然和社会多学科的知识和方法，建立模型，并落实到空间上，即与地理信息系统相结合。

生态用地转换是指自然生态用地、半生态用地和弱生态用地之间的转换特征（张红旗等，2015）。生态用地转换的指标包括：不同生态用地转换的类型、方向和强度等。以遥感影像分类解译得到的土地利用空间分布数据为基础，通过对国内外专家就生态用地内涵的研究总结，并根据实际生态情况，对生态用地内涵进行界定；在此基础上，借鉴土地利用变化分析方法（刘纪远等，2014；2009），对生态用地变化进行分析，运用生态用地变化动态度、生态用地变化转移矩阵、转入转出贡献率等分析方法，从时间和空间上分析生态用地的动态变化特征，得到生态用地变化的规律。

2.2.2 生态功能保障指标体系

新时期生态文明建设被纳入“五位一体”总体布局，“绿水青山就是金山银山”理念逐步成为全社会的共识。生态功能区是保障国家生态安全、扩大绿色生态空间的重要区域，是人与自然和谐相处的示范区。生态功能保护区的概念源于 2000 年国务院发布的《全国生态环境保护纲要》，2007 年原国家环境保护总局发布了《国家重点生态功能保护区规划纲要》，并联合中国科学院发布《全国生态功能区划》确定 50 个国家重要生态功能区（2015 年修编后增加至 63 个）（Zhai et al., 2018）。2010 年，国务院发布的《全国主体功能区规划》中划定了水源涵养、水土保持、防风固沙、生物多样性维护 4 种类型的重点生态功能区。目前重点生态功能区研究，主要集中在生态效益补偿、发展道路与模式和产业发展等方面。针对单个类型或单个区域的重点生态功能区开展了大量生态效益评价工作（吕一河等，2013），如黑河下游重要生态功能区的生态恶化发生发展过程与驱动机制、生态环境敏感性与生态承载力评价、植被防风固沙功能及价值估算等，陇东黄土高原丘陵沟壑重要生态功能区生态系统的土壤保持功能及其经济价值，甘南黄河重要水源补给生态功能区的草地生态环境综合评价，秦岭生态功能区水土保持治理效益综合评价，三江源区水源涵养服务模拟评价等，以及重点生态功能区生态安全评价、典型生态服务及评估方法等。

2008～2019 年，中央财政累计下拨国家重点生态功能区转移支付 5241 亿元。其中，2019 年重点生态功能区转移支付县域数量达 818 个，总金额达 811 亿元（马本等，2020）。行业主管部门采用生态环境指数指标体系考核国家重点生态功能区县域生态环境质量保护及改善的效果，据此给予奖励、扣减直至全面停止转移支付资金。生态环境指数指标体系包括自然生态指标和环境状况指标，通过综合指数法得到每个市县的生态环境指标年际变化量。采用统一标准便于考核，但是针对性较弱，特别是生态指标的设计中生态功能体现不够明确。后续对重点生态功能区的成效评估，应该针对核心服务和保护目标，分类开展具体定量的综合评估（吕一河等，2013）。弄清重点生态功能区生态系统变化状况，明确限制性开发对其生态安全的影响，评估生态保护对其发挥生态保障功能的作用，可以为后续重点生态功能区综合监测与评估提供科学基础，对于支撑重点生态功能区生态保护与限制开发的管理决策具有重要意义。因此，首先需要明确生态功能区实施转移支付之前的生态系统本底状况，即实施生态保护和恢复前 5～10 年的区域生态系统平均状况及其变化状况。

生态系统功能是指生态系统所体现的各种作用，主要包括物质循环、能量流动和信息传递等方面，是通过生物群落来实现的（杜文鹏等，2020）。生态系统多功能性指“生态系统的整体功能”或“生态系统同时提供多种功能和服务的能力”。生态功能保障指标体系可以包括以下 5 个方面指标：生态供给功能指标、生物多样性保护指标、水源涵养指标和土壤保持指标、植被覆盖状况指标。

1. 生态供给功能

陆地生态系统植被生产力反映了植物通过光合作用吸收大气中的 CO_2，转化光能为化学能，同时累积有机干物质的过程，体现了陆地生态系统在自然条件下的生产能力，是一个估算地球支持能力和评价生态系统可持续发展的重要指标（袁文平等，2014）。同时，大约 40%的陆地生态系统植被生产力被人类直接或间接利用，转化为人类的食物、燃料等资源，是人类赖以生存与持续发展的基础。因此，陆地生态系统植被生产力一直是地球系统科学领域内的研究热点，对其模拟的准确与否直接决定了后续碳循环要素（如叶面积指数、凋落物、土壤呼吸、土壤碳等）的模拟精度（冯源等，2020），也关系到能否准确评估陆地生态系统对人类社会可持续发展的支持能力。

陆地生态系统供给功能的指标主要包括：总初级生产力（gross primary productivity，GPP）、净初级生产力（net primary productivity，NPP）、净生态系统生产力（net ecosystem productivity，NEP）和净生物群区生产力（net biome productivity，NBP）等（方精云等，2001）。前者是指生态系统中绿色植物通过光合作用，吸收太阳能同化 CO_2 制造的有机物；后者则表示从总初级生产力中扣除植物自养呼吸所消耗的有机物后剩余的部分。在植被 GPP 中，平均约有一半有机物通过植物的呼吸作用重新释放到大气中，另一部分则构成植被 NPP，形成生物量。

（1）GPP：是指单位时间内生物（主要是绿色植物）通过光合作用途径所固定的有机碳量，又称总第一性生产力（方精云等，2001）。

（2）NPP：表示植被所固定的有机碳中扣除本身呼吸消耗的部分，这一部分用于植被的生长和生殖，也称净第一性生产力。

（3）NEP：指 NPP 中减去异养生物呼吸消耗（土壤呼吸）光合产物之后的部分。

（4）NBP：是指 NEP 中减去各类自然和人为干扰（如火灾、病虫害、动物啃食、森林间伐以及农林产品收获）等非生物呼吸消耗所剩下的部分。

2. 生物多样性保护

生物多样性丧失与生态系统服务退化已引起全球广泛关注，并直接影响到人类福祉，对两者关系的理解有助于生态系统管理以及人类可持续发展。前人已对两者关系进行了大量研究（文志等，2020；李智琦等，2010），多数认为生物多样性的维持和改善有利于生态系统服务供给，生物多样性丧失导致生态系统服务退化。全球正努力地应对生物多样性丧失和生态系统服务退化问题。2012 年，在联合国环境署主导下生物多样性和生态系统服务政府间科学政策平台正式宣布成立，体现了 2005 年千年生态系统评估之后世界各国对于生态系统服务的再次高度关注（徐海根等，2016），也是继应对联合国政府间气候变化专门委员会气候变化评估之后又一个政府间全球性环境评估计划，同时也意味着实践中已逐渐重视如何将生物多样性与生态系统服务的相关知识应用到实际管理中。近年来，在全球各界的共同努力下，各地开展了大量的研究工作（张健，2017），在理论上取得了生物多样性的保护有利于生态系统服务维持、物种多样性和功能多样性丧失均会显著影响生态系统服务、单种生态系统服务研究会低估生物多样性丧失对生态系统服务影响程度等诸多认知（文志等，2020），但在实践应用中仍面临着诸多挑战，例如如何利用生物多样性认知指导森林恢复和改善农业生态系统等。

从理论上讲，生物多样性组分间应存在密切联系。系统发育多样性表示群落中物种间亲缘关系，亲缘关系从遗传角度已决定了物种类别和功能性状分化程度。因此，系统发育多样性对物种多样性和功能多样性可能起决定性作用（李智琦等，2010）。此外，强调物种数量特征的物种多样性与表征物种质量的功能多样性也应具有显著相关性，因为优势物种功能性状在数量上也占优势，群落中功能丰富度就会受优势物种数量影响。目前有研究发现，生物多样性组分间相互关系调控生态系统服务（张健，2017）。生态系统服务间存在密切的相互关系，包括生态系统服务权衡、协同或兼容。其中，权衡是指某些类型生态系统服务的供给受到其他类型生态系统服务消费增加而减少的情况，协同是指两种及两种以上的生态系统服务的供给同时增加或减少的状况，兼容则指生态系统服务间不存在明显的作用关系。生物多样性丧失会改变生态系统服务的权衡或协同关系。生物多样性是维持生态系统服务协同或权衡的基础，例如农业生态系统中，植物多样性的增加既可提高水文调节服务，又可提高碳固定；阿根廷地区森林生态系统中，土壤肥力与文化服务为负相关关系，植物功能多样性在两者权衡中起关键调节作用，这一结论得到其他研究佐证。正因为如此，群落中生物多样性的变化会导致生态系统服务间相互关系的变化，例如植物群落中功能多样性的提升增加了土壤肥力与文化服务间的相关性强度，由此推断，高生物多样性可能更有利于生态系统服务间相互关系的维持。

本书认为生物多样性是指地球上数以百计的动物、植物、微生物及其与环境形成的生态复合体，以及与此相关的各种生态过程，其既是生态系统的核心，也是生态系统服务产生的核心。生物多样性是生物及其环境形成的生态复合体以及与此相关的各种生态过程的综合，生物多样性保护为人类提供了食物、纤维等多种原料，同时也有益于一些珍稀濒危物种的保存，在保持土壤肥力、保证水质以及调节气候等方面发挥了重要作用。因此，选取的生物多样性保护指标主要包括：生境质量（张学儒等，2020）、生物丰度指数、生物多样性指数等（姚尧等，2012；刘智方等，2017）。

（1）生境质量：是指生态系统提供适宜个体与种群持续发展生存条件的能力，可以在一定程度上反映区域生物多样性状况（刘智方等，2017）。生境质量也反应了生态系统的健康状况，对维持生物多样性水平具有至关重要的作用。区域生境质量决定了区域内生物多样性状况，是生态系统服务功能和生态系统健康程度的重要体现，生境质量变化研究对区域生态安全具有重要的意义。在过去的几十年中，人类的活动导致了生境的消失、破碎化与生境质量的退化，严重威胁到生物多样性与人类自身的福祉。土地利用变化是人类活动的一种重要表现方式，其变化程度更是体现了人类活动的强度，是生境质量最重要的威胁因子。因此，基于土地利用变化，探讨区域生境质量的变化，分析生境质量退化的空间分布特征，对区域生物多样性的保护以及土地资源的可持续利用具有重要意义。

（2）生物丰度指数：是指单位面积上不同生态系统类型在生物物种数量上的差异，间接地反映被评价区域内生物的丰贫程度（姚尧等，2012）。

（3）生物多样性指数：应用数理统计方法求得表示生物群落的种类和数量的数值。指生态系统在维持基因、物种、生态系统多样性发挥的作用，与珍稀濒危和特有动植物的分布以及丰富程度密切相关。

3. 水源涵养

生态系统不仅为人类提供了粮食、木材、药材及其他工业用品，更重要的是支撑与维持了地球的生命系统。水是一重要的载体，水源涵养在各项生态系统中处于中心地位，对系统生产力、养分循环等其他功能都会产生影响。过去人类对生态系统的重要性认识不足，导致部分区域出现了严重的环境污染和生态破坏，损害了包括水源涵养在内的重要生态功能。我国水资源短缺，水质恶化，空间分布和时间分配不均，洪灾、旱灾频繁等问题十分严重，已经给社会经济发展带来巨大影响。人口的增长、城市化进程的加快以及全球气候变暖也进一步加剧了水资源问题。

生态系统水源涵养功能是一个动态发展中的概念，其内涵随着人们对生态系统与水关系认识的不断深入而变化。早期水源涵养的研究集中于生态系统对河流水量的影响，主要涉及到径流调节部分。后来的生态系统拦蓄降水和土壤含水功能逐渐受到重视，产生了一系列系统性的研究。目前主流的水源涵养功能概念较广，表现形式主要包括生态系统的拦蓄降水、调节径流、影响降雨量、净化水质等。不同生态系统的水源涵养具有明显差异性，包括不同森林、草地的种类之间甚至植物群落内部的差异。总的来看，研究者对森林水源涵养功能的普遍定义是：降水被森林的林冠层、枯落物层和地下土壤层等拦截、吸收和积蓄，从而使降水充分积蓄和重新分配；也有学者从更广义的角度，将森林净化水质、调节径流和影响雨量等也包含在森林的水源涵养功能内。

本书认为，水源涵养服务是陆地生态系统重要的服务之一，是植被、水与土壤相互作用后所产生的综合功能的体现，主要功能表现在增加可利用水资源、减少土壤侵蚀、调节径流和净化水质等方面。水源涵养是养护水资源、降低水土流失的重要举措，通过恢复植被、建设水源涵养区，降低水土流失。选取水源涵养服务的常用指标聚焦于大尺度综合性指标，有水源涵养量、水源涵养功能保有率、枯水季河流径流量、夏汛期河流径流调节系数。

（1）水源涵养量：与降水量、蒸散发、地表径流量和植被覆盖类型等因素密切相关。水源涵养量计算主要通过水量平衡方程计算得到。水量平衡法是将森林生态系统视为一个“黑箱”，以水量的输入和输出为着眼点，从水量平衡的角度，降水量与森林蒸散量以及其他消耗的差即为水源涵养量（黄麟等，2015）。

（2）水源涵养功能保有率：指生态系统的水源涵养量与生态系统植被覆盖度为 100%（假设量）的水源涵养量之比（黄麟等，2015）。

（3）枯水季河流径流量：即枯水期通过河流某一断面的地表径流量。地表径流量由降水量乘以地表径流系数获得。地表径流系数是指地表径流量与降雨量的比值，在一定程度上反应了生态系统水源涵养的能力。

（4）夏汛期河流径流调节系数：指被评价区域生态系统夏汛期调节河流径流的能力，是某时段的径流深度与该时段的降水深度的比值，一般以小数或百分数表示，表示降水量中有多大比例转变为径流。

4. 土壤保持

土壤保持是防治水土流失、改善生态环境的一项基本国策，是生态文明建设的有效举措，也是助力乡村振兴、服务经济社会发展的基础性工程（周孚明，2021）。优良的水土保持生态功能，对于经济社会发展具有重要的保障和推动作用（黄麟等，2015）。

土壤保持功能是指在采取造林种草、修建梯田、生态修复等水土保持常规措施对可治理区进行综合治理后，区域内的蓄水保土、涵养水源、保土减灾等水土保持功能在现有技术经济条件下、一定时期内所达到的满足社会经济生态发展的保障支撑功能（周孚明，2021）。土壤保持功能的特征表现在三个方面：一是时效性。土壤保持功能在一定时期内相对稳定，但随着经济财力的增强、治理投入的加大和治理技术的提高，生态保障功能也将随之提高；二是地域性。不同自然条件、水土流失状况和治理资金投入下的治理效果存在一定差异，因而不同地域的水土保持功能指标也存在差异；三是服务性。在一定时期内，水土保持功能指标的确定，可以为区域经济社会发展提供决策支持。

本书认为，土壤保持是指保持土壤资源，防治土壤侵蚀，以保持土地生产力，指对于水力、风力等各类因素引起的土壤侵蚀的治理。常用指标有：土壤侵蚀模数、土壤保持量、土壤保持服务功能保有率、河流径流含沙量（河川泥沙输移量）等，在此选取大尺度更易获取的综合性指标土壤侵蚀模数、土壤保持量。

（1）土壤侵蚀模数：单位时段内、单位水平投影面积上的土壤侵蚀总量。主要包括土壤水蚀模数、土壤风蚀模数，一般采用修正通用土壤流失方程（revised universal soil loss equation，RUSLE）计算土壤风蚀模数，利用修正风蚀方程（revised wind erosion equation，RWEQ）计算土壤风蚀模数。

（2）土壤保持量：一定时间和空间范围内，生态系统保持土壤的过程和能力，多表示为土壤潜在侵蚀量与实际侵蚀量的差值。

5. 植被覆盖状况

植被作为生态系统的重要组成部分，对人类的生存环境起着不可替代的作用。而人类社会经济活动对植被的影响显著，人类从自然界获取大量资源，导致植被破坏、森林消失，生态质量下降（黄麟等，2015）。自 20 世纪中后期，全球森林与草原植被的迅速减少，生态危机日益加重，严重影响着人类的生存和发展所必需的环境条件。随着社会经济的发展和生态环境问题的加剧，人类开始重视周围的生存环境，并努力去改善恶化的生态环境，如通过植树造林、退耕还林、城市绿地建设等，提高植被覆盖度，以此提升人类的生存质量。植被对生态系统的能量传输有重要的影响作用。所以，植被的变化情况揭示了自然环境和人类活动之间的密切关系，以及两者之间的互馈作用。

植被覆盖度是指植被冠层在地面上的垂直投影面积与土地面积的百分比，是衡量地面植被特征及区域生态环境质量的重要指标。植被覆盖度反映了植物进行光合作用面积的大小以及植被生长的茂盛程度，能够在一定程度上代表植被的生长状态和生长趋势，是刻画植被在大气圈、水圈、岩石圈之间相互作用的一个重要参量。在研究全球气候变化对生态系统的影响时，植被覆盖度常被作为评价区域生态系统健康程度的基础指标。植被覆盖度的计算可基于归一化植被指数（NDVI），能够在一定程度上弥补归一化植被指数对于低覆盖度植被难以区分、而对高覆盖植被易于饱和的不足，从而有效地拉伸植被信息的值域。因此，与归一化植被指数相比，植被覆盖度能更好的表征植被盖度的信息。

植被覆盖状况可以用来表示生态系统质量。本书选取的植被覆盖状况常用指标包括：植被覆盖度（FVC）（黄麟等，2015）、归一化植被指数（NDVI）、增强型植被指数（EVI）等（姚尧等，2012）。

（1）植被覆盖度：是指植被（包括叶、茎、枝）在地面的垂直投影面积占统计区总面积的百分比。

（2）归一化植被指数：是指由植被在红外波段和近红外波段的反射率构建的反映植被绿度的指数。与植被覆盖度有正相关系数的归一化植被指数是指示植被密度和长势的重要指示器。

（3）增强型植被指数：是对归一化植被指数的优化，能更好地反映植被绿度变化的指数，可以解释大气影响和植被背景信号。

2.2.3 生态安全胁迫指标体系

随着全球变化的加剧，生态环境不断受到干扰和损害，生态安全问题日益突出。21 世纪以来，生态系统风险或安全评估已成为全球变化和生态学研究的国际前沿和热点（彭建等，2017；陈星和周成虎，2005），不同尺度不同类型生态安全阈值的判别和认知是生态系统风险或安全评估的关键和核心，更是全球变化胁迫下生态系统适应性管理的基础（王世金和魏彦强，2017）。

生态安全一般有广义和狭义的两种理解。狭义生态安全是指生态系统自身安全，包括生态系统初级生产力、结构与功能、生物多样性、生态承载力等。广义生态安全是除自身安全外的生态系统服务功能可持续状况，包括气候及水文调节、养分循环、水源净化、水土保持、水源涵养、防风固沙、光合固碳、固氮、食物及资源供给、环境净化、生态旅游及文化娱乐功能及作用等（彭建等，2017）。总体上，生态安全与生态系统结构健康状态及其服务功能可持续性之间存在紧密的内在联系。生态系统结构的健康、完整性是生态系统自身安全的关键，更是生态系统为人类提供服务的基础，生态系统服务功能的可持续性则在很大程度上由生态系统自身结构得以表征（陈星和周成虎，2005）。

为维护国家或区域生态安全，我国已将“生态红线”制度和“生态文明”建设上升为国家战略（邹长新等，2014）。生态系统面临风险强度及时空格局的系统评估是全球变化背景下生态系统风险适应性管理的基础。不同类型、不同尺度生态系统各胁迫因子相互作用、相互制约，各胁迫因子随时空变化而变化，当生态系统自身要素或环境胁迫因子变化（主要控制变量）超过一定阈限，将导致整个生态系统状态变量的巨大变化，这个阈限便是“胁迫阈限”（王世金和魏彦强，2017）。生态系统在其发展过程中，受着自然和人类的双重干扰，自然干扰和人为干扰对生态系统的稳定性和发展起着重要的决定性作用。本书选取的生态安全胁迫指标主要包括自然胁迫和人为胁迫两个方面。

1. 自然胁迫

自然胁迫指的是由自然因素引起的对生态系统的威胁和压力。这些因素可以是自然灾害、气候变化等。例如，地震、洪水、干旱和飓风等自然灾害都会对生态系统的稳定性和功能产生负面影响。气候变化也是一种自然胁迫，它可能导致温度升高、降水模式改变和海平面上升等影响生态系统的变化。未来气候变化情景下，全球气候将继续向增暖的方向发展，全球变化对生态系统风险将进一步加剧。气温和降水对生态系统胁迫影响最为重要，这些关键要素是确定生态安全阈值的重要指标，直接或间接影响着生态系统结构、功能及其植被群落的分布与组分。例如温度变化可直接影响植物光合、呼吸、蒸腾等生理作用（Rebetez and Dobbertin，2004）。

本书选取的生态安全自然胁迫的指标主要包括：气候胁迫和自然灾害事件等。

（1）气候胁迫：如温度胁迫、水分胁迫，包括常规气候要素如温度、降水、辐射等指标带来的因子限制。随着全球气候变化加剧，极端天气事件如干旱和高温热浪等频率加大。

（2）自然灾害事件：包括一系列自然灾害事件，如地震、滑坡、泥石流等。在此采用灾害管理部门相关数据进行表征。

2. 人为胁迫

生态系统结构及功能的稳定性需要人类活动进行适当调控。然而，人类活动干扰强度过大时，生态系统安全将受到很大影响。人类活动包括土地利用、重大建设工程（如交通干线、输油管道、大坝等）、农林牧副渔产业、旅游活动、污染等。全球生态系统健康调查结果显示，人类活动对地球生态系统构成了潜在威胁。特别是在人为活动占优势的景观内，不同土地、草地利用方式和强度产生的生态影响具有区域性和累积性特征，并可直观地反映在生态系统的结构和组成上。干扰度既可以揭示研究对象的生存状态，也可以调控生态系统的发展，这一概念提供了一种定性与定量结合起来研究植被与当前状态的方法。国内许多学者对其开展了广泛的研究，主要集中于人为干扰度与景观破碎度的关系，对其进行定量化的分析及评估，为人类活动及土地利用研究提供了一种新的研究思路。

因此，生态系统利益相关者（人类活动）在预防生态系统恢复力和稳态转变中起着重要的作用。本书选取的生态安全人为胁迫指标主要包括：人类干扰强度、建设开发强度和农业活动强度等。

（1）人类干扰强度：指影响生态空间和生态状况的人类社会经济活动的强度，在此采用人口密度和路网密度来表征。

（2）建设开发强度：指影响生态空间和生态状况的开发建设活动的强度，在此采用夜光指数或建设用地比例的指标表征。

（3）农业活动强度：指影响生态空间和生态状况的农业活动的强度，在此，熟制信息采用遥感指标表征，化肥和灌溉情况采用统计数据。

2.3 生态大数据平台指标体系的构建

目前指标体系构建的方法主要有文献调查法、层次分析法、专家打分法和熵权法等。本书综合运用了层次分析法和专家打分法。首先采取层次分析法，对国内外生态大数据平台建设相关文献、标准、指南中的实用性指标进行统计分析，依据生态大数据平台建设指标筛选的原则，选出适用于生态大数据平台建设的高频指标；同时，基于生态大数据平台建设的需求，新增部分适用于生态大数据平台建设评估的指标。在此基础上，征询有关专家意见，通过专家—层次分析法对各指标进行权重赋值，对指标进行筛选和调整，最终得到生态大数据平台建设的指标体系。由多名本领域内的专家对各指标进行重要性比较后给出定性判断，并以这些重要性判断为基础数据，形成判断矩阵，并采用层次分析模型进一步做出评价。首先，构建递阶层次结构模型，第一层为目标层（O），即生态空间管控、生态功能保障和生态安全胁迫三个方面；第二层为指标层（A），包括生态用地格局、生态用地转换、生态供给功能、生态系统质量、生物多样性保护、水源涵养、土壤保持、自然胁迫、人为胁迫等 9 个指标因素；第三层为指标层（P），包括植被总初级生产力等所有指标因素。其次，根据专家对每个层次指标两两比较结果，得到最终判断矩阵。表 2-4 为两两比较打分依据。

表 2-4　层次分析法的平均随机一致性指标值

标度	含义
1	表示两个因素相比，具有相同重要性
3	表示两个因素相比，前者比后者稍重要
5	表示两个因素相比，前者比后者明显重要
7	表示两个因素相比，前者比后者强烈重要
9	表示两个因素相比，前者比后者极端重要
2，4，6，8	表述上述相邻判断的中间值
倒数	若因素 i 与因素 j 的重要性之比为 a_{ij}，那么因素 j 与因素 i 重要性之比为 $a_{ji}=1/a_{ij}$

最后，得到各层次之间的单排序权重。表 2-5 给出了针对重点开发区如京津冀地区评价指标对总目标生态空间质量评价的权重的实例。

表 2-5　京津冀重点开发区生态安全评估指标体系构建

指标类别	指标名称	采用指标	权重排序
生态空间管控	生态用地格局	不同生态用地类型的面积、比例和景观指数	1
	生态用地转换	不同生态用地转换的类型、方向和强度	1
生态功能保障	生态供给功能	生产系统总初级生产力/净初级生产力	1
	植被覆盖状况	植被指数/覆盖度	3
	生物多样性保护	生境质量/生物密度指数	2
	水源涵养	水源涵养量	2
	土壤保持	土壤保持量	3
生态安全胁迫	自然胁迫	气候胁迫（温度胁迫、水分胁迫）	3
		自然灾害事件（地震、滑坡等）	3
	人为胁迫	人类干扰强度（人口密度、路网密度变化）	2
		建设开发强度（夜光指数变化）	1
		农业活动强度（熟制和化肥、灌溉情况变化）	1

参 考 文 献

陈星, 周成虎. 2005. 生态安全: 国内外研究综述. 地理科学进展, (6): 8-20.

董玉红, 刘世梁, 张月秋, 等. 2017. 大数据在我国生态环境监测与评价中的应用与问题. 科研信息化技术与应用, 8(3): 18-26.

杜文鹏, 闫慧敏, 封志明, 等. 2020. 基于生态供给-消耗平衡关系的中尼廊道地区生态承载力研究. 生态学报, 40(18): 6445-6458.

方精云, 柯金虎, 唐志尧, 等. 2001. 生物生产力的"4P"概念、估算及其相互关系. 植物生态学报, (4): 414-419.

冯源, 田宇, 朱建华, 等. 2020. 森林固碳释氧服务价值与异养呼吸损失量评估. 生态学报, 40(14): 5044-5054.

傅伯杰, 张立伟. 2014. 土地利用变化与生态系统服务: 概念、方法与进展. 地理科学进展, 33(4): 441-446.

高吉喜. 2015. 探索我国生态保护红线划定与监管. 生物多样性, 23(6): 705-707.

高吉喜, 鞠昌华, 邹长新. 2017. 构建严格的生态保护红线管控制度体系. 中国环境管理, 9(1): 14-17.

高吉喜, 刘晓曼, 王超, 等. 2021. 中国重要生态空间生态用地变化与保护成效评估. 地理学报, 76(7): 1708-1721.

高吉喜, 徐德琳, 乔青, 等. 2020. 自然生态空间格局构建与规划理论研究. 生态学报, 40(3): 749-755.

管青春, 郝晋珉, 石雪洁, 等. 2018. 中国生态用地及生态系统服务价值变化研究. 自然资源学报, 33(2): 195-207.

黄麟, 曹巍, 吴丹, 等. 2015. 2000—2010 年我国重点生态功能区生态系统变化状况. 应用生态学报, 26(9): 2758-2766.

李智琦, 欧阳志云, 曾慧卿. 2010. 基于物种的大尺度生物多样性热点研究方法. 生态学报, 30(6): 1586-1593.

刘纪远, 匡文慧, 张增祥, 等. 2014. 20 世纪 80 年代末以来中国土地利用变化的基本特征与空间格局. 地理学报, 69(1): 3-14.

刘纪远, 张增祥, 徐新良, 等. 2009. 21 世纪初中国土地利用变化的空间格局与驱动力分析. 地理学报, 64(12): 1411-1420.

刘智方, 唐立娜, 邱全毅, 等. 2017. 基于土地利用变化的福建省生境质量时空变化研究. 生态学报, 37(13): 4538-4548.

龙花楼, 刘永强, 李婷婷, 等. 2015. 生态用地分类初步研究. 生态环境学报, 24(1): 1-7.

吕一河, 张立伟, 王江磊 2013. 生态系统及其服务保护评估: 指标与方法. 应用生态学报, 24(5): 1237-1243.

马本, 孙艺丹, 刘海江, 等. 2020. 国家重点生态功能区转移支付的政策演进、激励约束与效果分析. 环境与可持续发展, 45(4): 42-50.

马克平, 朱敏, 纪力强, 等. 2018. 中国生物多样性大数据平台建设. 中国科学院院刊, 33(8): 838-845.

彭建, 赵会娟, 刘焱序, 等. 2017. 区域生态安全格局构建研究进展与展望. 地理研究, 36(3): 407-419.

彭宇, 庞景月, 刘大同, 等. 2015. 大数据: 内涵、技术体系与展望. 电子测量与仪器学报, 29(4): 469-482.

王世金, 魏彦强. 2017. 生态安全阈值研究述评与展望. 草业学报, 26(1): 195-205.

文志, 郑华, 欧阳志云. 2020. 生物多样性与生态系统服务关系研究进展. 应用生态学报, 31(1): 340-348.

徐广才, 康慕谊, 贺丽娜, 等. 2009. 生态脆弱性及其研究进展. 生态学报, 29(5): 2578-2588.

徐海根, 丁晖, 欧阳志云, 等. 2016. 中国实施 2020 年全球生物多样性目标的进展. 生态学报, 36(13): 3847-3858.

姚尧, 王世新, 周艺, 等. 2012. 生态环境状况指数模型在全国生态环境质量评价中的应用. 遥感信息, 27(3): 93-98.

殷嘉迪, 董金玮, 匡文慧, 等. 2020. 20 世纪 90 年代以来中国生态空间演化的时空格局和梯度效应. 生态学报, 40(17): 5904-5914.

袁文平, 蔡文文, 刘丹, 等. 2014. 陆地生态系统植被生产力遥感模型研究进展. 地球科学进展, 29(5): 541-550.

张红旗, 许尔琪, 朱会义. 2015. 中国“三生用地”分类及其空间格局. 资源科学, 37(7): 1332-1338.

张健. 2017. 大数据时代的生物多样性科学与宏生态学. 生物多样性, 25(4): 355-363.

张学儒, 周杰, 李梦梅. 2020. 基于土地利用格局重建的区域生境质量时空变化分析. 地理学报, 75(1): 160-178.

周孚明. 2021. 水土保持生态保障功能评价指标体系初探. 中国水土保持, (8): 59-61.

邹长新, 徐梦佳, 高吉喜, 等. 2014. 全国重要生态功能区生态安全评价. 生态与农村环境学报, 30(6): 688-693.

Rebetez M, Dobbertin M. 2004. Climate change may already threaten Scots pine stands in the Swiss Alps. Theoretical and Applied Climatology, 79(1): 1-9.

Zhai J, Hou P, Cao W, et al. 2018. Ecosystem assessment and protection effectiveness of a tropical rainforest region in Hainan Island, China. Journal of Geographical Sciences, 28(4): 415-428.

第 3 章 遥感云计算

导读 Earth Engine 地球引擎平台是 Google 公司推出的在线处理遥感影像数据的平台，无论是在科研界还是工业界都是非常流行的处理数据平台。在第 3 章中我们首先会详细讲解 Earth Engine 平台发展历史、技术架构等基础内容。其次会介绍 Earth Engine 开发相关的重要概念，如影像数据（Image）、影像数据集合（Image Collection）、矢量数据集合（Feature Collection）。最后会从开发者角度详细讲解 Earth Engine 的程序开发相关的基础知识，包括 JavaScript 版和 Python 版两种应用程序接口（API）的讲解。通过本章的内容学习，读者可以掌握 Earth Engine 开发的相关基础知识，了解其基本运行原理。

3.1 遥感云计算的概念与进展

3.1.1 遥感大数据时代的到来

从 1972 年发射的第一颗美国 Landsat 陆地资源卫星传回数据至今，地球轨道上充满了各式各样的对地观测卫星，人类已有近半个世纪全球尺度的历史遥感数据积累。随着遥感技术快速发展，卫星观测的时间、空间及光谱分辨率及其频率等技术指标不断提高，在遥感数据的获取上也趋于多平台、多传感器、多角度的特点。其中，美国 Planet Labs 卫星成像公司从 2014 年开始，到 2018 年 9 月已发射 300 多颗 Dove 鸽子卫星组成小卫星星座，可在米级尺度实现对全球每天一次的重复观测频率；我国的高分辨率对地观测系统（简称高分专项）自 2010 年批准实施以来，通过“高分系列卫星”覆盖了从全色、多光谱到高光谱，从光学到雷达，从太阳同步轨道到地球同步轨道等多种类型的高分辨率对地观测系统；此外，近十年来在精准农业、应急救灾等领域广泛投入使用的无人机技术，在灵活性、高分辨率与应对复杂天气状况等方面形成对卫星与航空遥感平台的重要补充。遥感平台和传感器的不断改进和增加使得各种遥感数据量快速增加，我们进入了一个前所未有的海量遥感数据时代。

相较于低时空分辨率或时空采样稀疏、不连续的传统遥感数据，当前的遥感大数据具有多方面优势：①更追求高分辨率、时空连续的全局数据而不是随机或稀疏采样；②更有利于洞察宏观层面的趋势而不是微观尺度上的精确度；③更注重多因子相关性分析解决问题，而不热衷于构建难度更大的因果关系。海量多源异构遥感数据能提供地物更为精细的属性信息，有助于将地球系统作为一个整体进行研究，揭示其变量之间错综复杂的联系，使地球系统科学的研究成为可能。

遥感大数据时代已经到来，卫星、航空与近地遥感观测平台不断涌现，涵盖了光学、热红外、微波、激光雷达、荧光、夜间灯光等多种观测方式。遥感大数据的发展推动了国土资源、城市规划、农林气象、生态环境、测绘海洋等领域的广泛应用。比如，海量遥感数据在国土变化监测方面，使得过去的区域监测变成全覆盖的连续过程监测；在城市的应急、交通等方面，通过火灾监测、水质监测和交通巡查等，让城市变得更加可感知和智能；在未来农业方面，可以对农作物的类型、长势、水肥、病虫害等状况进行大面积的精准监测，并通过农机互联与无人机、自动驾驶收割机、采摘机器人等深度结合，精准控制水肥药和收获过程，真正实现智慧农业；在生态环境监测方面，能及时对亚马孙热带雨林、澳洲的森林大火进行及时的监测与受灾面积提取，为灾情评估和灾后修复提供重要依据。

3.1.2 云计算技术的不断发展

大数据的存储、处理和共享，对计算机的性能提出了很高的要求，云计算与此相伴而生。2006年8月，在搜索引擎大会上，云计算（Cloud Computing）的概念第一次被Google公司首席执行官埃里克•施密特（Eric Schmidt）正式提出。云计算是通过网络按需分配计算资源，共享计算资源池，包括服务器、数据库、存储、平台、架构及应用等。云计算自从被提出之后，很快成为计算机领域最受关注的领域之一，并引发了互联网技术与服务模式的一场变革，诞生了面向政府或企业，专门提供云服务的公司或部门。政府或企业用户可根据需要从云提供商处获得技术服务，而无需购买、拥有和维护物理数据中心及服务器。云计算基于“按需分配”和“共享资源”的理念，具有低成本、数据安全、弹性和快速全局部署等优势，包括软件即服务（Software-as-a-Service，SaaS）、平台即服务（Platform-as-a-Service，PaaS）和基础设施即服务（Infrastructure-as-a-Service，IaaS）三种主要类型。部署模型包括私有云、社区云、公有云与混合云。2006 年，亚马逊公司推出亚马逊云（Amazon Web Services，AWS），以网络服务（web）的形式向企业提供云计算。2008 年，微软发布了其公共云计算平台（Microsoft Azure），由此拉开了微软的云计算大幕。迄今为止，世界上云服务市场占有份额最大的依次是亚马逊云（AWS），微软云（Azure）与谷歌云（Google Cloud）。近年来，微软公司又推出自己的地球引擎——Microsoft Planetary Computer。同样，国内的大型互联网公司也纷纷建立起自己的云平台。2009 年 1 月，阿里软件在江苏南京建立首个“电子商务云计算中心”。除阿里云外，我国还有腾讯云、百度云、华为云、中科院 EarthDataMiner 平台，以及 PIE-Engine 地球科学引擎等。其中，PIE-Engine 是航天宏图公司自主研发的一套基于容器云技术构建的面向地球科学领域的专业 PaaS/SaaS 云计算服务平台。PIE-Engine 是面向所有遥感用户的公众服务平台，不但提供国外的 Landsat 系列、Sentinel 系列卫星遥感数据和国内的高分系列、环境系列、资源系列等卫星遥感数据的访问接口，还包含了大量的遥感通用算法和专题算法。如基于多时相的 Landsat 和 Sentinel 数据，可以实时进行作物长势监测、地区旱情分析、水体变化分析、城镇变化监测等分析处理。

云平台是迈向产业互联网的重要基础设施建设之一，在我国如“双十一”“春运购票”等海量用户实时响应的案例中得到了实际检验与发展，需求也将随着产业互联网的发展越来越大。

3.1.3 遥感云计算的出现与意义

随着遥感技术的发展，海量遥感数据不断涌现。遥感云计算技术的发展和平台的出现为海量遥感数据处理和分析提供了前所未有的机遇，并彻底改变了传统遥感数据处理和分析的模式，进一步降低了使用遥感数据的准入门槛，极大提高了运算效率，加速了算法测试的迭代过程，使得全球尺度的快速分析和应用成为可能。在 2011 年美国地球物理联合会（American Geophysical Union，AGU）秋季会议（AGU Fall Meeting）上，集成了多种卫星影像的地球空间大数据与云计算平台——谷歌地球引擎（Earth Engine）一经发布即行业内的巨大轰动，引发了遥感行业的研究与产业化模式的变革。Earth Engine 认同“转移算法比转移数据更高效”，以及“让科学家更专注于科学问题，而不是把精力花在下载和管理海量数据上”的理念。在此之前，以美国陆地资源卫星 Landsat 等为代表的多种遥感数据向用户免费开放使用，第一次降低了遥感数据的使用门槛。生物、物理等很多学科一般需要购买昂贵的科研仪器才能进行研究，导致相当一部分前沿的研究只有在经费非常充裕的顶级实验室才能进行，无法购置仪器的实验室将不能开展实验，这让研究在硬件、经费上自带门槛。相比之下，相当一部分遥感研究并不需要购买硬件仪器，但早期的卫星影像需要购买，无形之中也让遥感的相关研究自带门槛。多种遥感数据的免费使用第一次降低了门槛，让无法或不愿购买卫星影像的实验室也能进行相关研究。

然而，近年来由于海量遥感数据的涌现，在数据的下载、存储与计算上，对人力和计算性能提出了很高的要求。尽管有多种遥感数据免费，但遥感数据的使用仍具有一定的门槛。传统的遥感研究通常需要下载大量数据，可能导致不同用户下载、存储相同数据，非常耗费人力、占用网络带宽和存储资源。其次，当涉及到计算大范围、长时间序列、多源遥感数据时，传统的方式通常需要在服务器或超级计算机上进行，这让仅凭个人兴趣或不具备硬件支撑的普通用户无法开展研究。再次，多源遥感数据的存储格式、空间分辨率和投影方式并不相同，让其他行业的遥感用户在数据的使用和理解上具有一定难度。遥感云平台的出现，让用户不再花精力和网络带宽下载数据，存储和计算也不再依赖单独的服务器，可直接在网页浏览器上编程进行云计算，这加速了算法测试的迭代与全球尺度的快速分析应用。同时，其他行业的遥感用户也不再被多源遥感数据存储格式、空间分辨率和投影方式不一致的问题困扰。这再次极大地降低了遥感数据使用的专业门槛，节省了人力与硬件资源，让遥感的研究与应用，得以向本专业和其他行业（如金融、环保等）的普通用户真正开放，极大地扩大了遥感数据的用户群体和范围。

3.2　基于遥感云计算的生态大数据分析案例

气候变化和人类活动正深刻影响着生态系统的格局和过程，为了应对全球变化带来的挑战，生态学需要用更先进的数据和手段从更大的时空尺度来对变化过程进行监测、评价和模拟。Earth Engine 在土地利用/覆盖制图领域已经有大量研究（Tamiminia et al.，2020），展示出了 Earth Engine 的巨大应用能力；因此，以 Earth Engine 为代表的遥感云计算的发展为生态学研究的深入提供了前所未有的机遇，基于遥感云计算的生态大数据尽管在生态环境领域目前相对非常有限，仅仅是初步应用，但是成效却已经凸显（图 3-1）。本部分围绕目前遥感在全球变化生态学中应用的典型科学问题，分别介绍 Earth Engine 应用在生态大数据领域的最新研究进展，重点包括生态空间管控（土地覆被/土地利用相关）、生态功能保障（植被物候信息精细提取、生态系统碳水通量模拟）和生态安全胁迫（农业干旱监测和评估）等三大方面，以期遥感云计算及其支持下的生态大数据平台能在解决更多的生态科学问题中发挥更大作用。

图 3-1　Earth Engine 遥感云计算平台的应用
图中数字表示结合相应关键词与 GEE 为主题于 Web of Secience 检索得到的文献数量

3.2.1　案例 1：生态空间管控案例

Google Earth Engine（GEE）被广泛用于生态空间管控方面，如全球/区域森林变化（Bastin et al.，2017；Ceccherini et al.，2020；Hansen et al.，2013；Hansen et al.，2020；Qin et al.，2019）、全球/区域地表水变化（Donchyts et al.，2016；Pekel et al.，2016；Wang et al.，2020；Zou et al.，2018）、农田制图（Phalke and Özdoğan，2018）、油棕制图（Ordway et al.，2019）、城市制图（Liu et al.，2020a）、湖泊浮游植物制图（Ho et al.，2019）、全球潮滩变化（Murray et al.，2019）、三角洲变

化（Nienhuis et al.，2020）、全球河流冰覆盖变化（Yang et al.，2020）、海岸侵蚀（Overeem et al.，2017）、地貌（Ielpi and Lapôtre，2020；Valenza et al.，2020）。本节以森林信息提取为例，介绍 GEE 在生态空间管控中的应用。

森林面积和变化是全球变化研究的热点问题，历来为学者广泛关注，针对森林遥感监测的产品和工作有很多。在全球尺度上，最具代表性的工作来自于马里兰大学，Hansen 等（2013）采用所有可用的 Landsat 7 数据在 Earth Engine 平台上首次实现了全球森林动态监测，研究发现全球森林在 2000～2012 年损失了 230 万 km^2，同时增加了 80 万 km^2。在该工作的基础上，世界资源研究所的全球森林监测项目（Global Forest Watch）实现了全球尺度的森林变化连续监测，并建成了森林监测平台，为用户免费提供最新的数据、技术和工具支持。除基于 Landsat 数据的森林变化监测，雷达数据在多云多雨的热带地区森林监测中发挥了重要作用，如 L 波段的 JAXA/PALSAR 数据近年来得到了广泛应用，日本宇航局（JAXA）采用 PALSAR 后向散射系数数据和阈值分割的方法生产了 2007～2010 年、2014～2018 年全球范围的森林分布图（Shimada et al.，2014）。美国俄克拉荷马大学及中国科学院地理科学与资源研究所的合作团队在 Earth Engine 平台上通过整合光学数据（MODIS 或 Landsat）和 PALSAR 数据，采用阈值分割的方法生成了全球多个典型地区的森林分布图，结果表明通过整合 L 波段雷达数据和光学数据，显著提高了森林面积提取的精度。

区域尺度上，基于 Earth Engine 的森林变化监测也不断涌现，如 Johansen 等（2015）利用 Earth Engine 平台和归一化的时间序列 NDVI 及 Foliage Projective Cover（FPC）数据，结合平台上集成的分类与回归树 CART 和随机森林算法（Johansen et al.，2015）来预测木质植物的减少。结果表明基于归一化的 FPC 和 NDVI 时间序列的方法对于计算清除概率更为可靠，该方法不需要训练数据，可以通过选择合适的阈值进行调整，以针对大型木本植被砍伐事件提供自动警报。Hansen 等（2013）首次实现了全球范围 30m 的森林变化监测，主要利用基于年度生长季内无云的 Landsat 7 数据，通过回归树模型来估算每个像素的最大树冠覆盖百分比，从而合成全球树冠覆盖数据（treecover），进而得到最终的森林变化数据产品。这些森林面积提取的产品已经得到广泛应用，为森林监测以及动态变化分析提供了重要数据，为政府决策提供了科学支撑（表 3-1）。

表 3-1　森林分布数据集

产品/数据名称	机构	时间跨度/年	空间范围	空间分辨率/m
Hansen Forest	University of Maryland（UMD）	2000，2010	全球	30
Landsat Vegetation Continuous Fields（VCF）tree cover layers	Global Land Cover Facility（GLCF）	2000，2005，2010，2015	全球	30

续表

产品/数据名称	机构	时间跨度/年	空间范围	空间分辨率/m
PALSAR Forest	Japan Aerospace Exploration Agency（JAXA）	2007-2010，2015	全球	25/50
OU-FDL	University of Oklahoma	2010	全球	25/50
GlobeLand30	The China National Geomatics Center of China（NGCC）	2010	全球	30
FROM-GLC	Tsinghua University	2010，2017	全球	30
China Cover	The 10-year Environmental Monitoring Program	2000，2010	中国	30
NLCD-China	The Chinese Academy of Sciences	1990，1995，2000 2005，2010	中国	30

3.2.2 案例 2：生态功能保障案例

GEE 也被应用于生态功能保障方面，如全球树林恢复潜力、植物入侵（Venter et al.，2018）、碳循环（Badgley et al.，2017；Bogard et al.，2019）、植物蒸腾（Liu et al.，2020b）、物候（Laskin et al.，2019）、产量估算（Jin et al.，2019）、生物多样性（Betts et al.，2017；Dethier et al.，2019；Jung et al.，2019）。本节以植被物候信息的提取和模拟为例介绍。

植被物候是指植物受周围环境（气候、水文、土壤等）影响而出现的以年为周期的有节律的自然现象，包括发芽、展叶、开花、结果、落叶等生命过程。在全球变化大背景下，物候研究显得更为重要，不仅是生态系统过程季节性的重要驱动力，也是陆地对气候变化响应的重要指标（Morisette et al.，2009；Arnell and Lloyd，2014）。基于长时间序列遥感数据的地表物候提取已经成为刻画植被物候的重要的手段。常用的方法是分析时间序列 NDVI 数据，通过在对数据进行插补平滑的基础上提取生态系统关键物候信息，如返青期、生长峰值期、落叶期等。

由于光学遥感易受观测条件（如云、雪等）和自身传感器退化等多种因素的复杂影响，由遥感数据反演的植被物候信息仍具有很大的不确定性。以往植被物候研究多使用粗空间分辨率数据（如 MODIS），易受混合像元的影响，不能很好地反映地表植被信号，这可能会限制景观异质性高地区的植被物候反演（Hmimina et al.，2013；Khare et al.，2022）。因此，基于中等空间分辨率 Landsat 时间序列数据的物候信息提取尤为重要。如北美每年 30m 的植被物候学数据集（Bolton et al.，2020；Zhang et al.，2020；Li et al.，2019），描绘了不同植被物候指标的季节模式。Li 等（2019）使用所有可用的 Landsat 有效图像来检索植被物候指标，并证明 Landsat 提供了比 MODIS 更精细的物候信息空间细节。

我们结合可用湿地 PhenoCam 站点，比较 30m 的 Landsat/Sentinel-2 融合数据（LandSent30）与 500m 的 MODIS 数据在湿地物候反演的表现。首先，使用双逻辑模型表征了季节开始（SOS）和季节结束（EOS）的物候指标的长期平均季节模式；然后，通过计算每一年份的植被指数达到与其长期平均值相同的幅度时的日期差异，确定出了物候指标的年度变化。我们发现，与 MODIS 相比，基于 LandSent30 融合数据生成的湿地物候结果与 PhenoCam 结果的整体一致性更高，尤其是在景观异质性强的地区（图 3-2）。这表明 LandSent30 数据在湿地植被物候反演研究中更具优势，可能与其对湿地异质景观更好的解释能力有关。我们的研究结合了 PhenoCam 全球站点网络的多年近地表观测数据与卫星遥感的植被物候估计数据，为湿地物候的全球观测研究提供了参考，为认识湿地在气候变化中的作用奠定了基础。

3.2.3　案例 3：生态安全胁迫案例

GEE 也被应用于生态安全胁迫方面，如自然灾害（Walter et al.，2019）、气候变化（Tuckett et al.，2019）、冰冻圈（Chudley et al.，2019；Ryan et al.，2019）、山脉积雪厚度（Liang et al.，2021；Lievens et al.，2019）等。本节以农业干旱监测和评估为例，介绍 GEE 在生态安全胁迫方面的主要应用。

在气候变化背景下，全球范围内干旱频率和强度均在增加。干旱监测中的很多关键技术问题亟待进一步突破。传统的利用遥感进行干旱监测存在着数据分辨率质量差、数量少的问题，但在遥感数据可便利获取之后，Earth Engine 平台为干旱监测和评估提供了支撑。Earth Engine 提供的巨大卫星图像和基于云端的快速地理空间处理能力，可以在区域乃至全球范围内进行干旱的快速识别。

孟加拉国是世界上最容易遭受干旱等自然灾害的国家之一。孟加拉国季风前的水稻依赖降雨，并受到日益严重的干旱的威胁。然而，关于水稻变化和干旱的信息有限，难以了解该国农业恢复力和适应干旱的能力。我们在 GEE 平台中使用了来自 TerraClimate 数据集的 Palmer 干旱严重度指数（PDSI）数据，收集了 1980～2018 年所有官方统计数据，考察了孟加拉国水稻的面积、单产和总产量的年际变化（图 3-3）。结果表明，水稻种植面积和总产均显著下降，分别为 61.58×10^3 hm^2/a 和 17.21×10^3 M.t/a，而单产显著增加[0.03 M.t/（ha·a）]。根据 PDSI 数据，我们还发现 88%的地区干旱有显著增加的趋势，尤其是在雨养农业区。此外，在 64 个地区中，有 33（25）个地区的 PDSI 与水稻面积（总产）呈显著正相关。PDSI 与产量关系不大，可能与管理水平提高和灌溉面积增加有关。强烈建议在这些易受干旱影响的地区实施持续干旱监测、综合灌溉（地表水和地下水）系统以及养护和精准农业，以确保孟加拉国的粮食安全。

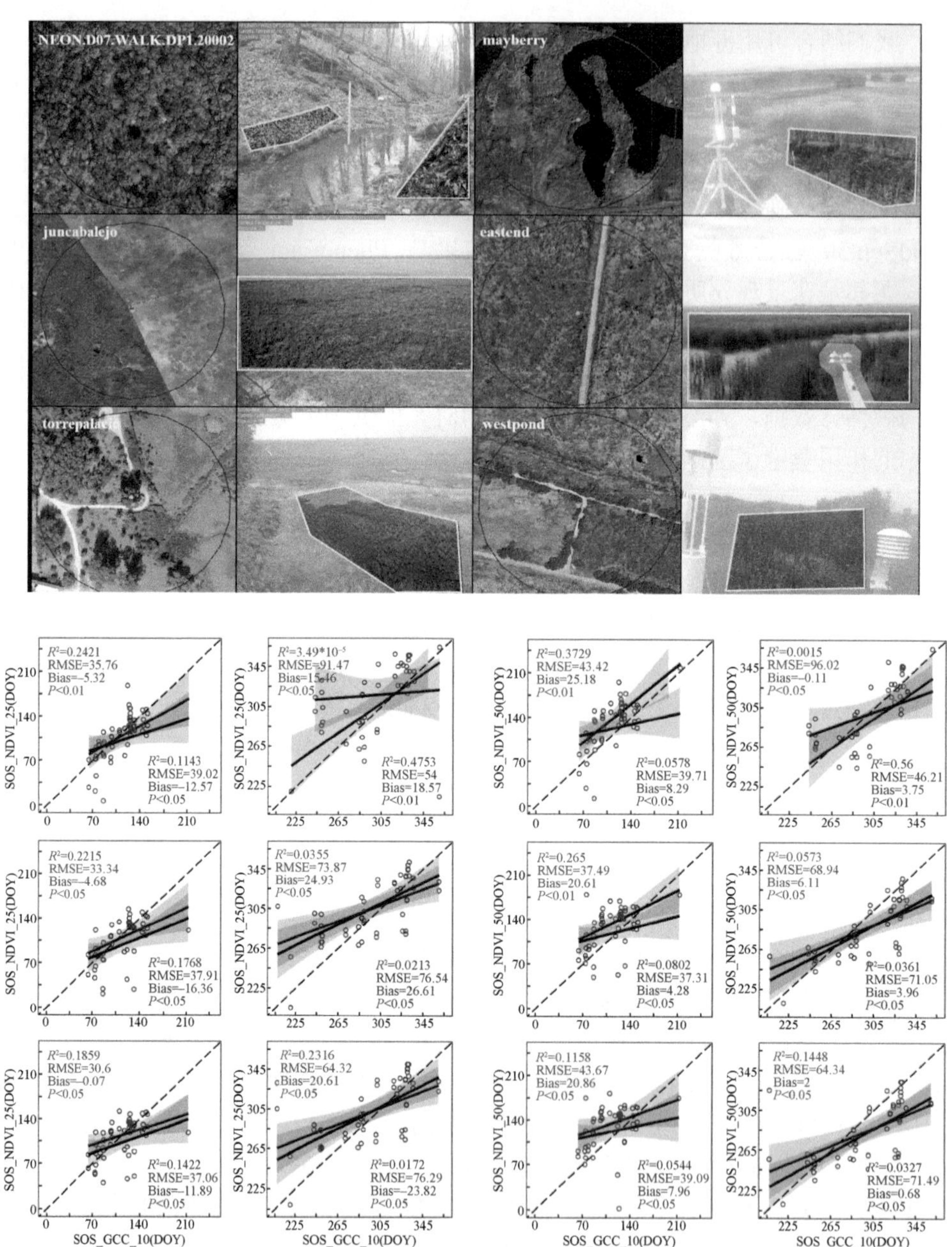

图 3-2 PhenoCam 湿地站点的示例地图及其相机视野 ROI（上图）和基于 LandSent30 和 MODIS（30 m 缓冲区）的湿地物候比较（下图）

上图蓝色圆圈表示该区域周围 100 m 半径，黄色框表示摄像机视野 ROI；下图红点表示基于 LandSent30 的湿地物候与近地 GCC 观测的一致性，蓝点表示 MODIS；x 轴表示 GCC 指数 10%阈值处的物候指标；y 轴分别表示 NDVI、EVI 和 NIRv 在 25%和 50%阈值处的物候指标

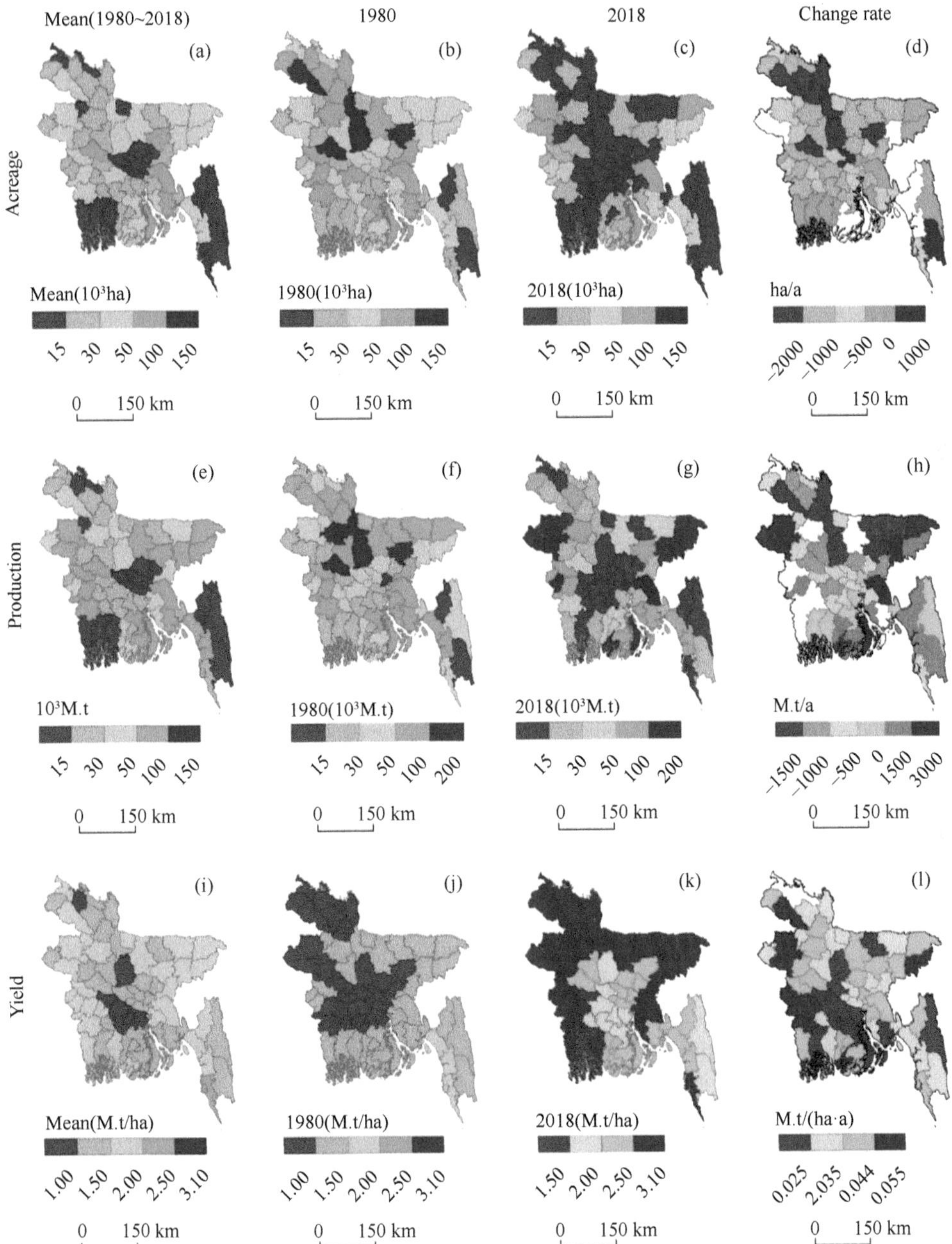

图 3-3　1980～2018 年期间澳大利亚地区水稻种植面积、产量和单产的平均值（1980～2018 年）、基线值（1980 年）、近期值（2018 年）和趋势

第 4 列的白色表示变化率趋势不显著的地区

参 考 文 献

Arnell N W, Lloyd H B. 2014. The global-scale impacts of climate change on water resources and flooding under new climate and socio-economic scenarios. Climatic Change, 122: 127-140.

Badgley G, Field C B, Berry J A. 2017. Canopy near-infrared reflectance and terrestrial photosynthesis. Science Advances, 3(3): e1602244.

Bastin J F, Berrahmouni N, Grainger A, et al. 2017. The extent of forest in dryland biomes. Science, 356(6338): 635-638.

Betts M G, Wolf C, Ripple W J, et al. 2017. Global forest loss disproportionately erodes biodiversity in intact landscapes. Nature, 547(7664): 441-444.

Bogard M J, Kuhn C D, Johnston S E, et al. 2019. Negligible cycling of terrestrial carbon in many lakes of the arid circumpolar landscape. Nature Geoscience, 12(3): 180-185.

Bolton D K, Gray J M, Melaas E K, et al. 2020. Continental-scale land surface phenology from harmonized Landsat 8 and Sentinel-2 imagery. Remote Sensing of Environment, 240: 111685.

Ceccherini G, Duveiller G, Grassi G, et al. 2020. Abrupt increase in harvested forest area over Europe after 2015. Nature, 583(7814): 72-77.

Chudley T R, Christoffersen P, Doyle S H, et al. 2019. Supraglacial lake drainage at a fast-flowing Greenlandic outlet glacier. Proceedings of the National Academy of Sciences, 116(51): 25468-25477.

Dethier E N, Sartain S L, Lutz D A. 2019. Heightened levels and seasonal inversion of riverine suspended sediment in a tropical biodiversity hot spot due to artisanal gold mining. Proceedings of the National Academy of Sciences, 116(48): 23936-23941.

Donchyts G, Baart F, Winsemius H, et al. 2016. Earth's surface water change over the past 30 years. Nature Climate Change, 6(9): 810-813.

Hansen M C, Potapov P V, Moore R, et al. 2013. High-resolution global maps of 21st-century forest cover change. Science, 342(6160): 850-853.

Hansen M C, Wang L, Song X P, et al. 2020. The fate of tropical forest fragments. Science Advances, 6(11): eaax8574.

Hmimina G, Dufrêne E, Pontailler J Y, et al. 2013. Evaluation of the potential of MODIS satellite data to predict vegetation phenology in different biomes: An investigation using ground-based NDVI measurements. Remote Sensing of Environment, 132: 145-158.

Ho J C, Michalak A M, Pahlevan N. 2019. Widespread global increase in intense lake phytoplankton blooms since the 1980s. Nature, 574(7780): 667-670.

Ielpi A, Lapôtre M G. 2020. A tenfold slowdown in river meander migration driven by plant life. Nature Geoscience, 13(1): 82-86.

Jin Z, Azzari G, You C, et al. 2019. Smallholder maize area and yield mapping at national scales with Google Earth Engine. Remote Sensing of Environment, 228: 115-128.

Jung M, Rowhani P, Scharlemann J P. 2019. Impacts of past abrupt land change on local biodiversity globally. Nature Communications, 10(1): 5474.

Khare S, Deslauriers A, Morin H, et al. 2022. Comparing time-lapse PhenoCams with satellite observations across the boreal forest of Quebec, Canada. Remote Sensing, 14(1): 100.

Laskin D N, Mcdermid G J, Nielsen S E, et al. 2019. Advances in phenology are conserved across scale in present and future climates. Nature Climate Change, 9(5): 419-425.

Li X, Zhou Y, Meng L, et al. 2019. A dataset of 30 m annual vegetation phenology indicators (1985–2015) in urban areas of the conterminous United States. Earth System Science Data, 11(2): 881-894.

Liang D, Guo H, Zhang L, et al. 2021. Time-series snowmelt detection over the Antarctic using Sentinel-1 SAR images on Google Earth Engine. Remote Sensing of Environment, 256: 112318.

Lievens H, Demuzere M, Marshall H P, et al. 2019. Snow depth variability in the Northern Hemisphere mountains observed from space. Nature Communications, 10(1): 4629.

Liu D, Chen N, Zhang X, et al. 2020a. Annual large-scale urban land mapping based on Landsat time series in Google Earth Engine and OpenStreetMap data: A case study in the middle Yangtze River basin. ISPRS Journal of Photogrammetry and Remote Sensing, 159: 337-351.

Liu Y, Kumar M, Katul G G, et al. 2020b. Plant hydraulics accentuates the effect of atmospheric moisture stress on transpiration. Nature Climate Change, 10(7): 691-695.

Morisette J T, Richardson A D, Knapp A K, et al. 2009. Tracking the rhythm of the seasons in the face of global change: phenological research in the 21st century. Frontiers in Ecology and the Environment, 7(5): 253-260.

Murray N J, Phinn S R, Dewitt M, et al. 2019. The global distribution and trajectory of tidal flats. Nature, 565(7738): 222-225.

Nienhuis J H, Ashton A D, Edmonds D A, et al. 2020. Global-scale human impact on delta morphology has led to net land area gain. Nature, 577(7791): 514-518.

Ordway E M, Naylor R L, Nkongho R N, et al. 2019. Oil palm expansion and deforestation in Southwest Cameroon associated with proliferation of informal mills. Nature Communications, 10(1): 114.

Overeem I, Hudson B D, Syvitski J P, et al. 2017. Substantial export of suspended sediment to the global oceans from glacial erosion in Greenland. Nature Geoscience, 10(11): 859-863.

Pekel J F, Cottam A, Gorelick N, et al. 2016. High-resolution mapping of global surface water and its long-term changes. Nature, 540(7633): 418-422.

Phalke A R, Özdoğan M. 2018. Large area cropland extent mapping with Landsat data and a generalized classifier. Remote Sensing of Environment, 219: 180-195.

Qin Y, Xiao X, Dong J, et al. 2019. Improved estimates of forest cover and loss in the Brazilian Amazon in 2000–2017. Nature Sustainability, 2(8): 764-772.

Ryan J, Smith L, Van As D, et al. 2019. Greenland Ice Sheet surface melt amplified by snowline migration and bare ice exposure. Science Advances, 5(3): eaav3738.

Shimada M, Itoh T, Motooka T, et al. 2014. New global forest/non-forest maps from ALOS PALSAR data (2007–2010). Remote Sensing of Environment, 155: 13-31.

Tamiminia H, Salehi B, Mahdianpari M, et al. 2020. Google Earth Engine for geo-big data applications: A meta-analysis and systematic review. ISPRS Journal of Photogrammetry and Remote Sensing, 164: 152-170.

Tuckett P A, Ely J C, Sole A J, et al. 2019. Rapid accelerations of Antarctic Peninsula outlet glaciers driven by surface melt. Nature Communications, 10(1): 4311.

Valenza J, Edmonds D, Hwang T, et al. 2020. Downstream changes in river avulsion style are related to channel morphology. Nature Communications, 11(1): 2116.

Venter Z S, Cramer M D, Hawkins H J. 2018. Drivers of woody plant encroachment over Africa. Nature Communications, 9(1): 2272.

Walter T R, Haghshenas H M, Schneider F M, et al. 2019. Complex hazard cascade culminating in the Anak Krakatau sector collapse. Nature Communications, 10(1): 4339.

Wang X, Xiao X, Zou Z, et al. 2020. Gainers and losers of surface and terrestrial water resources in China during 1989–2016. Nature Communications, 11(1): 3471.

Yang X, Pavelsky T M, Allen G H. 2020. The past and future of global river ice. Nature, 577(7788): 69-73.

Zhang J, Zhao J, Wang Y, et al. 2020. Comparison of land surface phenology in the Northern Hemisphere based on AVHRR GIMMS3g and MODIS datasets. ISPRS Journal of Photogrammetry and Remote Sensing, 169: 1-16.

Zou Z, Xiao X, Dong J, et al. 2018. Divergent trends of open-surface water body area in the contiguous United States from 1984 to 2016. Proceedings of the National Academy of Sciences, 115(15): 3810-3815.

第 4 章

遥感云计算支持下的生态大数据平台构建

导读　本章介绍了遥感云计算支持下的生态大数据平台构建。通过本章的介绍，读者将会加深对生态大数据平台的总体目标、总体架构、技术路线的认识和理解。

4.1　生态大数据平台的总体目标

遥感云计算支持下的生态大数据平台的总体目标为：

（1）基于地理、生态相关的遥感模型，利用云计算平台上哨兵 1、哨兵 2、Landsat 5–9、高分等海量遥感数据与其他地理空间数据，快速实现重点区域生态系统的近实时监测与评价。主要实现生态空间管控、生态功能保障与生态安全胁迫等指标的时空格局与动态变化监测，生产生态遥感专题产品。

（2）基于模块化遥感服务技术，实现数据自动获取、处理、专题产品生产、入库管理、产品共享。

（3）基于学科与行业业务流程，实现“无人值守”系列专题产品生产和“在线、按需”专题产品生产。

4.2　生态大数据平台的总体架构

生态大数据平台由 1 个基础底座、3 个服务支撑系统和 3 个业务域组成即“1+3+3”。以遥感云计算平台提供的计算、存储、安全、网络资源为运行保障环境，基于遥感云计算平台为核心构建的数据、技术作为统一的基础底座，采用微服务架构和数据存储、管理技术，构建数据支撑、技术支撑下的业务支撑系统，打造 3 大生态业务域，即生态空间管控、生态功能保障和生态安全胁迫，以专题图、咨询报告等多种形式开展生态系统监测与评价，通过电子大屏幕播放、网页 WEB 浏览、手机 APP 访问等可视化方式构建决策支持系统，以期全面支撑生态领域综合决策和业务管理工作（图 4-1）。

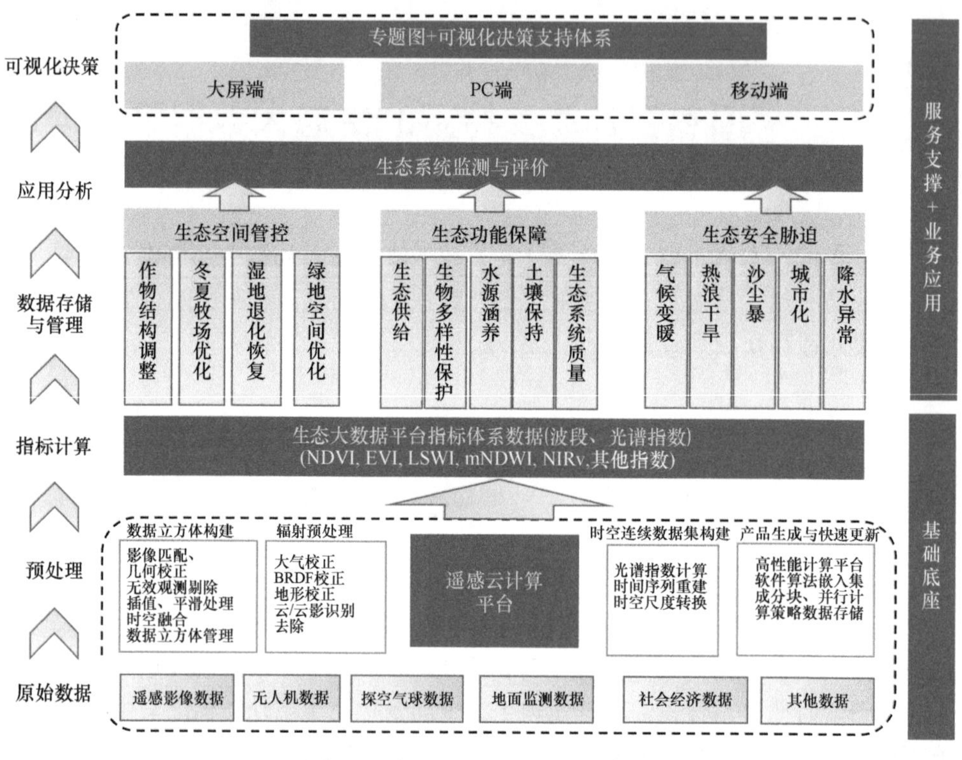

图 4-1　生态大数据平台总体框架

基础设施：遥感云计算平台，为生态大数据平台提供统一的计算资源、存储资源和安全资源，保障数据安全以及综合平台稳定、安全运行，并且为终端用户提供原始数据预处理等算法与技术的应用接口 API。

1 个基础底座：在总体架构中起到上下承接的作用，为综合平台提供共性的支撑服务，为现有系统的整合集成和新建系统提供统一的技术支撑、数据支撑和业务支撑。

3 个服务支撑系统：数据支撑、技术支撑和业务支撑等 3 大系统，为生态大数据平台提供数据、技术保障，各类数据进行分类管理、存储，并通过数据治理实现数据关联。主要包括空间库、业务库、基础库、主题库、专题库和共享库。

数据支撑涉及原始数据的检索与筛选。星基载荷的遥感数据主要包括 Landsat、

Sentinel-2、高分、资源、MODIS 等常见的光学与雷达传感器的遥感数据；无人机、深空探测气球数据等空基载荷获取的数据；包含近地面相机（如物候相机）在内的地基载荷获取的地面观测数据；包括社会经济数据在内的众包数据等。

技术支撑系统主要包括数据处理方法与模型算法库。遥感原始数据的预处理，主要有几何校正、辐射校正、无效观测剔除、多源数据融合、数据插值填补与平滑处理、光谱指数计算等；模型算法库主要包括用于地物分类、数据时空分析的遥感模型、统计模型等，例如相关与回归算法、变化检测算法、一致性算法、机器学习、深度学习算法等。

业务支撑系统主要涵盖多尺度生态系统分类信息提取与时空转换特征分析，从生态系统、景观格局和功能区划等多个维度支撑生态空间变化分析；生态参数的反演与时间序列分析，包括植被结构参数、生化参数，以及地表生物物理参数和生物化学参数，实现在像元尺度的生态要素变化与规律分析；生态系统服务模拟，包括水源涵养、土壤保持、防风固沙和生物多样性维持、碳固定服务的量化与评估，支撑生态系统功能评估；生态胁迫因子与原因分析，包括自然和人为胁迫因素的识别与统计分析，支撑生态安全胁迫影响评价。

3 个业务域：面向生态领域的重要科学问题与综合管理决策，将现有的业务系统按照生态大数据平台的指标体系与总体目标划分的 3 个领域（包括生态空间管控、生态功能保障、生态安全胁迫）进行归类，基于基础底座与学科、行业业务流程，实现多种形式的系列专题产品生产，整合集成到本地数据库。

多种终端展示：包括大屏显示器端、电脑 PC 端、手机 APP 移动端等多种终端展示，为用户提供多样化的应用展示入口，主要用于生态系统结构、参数、服务状况和胁迫因素分析的定制与可视化、分析结果的信息推送和综合查询，保障生态领域综合管理决策。

管理办法与标准规范体系：制定全面的标准规范和管理办法保障，确保平台高质量建设和运行。

安全保障与运行维护体系：遵循国家安全等级保护要求，采用相应的技术与管理手段进行安全系统建设，保证综合平台各业务系统能够稳定、安全运行；运维保障体系包括运维组织管理、运维内容体系和运维制度流程，确保平台运行稳定。

4.3　生态大数据平台的技术路线

生态大数据平台建设应该基于先进的大数据系统框架，充分融合先进的传感器技术、无线通信技术在数据获取方面的优势以及分布式数据库、云计算、人工智能等技术在大数据处理分析方面的优势，建设实时、高效、开放的应用平台，实现信息服务的多样化、专业化和智能化，从而提升生态环境重大风险预警预报水平，为生态环境管理决策提供科技支撑。本书主要从基础底座与应用服务两个方面构建了生态大数据平台，其中基础底座包括数据、设施与技术三个平台，如图 4-1 所示。

4.3.1 生态大数据基础底座

1）数据平台

基于遥感云计算的数据平台为生态大数据平台的建设提供了强有力的数据支撑，如何增强数据获取检索能力，对生态环境相关的各类数据进行有效整合，是开展生态环境大数据建设的前提和基础（图 4-2）。与生态大数据平台相关的数据众多，大致包括地面监测数据、遥感影像数据、社会经济数据、专项调查数据以及科学研究数据等。由于生态环境的多样性和复杂性，这些数据的来源、监测对象及收集管理均不统一，分布在生态环境、自然资源、水利、农业农村、林草、卫生、气象等多个领域。例如，各类生态环境及污染监测数据，包括污染物排放数据、空气环境质量数据、水环境质量数据及土壤环境质量数据等；各类农业资源、农业生产及农业市场等数据；森林资源清查数据、林业生态工程数据、自然保护区及生物多样性数据等林业数据；土地资源、土地利用、矿产资源开发等数据；水文水资源、水土流失、水利设施等数据；各类地面气象站、气象卫星、气象雷

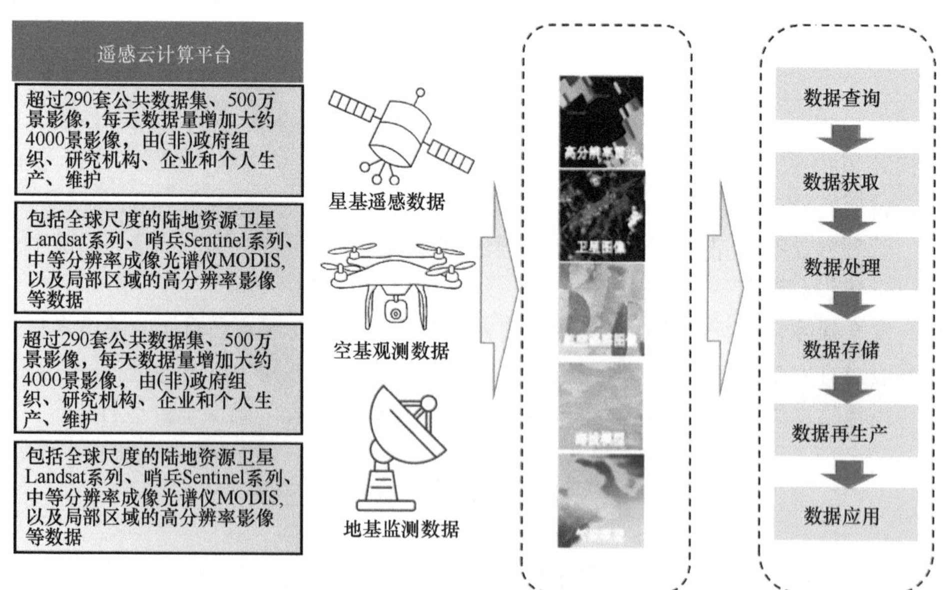

图 4-2　生态遥感监测平台的数据源支撑

达以及探空等气象数据；海洋生态环境、渔业资源、近海资源开发、滨海湿地保护等海洋数据以及各种环境灾害数据以及与环境相关的人体健康等数据。

随着社会的不断进步，人们对生态环境及其规律的认识不断深化，加之物联网和移动互联网等技术的发展，生态环境数据来源和种类不断增多，除了传统的遥感、GIS 和数字采集终端等数据源外，多媒体、地理位置数据、文字短报数据等也成为生态环境数据的新来源。大数据时代，生态环境数据的空间分布范围更广、时效性更强、数据量更大、内容更加庞杂，这对生态环境大数据的获取、存储管理及处理分析等技术提出了更高的要求。

2）基础设施平台

基础设施平台是整个大数据平台的运行基础，为大数据综合平台的建设提供软硬件支撑，不仅提供了计算机、网络、通信、存储等硬件资源，而且还提供操作系统、中间件、数据库管理系统等软件资源。根据基础服务设施所包含的资源类别，生态环境大数据基础设施平台可以从两个方面进行建设，分别为物理资源层和虚拟资源层。其中，物理资源层位于架构的最底层，由服务器、存储设备和网络设备组成；虚拟资源层由操作系统内核、虚拟机及虚拟化工具组成，通过虚拟化工具把物理资源层的物理设备变成全局统一的虚拟资源池，供上层服务调用。用户无需购买、维护硬件设备和相关系统软件，就可以直接在虚拟化资源平台上构建自己的平台和应用，这些资源能够根据用户的需求进行动态分配，实现资源的高利用率。

3）技术平台

技术平台是整个大数据系统的核心，没有统一的解决方案，在不同领域和不同应用中涉及的模块及技术不完全一致。在生态大数据的体系架构中，该平台主要包括 4 个连续的模块，分别为数据获取、存储管理、计算和数据分析。基于物理和虚拟的基础服务设施平台，依托现代数据获取、存储和处理技术，构建数据获取、存储管理、计算和数据分析这一系列的工具模块对不同来源的生态环境数据进行预处理、标准化、存储管理和计算分析，从而形成大数据平台的技术核心，为生态环境大数据应用服务平台的建设提供前期保障和支撑。

4.3.2　生态大数据服务支撑及业务应用

生态环境的应用服务是指利用不同的方式将有价值的信息提供给用户，实现生态环境信息的传播、交流和增值，全面展现生态环境资源和状况变化，综合揭示各种因素的关系和内在变化规律，为生态环境建设以及社会公众提供全面、及时、准确的信息。提供生态环境应用服务是建设和发展生态环境大数据平台的最终目标。应用服务平台的构建主要有以下两种思路：一是针对所选择的优先发展领域，基于生态环境大数据相关技术，构建包括数据采集技术、存储技术、处理技术、分析挖掘技术、展现技术等一体化的应用平台；二是基于大数据技术，研发智能化的决策支持系统，可提供大数据分析成果发布，决策管理信息发布，为政府、企业、科研院所、公众等提供公共化的业务服务。政府通过掌握生态环境大数据科学分析的结果，提高生态环境管理和保护信息化水平以及生态环境重大风险预警预报能力；制定相关法律法规，从而更好地提供基础设施建设、技术推广、信息服务等。企业利用大数据平台挖掘新的知识信息，创造更多更新的价值，提高企业的运营效益；同时企业可依托生态环境大数据平台对相关生产活动进行生态环境风险评价，更好地实现企业经济与生态环境的可持续发展。科研单位借助生态环境大数据平台，可以获取更多的基础数据和资料，更好地开展前沿性研究工作，进一步为生态大数据平台的建设提供方向性和技术性的指导，加快推动平台建设。公众是生态大数据平台的最终服务对象，基于大数据平台建立优质高效的生态环境公共服务体系，提高公共服务共建能力和共享水平，更好地发挥生态环境数据资源对公众生产、生活和经济社会活动的服务作用。

生态环境的应用服务是指利用不同的方式将有价值的信息提供给用户，实现生态环境信息的传播、交流和增值，全面展现生态环境资源和状况变化，综合揭示各种因素的关系和内在变化规律，为生态环境建设以及社会公众提供全面、及时、准确的信息。提供生态环境应用服务是建设和发展生态环境大数据平台的最终目标。应用服务平台的构建主要有以下两种思路：一是针对所选择的优先发展领域，基于生态环境大数据相关技术，构建包括数据采集技术、存储技术、处理技术、分析挖掘技术、展现技术等一体化的应用平台；二是基于大数据技术，研发智能化的决策支持系统，可提供大数据分析成果发布，决策管理信息发布，为政府、企业、科研院所、公众等提供公共化的业务服务。政府通过掌握生态环境大数据科学分析的结果，提高生态环境管理和保护信息化水平以及生态环境重大风险预警预报能力；制定相关法律法规，从而更好地提供基础设施建设、技术推广、信息服务等。企业利用大数据平台挖掘新的知识信息，创造更多更新的价值，提高企业的运营效益；同时企业可依托生态环境大数据平台对相关生产活动进行生态环境风险评价，更好地实现企业经济与生态环境的可持续发展。科研单位借助生态环境大数据平台，可以获取更多的基础数据和资料，更好地开展前沿性研究工作，进一步为生态大数据平台的建设提供方向性和技术性的指导，加快推动平台建设。公众是生态大数据平台的最终服务对象，基于大数据平台建立优质高效的生态环境公共服务体系，提高公共服务共建能力和共享水平，更好地发挥生态环境数据资源对公众生产、生活和经济社会活动的服务作用。

第二篇　数据与方法篇

第 5 章

生态大数据体系与关键技术

导读　本章首先对目前生态大数据平台建设最主要的数据源进行了归类梳理，并详细介绍了生态系统中常用的分析方法，进一步提出了生态系统监测和识别中，基于遥感云计算平台使用遥感数据的技术流程。读者将全面了解在生态问题解决和刻画中的主要数据、方法和技术。

5.1　生态大数据的数据来源

生态系统水、土、气、生要素的长期地面定位观测数据产品为生态系统评价及管理提供科学依据。为了支持全球性生态环境的长期变化研究工作，许多国家和地区均已建立了生态环境观测研究网络。在我国，中国生态系统研究网络（CERN）可获取农田、森林、草地等多个典型生态系统的连续动态的水分、土壤、大气等要素的观测数据；英国环境变化监测网（ECN）记录了英国陆地和淡水生态系统共 57 个站点 20 多年的生物、气象和生物地球化学观测数据；美国国家生态观测站网络（NEON）可提供美国大陆有关陆地和淡水生态系统的生物体、种群和群落等五个主题数据；此外，全球性网络——国际通量观测网络数据（FLUXNET）提供了覆盖北美洲、中美洲、南美洲、亚洲等区域的 800 多个站点通量观测数据，涵盖了世界大部分气候类型和代表性生物群落。但地面观测网络主要获取的是样方尺度、离散的数据，难以满足大尺度生态系统研究对数据时空连续性的要求。

遥感可以实现长时序、大范围和重复监测地表属性和特征，反演生态系统组成、能量流动和物质循环过程中的关键要素，已逐渐成为生态学研究中必不可少的数据来源。光学遥感（RGB 相机、多光谱、高光谱成像仪）数据能够定量提取生态系统水平方向的光谱信息，其可以被用于植被生物物理参数的提取（如植被绿度指数、覆盖度等）以及生长情况监测。例如，欧空局（European Space Agency，ESA）哥白尼计划发射的哨兵二号卫星（Sentinel-2），能提供包括红、红边、近红外和短波红外等植被遥感关键波段在内的 13 个波段，并且哨兵二号 A、B 星组网在全球平均能达到 5 天的重访周期（Defourny et al.，2019）。随着对地观测技术的进步，遥感数据的空间分辨率、时间分辨率和光谱分辨率都显著提升，同时也出现了激光雷达和微波雷达等主动遥感观测技术，其成为获取生态系统垂直结构信息的重要技术手段。例如，微波遥感结合探地雷达监测识别森林垂直结构信息和地下信息，实现了森林蓄积量和生物量的反演。此外，近年来，通过融合高光谱和激光雷达数据，也逐步实现了空间连续的树高分布刻画，生态系统尺度、景观尺度和区域尺度的生化组分获取等。

海量遥感数据的积累为生态系统监测提供了新的机遇，为数据处理和分析也带来了新的挑战。数据的下载、存储、处理和分析都会消耗大量的计算资源，产生很大的成本。遥感云平台和云计算技术为处理和分析遥感大数据提供了新的解决方案，使得生态系统的高精度连续监测成为了可能。GEE 是目前发展最为成熟、应用最为广泛的遥感云计算平台之一（付东杰等，2021）。与传统的本地计算相比，GEE 至少具有三大明显优势：①GEE 平台存储了海量的共享数据（Earth Engine Data Catalog），用户可以直接访问和调用这些共享数据，省去了数据下载与存储的任务和成本。截至 2019 年 9 月，GEE 共享数据包括了 290 个公共数据集、500 万幅影像，数据总量超过了 29PB，且每天大约新增 4000 幅影像；②GEE 平台具有免费高效的计算资源，依托 Google 公司全球百万台服务器，GEE 的算力一般要强于本地普通的计算设备；Hansen 等（2013）最早利用 GEE 平台在 30m 分辨率下监测全球森林变化，该研究使用了 2000～2012 年共 654178 景 Landsat 影像，利用 GEE 的 10000 个 CPU 进行云端计算，一共只花了 4 天时间；③GEE 具有丰富的云端算法，包括数值运算、矩阵运算、栅格运算、机器学习和深度学习等。

本章主要介绍遥感数据处理和分析的关键技术与方法，着重论述如何利用 GEE 进行遥感大数据分析与生态系统监测，主要回答如下几个问题：①如何利用多源遥感数据构建规则的时间序列立方体？②如何利用时间序列立方体数据进行生态系统类型分类？③如何利用时间序列立方体数据开展生态系统变化监测？

5.2 数据预处理技术

数据预处理过程包括几何校正、辐射校正、大气校正、质量控制、数据融合和插值平滑等若干环节。随着 GEE 等遥感云计算的兴起，用户往往不需要再开展几何校正、辐射校正、大气校正等工作，只需有针对性地关注数据质量控制、时空数据融合、数据平滑插值等方面的方法与技术。

5.2.1 数据质量控制

云、云影（云遮挡产生的阴影）和雪会对光学影像的光谱信号产生明显干扰，从而对影像合成、大气校正、植被指数计算、土地覆被分类、变化检测等遥感应用产生不利影响。因此，识别出遥感影像中的云、云影和雪等噪声，并将这些噪声从影像中剔除（screen/mask），是数据分析和应用的基础。最常用的去云算法是 Fmask（Function of mask），该算法最初是基于 Landsat TM/ETM+提出的，其基本流程如下：首先利用云和云影的物理属性和一系列规则提取潜在的云和云影，然后利用分割的潜在云和几何关系匹配潜在云影，进而得到最终的云和云影掩摸（Asseng et al.，2015）。同时，利用归一化雪指数（Normalized Difference Snow Index，NDSI）识别雪。在此基础上，Fmask 被拓展到了 Landsat OLI 和 Sentinel-2 上，能有效去除 Landsat 5/7/8 和 Sentinel-2 的云、云影和雪（Asseng et al.，2015）。

GEE 平台上的 Landsat、Sentinel-2 和 MODIS 都带有质量控制波段，利用质量控制波段能快速去除上述噪声。具体而言，Landsat 5/7/8 天顶反射率（top-of-atmosphere reflectance，TOA）数据，BQA 波段进行质量控制；Landsat 5/7/8 地表反射率（surface reflectance，SR）数据，pixel_qa 波段进行质量控制；Sentinel-2 TOA 数据，QA60 波段进行质量控制；Sentinel-2 SR 数据，除了 QA60，MSK_CLDPRB、MSK_SNWPRB 和 SCL 波段都包含云、云影和雪的信息，均能为质量控制提供必要信息。例如，在 GEE 中对 Sentinel-2 SR 数据的去云代码如下：

https://code.earthengine.google.com/4cb10e2090e28cf685891966e231af78。

```
/**
* 利用 Sentinel-2 QA 波段进行云掩摸
* 输入参数：Sentinel-2 影像 ee.Image
* 输出参数：掩摸后生成的影像 ee.Image
**/
function maskS2clouds(image) {
  var qa = image.select('QA60');
  // Bits 10 and 11 are clouds and cirrus, respectively.
  var cloudBitMask = 1 << 10;
  var cirrusBitMask = 1 << 11;
  // Both flags should be set to zero, indicating clear conditions.
```

```
  var mask = qa.bitwiseAnd(cloudBitMask).eq(0)
      .and(qa.bitwiseAnd(cirrusBitMask).eq(0));
  return image.updateMask(mask).divide(10000);
}
// 执行 maskS2clouds 命令
var dataset = ee.ImageCollection('COPERNICUS/S2_SR')
                  .filterDate('2020-01-01', '2020-01-30')
                  // Pre-filter to get less cloudy granules.
                  .filter(ee.Filter.lt('CLOUDY_PIXEL_PERCENTAGE',20))
                  .map(maskS2clouds);
// 可视化
var visualization = {
  min: 0.0,
  max: 0.3,
  bands: ['B4', 'B3', 'B2'],
};
Map.setCenter(83.277, 17.7009, 12);
Map.addLayer(dataset.mean(), visualization, 'RGB');
```

5.2.2 时空数据融合

植被指数时间序列对于生态系统分类、植被物候监测和干扰识别具有重要意义。然而，由于技术的限制，在轨传感器很难提供时空分辨率都很高的数据，进而很难得到高空间分辨率的时间序列数据。尽管 MODIS 数据能提供每日的 NDVI 时间序列，但 500m 分辨率难以反映出异质下垫面的空间细节，使其运用受限。Landsat 数据具有 30m 空间分辨率，但 16 天的重访周期使得时间序列过于稀疏，难以表达植被生长发育全过程。因此，融合不同时空分辨率的遥感影像，能获取高空间分辨率和高时间密度的时间序列。STARFM 模型（Spatial and Temporal Adaptive Reflectance Fusion Model）是一种常见的时空融合模型，但该模型很难在 GEE 上实现（Xiao et al.，2010）。HIST-ARFM 模型（Highly Scalable Temporal Adaptive Reflectance Fusion Model）能在 GEE 平台上融合 Landsat 和 MODIS 数据生成 30m 月尺度的地表反射率数据（Cao et al.，2021）。

由于 Landsat 和 Sentinel-2 卫星影像具有相似的波段设置和空间分辨率，融合 Landsat 和 Sentinel 数据，能产生高精度、高时空分辨率的时间序列。NASA 的 LP DAAC 将两个传感器数据合并，推出数据集 HLS（Harmonized Landsat and

Sentinel）。HLS 对两个传感器进行了适配，处理流程包括大气校正、云掩膜、几何校正和冲采样、BRDF 归一化，Sentinel-2 波段调整（Claverie et al.，2018）。HLS 统一了 Landsat 和 Sentinel-2 的光谱、波段、空间分辨率，就像一个传感器采集得到的数据（图 5-1）。该数据集主要用于生态系统健康监测、干旱评估、作物管理等领域。目前该数据集还在进行科学验证，未被整合到 GEE 平台。

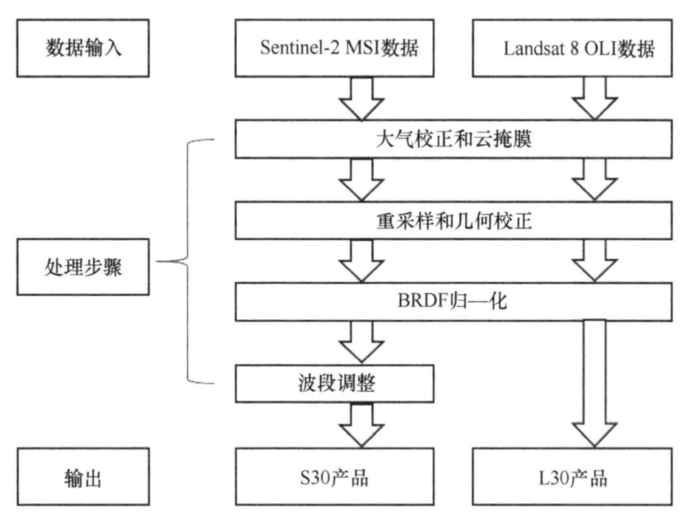

图 5-1 HLS 处理流程

在 GEE 平台，Landsat 5/7/8 和 Sentinel-2 可以通过线性变换进行波段调整，已有研究利用全球一套统一的参数将 Landsat 7 和 Sentinel-2 校准到了 Landsat 8 的标准上，构建了一致性较强的 NDVI 时间序列（Chen et al.，2019）。该方法简单高效，但校准后的精度有待进一步验证。

在 GEE 平台整合 Landsat 5/7/8 数据集，构建一致的时间序列曲线案例如下（图 5-2）：

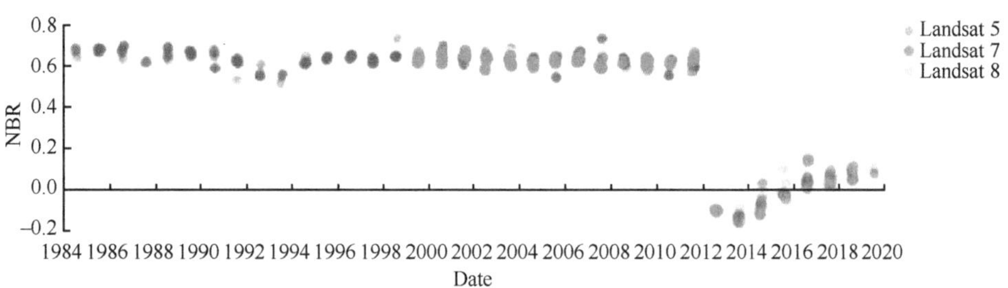

图 5-2 Landsat 时间序列

https://developers.google.com/earth-engine/tutorials/community/landsat-etm-to-oli-harmonization?hl=en。

第一步：函数构建

（1）构建 ETM+反射率向 OLI 转化的线性变换系数字典。根据 Roy 等（2016）的研究，确定 ETM+向 OLI 线性变换的斜率和截距：

```
var coefficients = {
  itcps: ee.Image.constant([0.0003, 0.0088, 0.0061, 0.0412, 0.0254, 0.0172])
             .multiply(10000),
  slopes: ee.Image.constant([0.8474, 0.8483, 0.9047, 0.8462, 0.8937, 0.9071])
};
```

（2）构建统一 ETM+和 OLI 波段名称的函数：

```
// Function to get and rename bands of interest from OLI.
function renameOli(img) {
  return img.select(
      ['B2', 'B3', 'B4', 'B5', 'B6', 'B7', 'pixel_qa'],
      ['Blue', 'Green', 'Red', 'NIR', 'SWIR1', 'SWIR2', 'pixel_qa']);
}
// Function to get and rename bands of interest from ETM+.
function renameEtm(img) {
  return img.select(
      ['B1', 'B2', 'B3', 'B4', 'B5', 'B7', 'pixel_qa'],
      ['Blue', 'Green', 'Red', 'NIR', 'SWIR1', 'SWIR2', 'pixel_qa']);
}
```

（3）构建 ETM+向 OLI 转换的函数：

```
function etmToOli(img) {
  return img.select(['Blue', 'Green', 'Red', 'NIR', 'SWIR1', 'SWIR2'])
      .multiply(coefficients.slopes)
      .add(coefficients.itcps)
      .round()
      .toShort()
```

```
      .addBands(img.select('pixel_qa'));
}
```

（4）去云和云影的函数：

```
function fmask(img) {
  var cloudShadowBitMask = 1 << 3;
  var cloudsBitMask = 1 << 5;
  var qa = img.select('pixel_qa');
  var mask = qa.bitwiseAnd(cloudShadowBitMask)
                 .eq(0)
                 .and(qa.bitwiseAnd(cloudsBitMask).eq(0));
  return img.updateMask(mask);
}
```

（5）光谱指数计算函数：

```
function calcNbr(img) {
  return img.normalizedDifference(['NIR', 'SWIR2']).rename('NBR');
}
```

（6）函数合并：

```
// Define function to prepare OLI images.
function prepOli(img) {
  var orig = img;
  img = renameOli(img);
  img = fmask(img);
  img = calcNbr(img);
  return ee.Image(img.copyProperties(orig, orig.propertyNames()));
}

// Define function to prepare ETM+ images.
function prepEtm(img) {
  var orig = img;
  img = renameEtm(img);
  img = fmask(img);
```

```
  img = etmToOli(img);
  img = calcNbr(img);
  return ee.Image(img.copyProperties(orig, orig.propertyNames()));
}
```

第二步：选择影像，定义研究区，选择影像数据集，定义影像过滤条件并对影像进行挑选。

```
var aoi = ee.Geometry.Point([-121.70938, 45.43185]);

var oliCol = ee.ImageCollection('LANDSAT/LC08/C01/T1_SR');
var etmCol = ee.ImageCollection('LANDSAT/LE07/C01/T1_SR');
var tmCol = ee.ImageCollection('LANDSAT/LT05/C01/T1_SR');

var colFilter = ee.Filter.and(
    ee.Filter.bounds(aoi), ee.Filter.calendarRange(182, 244, 'day_of_year'),
    ee.Filter.lt('CLOUD_COVER', 50), ee.Filter.lt('GEOMETRIC_RMSE_MODEL', 10),
    ee.Filter.or(
        ee.Filter.eq('IMAGE_QUALITY', 9),
        ee.Filter.eq('IMAGE_QUALITY_OLI', 9)));
// Filter collections and prepare them for merging.
oliCol = oliCol.filter(colFilter).map(prepOli);
etmCol = etmCol.filter(colFilter).map(prepEtm);
tmCol = tmCol.filter(colFilter).map(prepEtm);
```

第三步：合并 TM、ETM+和 OLI 数据，并显示时间序列曲线：

```
// Merge the collections.
var col = oliCol.merge(etmCol).merge(tmCol);
var allObs = col.map(function(img) {
  var obs = img.reduceRegion(
      {geometry: aoi, reducer: ee.Reducer.median(), scale: 30});
  return img.set('NBR', obs.get('NBR'));
});
var chartAllObs =
    ui.Chart.feature.groups(allObs, 'system:time_start', 'NBR', 'SATELLITE')
```

```
        .setChartType('ScatterChart')
        .setSeriesNames(['TM', 'ETM+', 'OLI'])
        .setOptions({
          title: 'All Observations',
          colors: ['f8766d', '00ba38', '619cff'],
          hAxis: {title: 'Date'},
          vAxis: {title: 'NBR'},
          pointSize: 6,
          dataOpacity: 0.5
        });
print(chartAllObs);
```

5.2.3　数据平滑插值

时间序列植被指数（例如 NDVI）往往会受到云、阴影、雪、气溶胶等多种污染，进而产生异常值。时间序列的平滑和重建是遥感数据时间序列分析不可或缺的环节。

1）S-G 滤波

Savitzky-Golay 滤波拟合法由 Savizky 和 Golag 提出来，是根据时间序列曲线的平均趋势，确定合适的滤波参数（拟合窗口大小与多项式次数），用多项式实现滑动窗内的最小二乘拟合，也称卷积平滑；利用 Savitzky-Golay 滤波方法（基于最小二乘的卷积拟合算法）进行迭代运算，模拟整个时序数据获得长期变化趋势。基于最小二乘原理的多项式（Hu et al.，2018）。计算公式为：

设滤波窗口的大小为 $n=2m+1$，各观测点为 $x=$（$-m$，$-m+1$，…，0，1，…，$m-1$，m），采用 $k-1$ 次多项式对滤波窗口内的数据点拟合，

$$y = a_0 + a_1 x + a_2 x^2 + a_3 x^3 + \cdots + a_{k-1} x^{k-1} \tag{5-1}$$

于是就有了 n 个这样的方程，组成了 k 元线性方程组（式 5-2）。要使得方程组有解，则需满足 $n \geqslant k$，一般选择 $n>k$，通过最小二乘法确定拟合参数 $A = \begin{pmatrix} a_0 \\ a_1 \\ \vdots \\ a_{k-1} \end{pmatrix}$。

由此得到以下方程组：

$$\begin{pmatrix} y_{-m} \\ y_{-m-1} \\ \vdots \\ y_m \end{pmatrix} = \begin{pmatrix} 1 & -m & \cdots & (-m)^{k-1} \\ 1 & -m+1 & \cdots & (-m+1)^{k-1} \\ \vdots & \vdots & & \vdots \\ 1 & m & \cdots & m^{k-1} \end{pmatrix} \begin{pmatrix} a_0 \\ a_1 \\ \vdots \\ a_{k-1} \end{pmatrix} + \begin{pmatrix} e_{-m} \\ e_{-m+1} \\ \vdots \\ e_m \end{pmatrix} \tag{5-2}$$

用矩阵表示为（式 5-3）：

$$Y_{(2m+1)\times 1} = X_{(2m+1)\times k} \cdot A_{k\times 1} + E_{(2m+1)\times 1} \tag{5-3}$$

A 的最小二乘解为（式 5-4）：

$$A = (X^T \cdot X)^{-1} \cdot X^T \cdot Y \tag{5-4}$$

2）HGAM 平滑

HGAM（hybrid generalized additive model）方法将基于 Savitzky-Golay 滤波的数据填补和基于广义加性模型（generalized additive model，GAM）的数据平滑方法相结合，确定物候期（Andela et al.，2019）。具体地，HGAM 方法包括一个数据间隙填充（data gap-filling）方法，涉及改进的 Savitzky-Golay 滤波（Chen et al.，2019）和一种数据平滑方法，涉及广义加性模型 GAM。GAM 算法是广义线性模型 GLM 的扩展，是自由灵活的统计模型，它可以用来探测到非线性回归的影响，不仅仅是线性关系。作为一种自适应非参数拟合方法，GAM 算法将响应变量（如 GPP）与解释变量（儒略日，day of year，DOY）之间的关系表示为解释变量的光滑链接函数（smoothed link functions）的加和，并使用惩罚回归样条（penalized regression splines）获得最优拟合参数（Hastie et al.，1990）。其中，平滑链接函数包括三类平滑器，即局部回归（如 loess），平滑样条和回归样条[如 b 样条，p 样条，薄板样条（thin plate splines）]，以发现数据中的隐藏模式，更适合不同模式的数据。

广义加性模型 GAM 算法如下：

$$g(\mu) = s_0 + s_1(X_1) + s_2(X_2) + \cdots + s_p(X_p) \tag{5-5}$$

$$n = s_0 + \sum_{i=1}^{p} s_i(X_i) \tag{5-6}$$

式中，$\mu = E(Y \mid X_1, X_2, \cdots, X_p)$，$n$ 为线性预测值，$s_i(X_i)$ 是非参数光滑函数，它可以是光滑样条函数（smoothing splines）、核函数[regression splines（B-splines，P-splines，thin plate splines）]或者局部回归光滑函数[local regression（loess）]，它的非参数形式使得模型非常灵活，揭示出自变量的非线性效应，这是 GAM 的

优势所在。具体的平滑程度由平滑参数决定，平滑参数越大，平滑程度越高。模型不需要对的任何假设，由随机部分（random component）、加性部分（additive component）及联结两者的连接函数（link function）组成，反应变量的分布属于指数分布族，可以是二项分布、Poisson 分布、Gamma 分布等。因此，GAM 模型将响应变量与解释变量之间的关系表示为解释变量平滑链接函数的和，并使用惩罚回归样条曲线得到最优拟合参数。该拟合函数灵活，能很好地适应不同生物群落和年份的单峰季节的 GPP 的平滑拟合。因此，HGAM 算法被期望适用于不同形状（比如峰值不对称或高峰期较短）的 GPP 曲线拟合和物候提取。

基于 HGAM 的时间序列数据构建如下：利用三次样条插值（cubic spline interpolation）和改进的 Savitzky-Golay 滤波方法对原始 GPP/NDVI/EVI 时间序列中的缺失值和异常进行了填充。这个滤波步骤可以使输入到接下来进行的 GAM 拟合模型中的数据更加稳定和合理。当使用 NDVI 和 EVI 作为输入时，此滤波操作更加必要。然后，我们采用 GAM 拟合方法将上述 GPP/NDVI/EVI 间隙填充后平滑为每日 GPP/NDVI/EVI 曲线。

3）wWHd 平滑

Whittaker 平滑算法主要考虑两个因素：①失真度（fidelity，S），平滑后的重建序列 z 与原始序列 y 的差距；②粗糙度（roughness，R），z 序列的平滑程度。构建代价函数如下：

$$Q = S + \lambda R \tag{5-7}$$

$$S = \left|y - z\right|^2 = \left(y - z\right)^T W\left(y - z\right) = \sum_i w_i\left(y_i - z_i\right)^2 \tag{5-8}$$

$$R = \left|Dz\right|^2 = \sum_i\left(z_i - 2z_{i-1} + z_{i-2}\right)^2 \tag{5-9}$$

式中，λ 控制 z 序列的平滑度，λ 越大，R 对 Q 的影响越大，z 越平滑；W 是权重矩阵（对角矩阵）；D 是差分矩阵。

求解目标是寻找一组 z 向量，使得 Q 最小，即期望失真度和粗糙度都很小。令 Q 对 z 偏导为 0，求解出 z：

$$(W + \lambda D'D)z = Wy \tag{5-10}$$

已有研究对 Whittaker 算法进行了改进，在 GEE 平台上发展了 wWHd 方法。①将 λ 参数从一个常数改为一个具有空间差异的图层，即每个像元具有各自独立的 λ。研究发现了 λ 最佳理论值（V-curve optimized λ）对原始时间序列的形状敏感，故通过多元线性回归构建了时间序列形状参数（即均值、标准差、变异系数、偏度和峰度）与 λ 的关系，得到了空间自适应的 λ；②权重（W）调整。结合权重调整函数和 EVI 数据的特性反复迭代，调整权重矩阵。该研究利用 wWHd 算法重建了 2000～2017 年 MODIS EVI 时间序列，其性能比傅里叶方法（Fourier）、Savitzky-Golay 滤波、非对称高斯法（AG）和双逻辑斯蒂方法（DL）更有优势。GEE 平台上 wWHd 实现代码如下：

https://code.earthengine.google.com/ebcf78d6ab73dd09c4264a59d98e8c53
https://code.earthengine.google.com/fd630453b5b09eeab08d11204be1855c。

```
// var pkg_whit = require('users/kongdd/public:Math/pkg_whit.js');

/**
 * @namespace
 * @name pkg_whit
 * @description
 *
 * GEE Whittaker: Whittaker smoother for ImageCollection in GEE
 *
 * Version 0.1.5, 2019-08-03
 *
 * **References:**
 *
 * 1. Kong, D., Zhang, Y., Gu, X., & Wang, D. (2019). A robust method
 *        for reconstructing global MODIS EVI time series on the Google Earth Engine.
 *        *ISPRS Journal of Photogrammetry and Remote Sensing*, *155*(May), 13–24.
 *        https://doi.org/10.1016/j.isprsjprs.2019.06.014
 * 2. Zhang, Y., Kong, D., Gan, R., Chiew, F.H.S., McVicar, T.R., Zhang, Q., and
 *        Yang, Y. (2019) Coupled estimation of 500m and 8-day resolution global
 *        evapotranspiration and gross primary production in 2002-2017.
 *        Remote Sens. Environ. 222, 165-182, https://doi:10.1016/j.rse.2018.12.031.
 *
 * @author Copyright (c) 2019 Dongdong Kong
 */
var pkg_whit = ;

/** BASIC TOOLS ------------------------------------------------------------ */
/**
```

```
 * If img_con is true, img_mat will be replaced with newimg; If false,
 * values unchanged.
 * Note about mask. If the mask of original image and new image is
 * different, some wield result maybe get.
 *
 * @param    {ee.Image | ee.Image<array>} img_old
 * @param    {ee.Image | ee.Image<array>} img_new New value
 * @param    {ee.Image | ee.Image<array>} img_con Boolean image
 *
 * @return ee.Image
 * @private
 */
pkg_whit.imageArray_replace = function(img_old, img_new, img_con){
    return img_old.expression('con * img_new + !con * b()',
        {con:img_con, img_new:img_new} );
}

pkg_whit.check_ylu_mat = function(img_mat, ylu){
    if (ylu) {
        var ymin = ylu.select(0),
        ymax = ylu.select(1);

        img_mat = pkg_whit.imageArray_replace(img_mat, ymin, img_mat.lt(ymin));
        img_mat = pkg_whit.imageArray_replace(img_mat, ymax, img_mat.gt(ymax));
    }
    return img_mat;
}

/**
 * constrain imgcol in the range of ylu
 *
 * @param    {ee.ImageCollection} imgcol [description]
 * @param     ylu       If not specified, imgcol not processed
 * @return new ee.ImageCollection
 * @private
 */
```

```
pkg_whit.check_ylu = function(imgcol, ylu){
    if (ylu) {
        var ymin = ylu.select(0),
            ymax = ylu.select(1);
        imgcol = imgcol.map(function(img){
            return img.where(img.lt(ymin), ymin)
                .where(img.gt(ymax), ymax);
        });
    }
    return imgcol;
}

/**
 * merge two ylu
 * @private
 */
pkg_whit.merge_ylu = function(ylu_full, ylu){
    var ymax_full = ylu_full.select('max'),
        ymax = ylu.select('max'),
        ymin_full = ylu_full.select('min'),
        ymin = ylu.select('min');

    ymax = ymax.where(ymax.gt(ymax_full), ymax_full);
    ymin = ymin.where(ymin.lt(ymin_full), ymin_full);
    return ymin.addBands(ymax);
}

/** ------------------------------------------------------------------------- */
/**
 * Weights updating function
 *
   * @param () re
   * @param () w
 *
 * @private
 */
```

```
pkg_whit.wSELF = function(re, w)

/**
 * ---
 * ### Bisquare weights updating function
 *
 * Modified weights of each points according to residual.
 * Suggest to replaced NA values with a fixed number such as ymin.
 * Otherwise, it will introduce a large number of missing values in fitting
 * result, for lowess, moving average, whittaker smoother and Savitzky-Golay
 * filter.
 *
 * Robust weights are given by the bisquare function like lowess function
 *
 * ```matlab
 * re = Ypred - Yobs;            % residual
 * sc = 6 * median(abs(re));     % overall scale estimate
 * w  = zeros(size(re));
 * I  = re < sc & re > 0
 *
 * % only decrease the weight of overestimated values
 * w(I) = ( 1 - (re(I)/sc).^2 ).^2; %NAvalues weighting will be zero
 * % overestimated outliers and weights less than wmin, set to wmin
 * w(w < wmin || re > sc) = wmin;
 * ```
 * @param  {ee.Image<array>} re   residuals (predicted value - original value). re < 0
 *                                means those values are overestimated. In order to
 *                                approach upper envelope reasonably, we only decrease
 *                                the weight of overestimated points.
 * @param  {ee.Image<array>} w    Original weights
 * @param                    wmin Minimum weight in weights updating procedure.
 * @return {ee.Image<array>} wnew New weights returned.
 *
 * @reference
 * https://cn.mathworks.com/help/curvefit/smoothing-data.html#bq_6ys3-3
 */
```

```
pkg_whit.wBisquare_array = function(re, w, wmin) {
    // This wmin is different from QC module,
    // When too much w approaches zero, it will lead to `matrixInverse` error.
    // Genius patch! 2018-07-28
    wmin = wmin || 0.05;

    var median = re.abs().arrayReduce(ee.Reducer.percentile([50]), [0]);
    var sc = median.multiply(6.0).arrayProject([0]).arrayFlatten([['sc']]);
    // Map.addLayer(re, {}, 're')
    // Map.addLayer(sc, , 'median')

    var w_new = re.expression('pow(1 - pow(b()/sc, 2), 2)', {sc:sc});

    var con;
    if (w){
        // we didn't change the weights of ungrowing season.
        // con = re.expression('re > 0 & ingrowing', {re:re, ingrowing:ingrowing});
        con = re.expression('b() > 0');
        w_new = pkg_whit.imageArray_replace(w, w_new.multiply(w), con);
        // w_new = w_new.expression('(re >    0)*b()*w + (re <= 0)*w' , { re:re, w:w });
    }
    con = w_new.expression('re >= sc || b() < wmin', { re:re.abs(), sc:sc, wmin:wmin});
    w_new = pkg_whit.imageArray_replace(w_new, wmin, con);
    // w_new = w_new.expression('(b() < wmin)*wmin + (b() >= wmin)*b()',
{ wmin:wmin});
    // Map.addLayer(w, {}, 'inside w');
    return w_new;
}

// function wBisquare(re) {
//      re = ee.ImageCollection(re);
//      var median = re.reduce(ee.Reducer.percentile([50]));
//      var sc = median.multiply(6.0);
//      var w = re.map(function(res) {
//          var img = res.expression('pow(1 - pow(b()/sc, 2), 2)', {sc:sc});
//          return img.where(res.gte(sc), 0.0)
```

```
//                      .copyProperties(res, ['system:id', 'system:index', 'system:time_start']);
//          });
//          w = w.toArray();//.toArray(1)
//          return w;
// }

/**
 * A recursive function used to get D matrix of whittaker Smoother
 *
 * @references
 * Paul H. C. Eilers, Anal. Chem. 2003, 75, 3631-3636
 * @private
 */
pkg_whit.diff_matrix = function(array, d) {
       array = ee.Array(array); //confirm variable type
       var diff = array.slice(0, 1).subtract(array.slice(0, 0, -1));
       if (d > 1) {
             diff = pkg_whit.diff_matrix(diff, d - 1);
       }
       return diff;
}

/**
 * ---
 * ### Whittaker Smoother for ImageCollection
 *
 * @param    {ImageCollection} ImgCol The Input time-series.
 * @param    {dictionary}          options
 * The default values:
 * - order               : 2,        // difference order
 * - wFUN                 : wBisquare_array, // weigths updating function
 * - iters               : 3,        // Whittaker iterations
 * - min_A               : 0.02, // Amplitude A = ylu_max - ylu_min, points are masked if
 *                                       A < min_A.
 * - min_ValidPerc: 0.3,     // pixel valid percentage less then 30%, is not smoothed.
 * - missing            : -0.05 // Missing value in band_sm are set to missing.
```

```
 * - method = 1;    // whittaker, matrix solve option:
 *      1:matrixSolve (suggested), 2:matrixCholeskyDecomposition, 3:matrixPseudoInverse
 *
 * @param   {Integer}             lambda The smooth parameter, a large value mean much
smoother.
 * @param   {ee.Image}            ylu (optional) Low and upper boundary
 *
 * @return {ee.Dictionary} zs and ws
 *
 * @example
 * https://code.earthengine.google.com/5700d398ddc900c3125a36ef22090447
 * @memberof pkg_whit
 */
pkg_whit.whit_imgcol = function(imgcol, options, lambda, ylu) {
    var wFUN       = options.wFUN       || pkg_whit.wBisquare_array;
    var iters      = options.iters      || 2;
    var order      = options.order      || 2;
    var missing = options.missing || -0.05;
    var min_A      = options.min_A      || 0.02;
    var min_ValidPerc = options.min_ValidPerc || 0.3;
    var method     = options.method     || 1;

   // update 29 July, 2018
    var n = imgcol.size();
    var con_perc = imgcol.select(0).count().divide(n).gte(min_ValidPerc);

    if (ylu) {
        var con_ylu    = ylu.expression('b(1)-b(0)').gt(min_A);
        var ingrow_val = ylu.expression('(b(1)-b(0))*0.3 + b(0)');
    }

    var mask = con_perc; //.and(con_ylu).and(ylu.select(1).gt(0));

    imgcol = imgcol.map(function(img){
        var w    = img.select('w');
        var vi = img.select(0).unmask(missing);
```

```
        return vi.addBands(w);
});

/** parameter lambda */
if (lambda === undefined) {
        lambda = pkg_whit.init_lambda(imgcol.select(0)); // first band
}
lambda = ee.Image(lambda).mask(mask);
// lambda = lambda || 2;

var ymat = imgcol.select(0).toArray(); //2d Column Image vector, .toArray(1)
var w      = imgcol.select('w').toArray(); //2d Column Image vector, .toArray(1)

var matBands = ee.List(imgcol.aggregate_array('system:time_start'))
        .map(function(x) { return ee.String('b').cat(ee.Date(x).format('YYYY_MM_dd')); });

// var img_ymat = ymat.arrayProject([0]).arrayFlatten([matBands]);
// var img_w      = w.arrayProject([0]).arrayFlatten([matBands]);
// print(img_w);
// var type      = "drive",
//          folder = "phenofit";
// pkg_export.ExportImg_deg(img_ymat, 'img_ymat', range, cellsize, type, folder);
// pkg_export.ExportImg_deg(img_w, 'img_w', range, cellsize, type, folder);
// pkg_export.ExportImg_deg(lambda, 'lambda', range, cellsize, type, folder);

var E = ee.Array.identity(n);
var D = pkg_whit.diff_matrix(E, order);
var D2 = ee.Image(D.transpose().matrixMultiply(D)).multiply(lambda);

var W, C, z, re,
        imgcol_z;
var zs      = ymat,
        ws      = w,
        yiter = ymat,
        w0      = w; // initial weight
yiter = pkg_whit.check_ylu_mat(yiter, ylu);
```

```
// Map.addLayer(lambda, vis_lambda, 'lambda');
// Map.addLayer(w.multiply(yiter), {}, 'ymat');

// pkg_main.imgRegions(lambda, points_whit, 'lambda');
// pkg_main.imgRegions(w0, points_whit, 'w0');
var predictor, response; // Y = Xb;
for (var i = 1; i <= iters; i++) {
    W = ee.Image(w).matrixToDiag(); //ee.Image(E) ;//
    predictor = W.add(D2);
    response    = w.multiply(yiter);

    if (method == 1) {
        /**solution1*/
        z = predictor.matrixSolve(response);
    } else if (method == 2) {
        /**solution2*/
        C    = predictor.matrixCholeskyDecomposition().arrayTranspose(); //already
img array
        z    = C.matrixSolve(C.arrayTranspose().matrixSolve(response));
        z    = ymat.where(mask, z);
    } else if (method == 3) {
        /**solution3*/
        z = predictor.matrixPseudoInverse().matrixMultiply(response);
    }

    re = z.subtract(ymat);
    w    = wFUN(re, w0);

    // if (i === 1){
    //        var img_w        = w.arrayProject([0]).arrayFlatten([matBands]);
    //        pkg_export.ExportImg_deg(img_w, 'img_w_2', range, cellsize, type,
folder);
    // }
    zs = zs.arrayCat(z, 1);
    ws = ws.arrayCat(w, 1);
    // zs = pkg_smooth.replace_mask(zs, ymat, 9999); // nodata:9999
```

```
            /**upper envelope*/
            var con;
            if (ylu) {
                con = ymat.expression("b() < z && b() >= ingrow_val",
                    {z:z, w:w, ingrow_val:ingrow_val}); // & (w0 == 1)
            } else {
                con = ymat.expression("b() < z", {z:z, w:w}); // & (w0 == 1)
            }
            yiter = pkg_whit.imageArray_replace(yiter, z, con);
        }
        // Map.addLayer(mask, {}, 'mask');
        // Map.addLayer(zs, {}, 'zs');
        return { zs: ee.Image(zs), ws: ee.Image(ws) }; //, C:C
}

/**
 * ---
 * ### Initial parameter lambda for whittaker
 *
 * The uncertainty of gee_Whittaker mainly roots in `init_lambda`.
 *
 * @note
 * This function is only validated with MOD13A1.
 * lambda has been constrained in the range of [1e-2, 1e3]
 *
 * Be caution about coef, when used for other time-scale. The coefs
 * should be also updated.
 *
 * @param {ee.ImageCollection} imgcol The input ee.ImageCollection should have
 * been processed with quality control.
 */
pkg_whit.init_lambda = function(imgcol, mask_vi){
    /** Define reducer
     *   See
https://developer.mozilla.org/en-US/docs/Web/JavaScript/Reference/Global_Objects/Arra
y/Reduce
```

```
 */
var combine = function(reducer, prev) { return reducer.combine(prev, null, true); };
var reducers = [ ee.Reducer.mean(), ee.Reducer.stdDev(), ee.Reducer.skew(),
ee.Reducer.kurtosis()];
var reducer    = reducers.slice(1).reduce(combine, reducers[0]);

var img_coef = imgcol.reduce(reducer).select([0, 1, 2, 3], ['mean', 'sd', 'skewness',
'kurtosis']);

// var formula = '0.831120 + 1.599970*b("mean") - 4.094027*b("sd") -
0.035160*b("mean")/b("sd") - 0.063533*b("skewness")';
// try to update lambda formula; 2018-07-31
// var formula = "0.8209 +1.5008*b('mean') -4.0286*b('sd') -0.1017*b('skewness')
-0.0041*b('kurtosis')";
// var formula = "0.8214 +1.5025*b('mean') -4.0315*b('sd') -0.1018*b('skewness')";
// update 20180819,
// cv is not significant, the coef (-0.0027) is set to zero.
// Lambda of 4y or 1y coefs has no significant difference.
var formula = "0.9809 -0.00*b('mean')/b('sd') +0.0604*b('kurtosis') +0.7247*b('mean')
-2.6752*b('sd') -0.3854*b('skewness')";     // 1y
// var formula = "1.0199 -0.0074*b('mean')/b('sd') +0.0392*b('kurtosis')
+0.7966*b('mean') -3.1399*b('sd') -0.3327*b('skewness')"; // 4y

// var formula = '0.979745736 + 0.725033847*b("mean") -2.671821865*b("sd") -
0*b("mean")/b("sd") - 0.384637294*b("skewness") + 0.060301697*b("kurtosis")';
// var formula = "0.8055 -0.0093*b('mean')/b('sd') -0.0092*b('kurtosis')
+1.4210*b('mean') -3.8267*b('sd') -0.1206*b('skewness')";
// print("new lambda formula ...");
// Map.addLayer(img_coef, {}, 'img_coef');

var lambda = img_coef.expression(formula);
lambda = ee.Image.constant(10.0).pow(lambda);
if (mask_vi) {
    lambda = lambda.where(mask_vi.not(), 2);     // for no vegetation regions set
lambda = 2
}
```

```
    lambda = lambda.where(lambda.gt(1e2), 1e2)
        .where(lambda.lt(1e-2), 1e-2);            // constain lambda range
    return lambda;
};


var DEBUG = false;
if (DEBUG){
    print('debug');
}

exports = pkg_whit;
```

5.3 生态系统类型划分

随着遥感分类方法的进步，生态系统类型划分逐渐从目视解译走向自动分类，机器学习和深度学习算法发展迅速。

5.3.1 人机交互目视解译

人机交互目视解译在我国早期生态系统类型和格局监测中发挥了重要作用。已有研究利用 20 世纪 90 年代末期 Landsat 数据，目视解译出了全国的土地利用类型。然后将 20 世纪 80 年代末期、2000 年、2010 年等关键年份的影像，与 20 世纪 90 年代末期遥感影像进行对比，发现并提取遥感影像上土地利用变化信息，在 20 世纪 90 年代末期土地利用数据层面上，判定并勾绘变化区域，标注变化类型，进而完成土地利用信息的更新。这类工作为探明我国生态系统类型、查明土地资源状况、了解土地利用变化的宏观格局提供了可靠的数据支撑。但是目视解译工作量大、主观性强、方法的普适性和迁移性不够，使其应用受到了一定限制。

5.3.2 机器学习

基于大量的地面样本和丰富的分类特征，机器学习算法在生态系统类型监测上得到了广泛应用。常见的机器学习算法包括决策树（decision tree）、支持向量机（support vector machine）、随机森林（random forest）、超随机树（extremely randomized trees）、LightGBM 提升树（lightGBM boosted trees）、CatBoost 提升树

(CatBoost boosted trees)、神经网络(neural networks)等。下面以最常用的分类算法之一——随机森林(random forest,RF)为例,简要论述其原理和应用。

随机森林属于一种集成学习(ensemble learning)算法,它组合了多个 CART 决策树的预测结果,通过投票或取均值得到最终预测结果。多个决策树共同预测使得整体模型具有较高的准确度和泛化能力。随机森林的“随机”使模型具有抗过拟合能力,“森林”使模型具有较高的准确性。随机森林采用的是自举汇聚法(bootstrap aggregating,bagging)技术,对原始数据集进行有放回抽样选取出 k 个数据子集,进而训练出 k 个决策树,并对 k 个决策树预测结果进行集成。同时,在生成每棵决策树时,仅仅在总的分类特征中随机选出的少数特征进行建模,一般选取的特征数默认为特征总数 m 的开方。这样通过样本与特征的双重随机性,使得不同决策树之间相关性较低,从而降低了模型的方差,能获得较为理想的泛化能力和抗过拟合能力。

总的来说,随机森林具有以下主要优点:①集成算法的精度往往优于单个模型;②双重随机性使得模型不易过拟合;③树的组合使得模型能处理非线性问题;④善于处理高维数据(即特征数很大);⑤对数据集的适应能力强,既能处理离散型数据,也能处理连续型数据,并且数据集无需规范化;⑥训练速度快;⑦袋外数据(out of bag,OOB)能不损失训练数据量,同时得到真实误差的无偏估计;⑧训练过程中能得到特征重要性,并能探测特征之间的相互影响。

由于随机森林能有效处理高维特征,故充分利用 Landsat 和 Sentinel-2 的光谱和物候特征,构建较大数据的特征集,能提高模型的精度。例如,Thenkabail 团队对全球耕地分布信息提取的工作,主要利用 Landsat 7/8 大气层顶反射率数据(TOA)、多个波段和植被指数(如 blue,green,red,NIR,SWIR1,SWIR2,TIR1,NDVI),对不同研究区域采用多个时相的中值合成形成多个分类特征,在大量地面样本数据基础上利用随机森林算法对研究区域内多个农业生态区或气候区进行分区分类,最后得到研究区耕地分布图(Teluguntla et al.,2018;Oliphant et al.,2019)。Parente 等(2019)基于 Landsat 数据构建了多维分类特征,在 GEE 平台上利用随机森林算法自动提取牧草地。首先,构建多个 Landsat 光谱变化特征(即光谱-时间特征);然后结合 30000 多个目视解译样本,利用随机森林算法进行分类;最后通过后处理技术增加结果图集一致性(Parente et al.,2019)。

GEE 提供了大量的机器学习算法,例如最大熵模型[ee.Classifier.amnhMaxent()]、决策树模型[ee.Classifier.decisionTree()]、支持向量机模型[ee.Classifier.libsvm()]、朴素贝叶斯模型[ee.Classifier.smileNaiveBayes()]、随机森林模型[ee.Classifier.

smileRandomForest()]等。在 GEE 中进行机器学习分类案例如下：https://developers.google.com/earth-engine/guides/classification。

在 GEE 中进行机器学习一般有 5 步：

第一步：收集训练数据，形成 featureCollection 类。每一条训练样本是一个 feature，包含了类别标签（class label）和分类特征（predictors/features）；

第二步：初始化一个分类模型（分类器），设置必要的参数；

第三步：利用训练数据训练分类模型（分类器）；

第四步：对一张影像或者另一个 featureCollection 进行分类（推理）；

第五步：利用独立的验证数据评估分类误差。

示范代码 1：

（1）选择影像并合成，生成待分类的影像。

```
// Make a cloud-free Landsat 8 TOA composite (from raw imagery).
var l8 = ee.ImageCollection('LANDSAT/LC08/C01/T1');
var image = ee.Algorithms.Landsat.simpleComposite({
  collection: l8.filterDate('2018-01-01', '2018-12-31'),
  asFloat: true
});
```

（2）利用 sampleRegions() 函数提取样本点对应的光谱数据，形成 featureCollection。

```
// Use these bands for prediction.
var bands = ['B2', 'B3', 'B4', 'B5', 'B6', 'B7', 'B10', 'B11'];
// Load training points. The numeric property 'class' stores known labels.
var points = ee.FeatureCollection('GOOGLE/EE/DEMOS/demo_landcover_labels');

// This property stores the land cover labels as consecutive
// integers starting from zero.
var label = 'landcover';

// Overlay the points on the imagery to get training.
var training = image.select(bands).sampleRegions({
  collection: points,
```

```
  properties: [label],
  scale: 30
});
```

（3）初始化分类模型，利用训练数据训练分类模型。

```
// Train a CART classifier with default parameters.
var trained = ee.Classifier.smileCart().train(training, label, bands);
```

（4）对待分类影像进行分类并显示。

```
// Classify the image with the same bands used for training.
var classified = image.select(bands).classify(trained);
// Display the inputs and the results.
Map.centerObject(points, 11);
Map.addLayer(image, {bands: ['B4', 'B3', 'B2'], max: 0.4}, 'image');
Map.addLayer(classified,
             {min: 0, max: 2, palette: ['red', 'green', 'blue']},
             'classification');
```

示范代码 2：

（1）利用 ee.Algorithms.Landsat.simpleComposite()算法合成 Landsat 影像，按照“云量最小”法则进行合成。

```
// Make a cloud-free Landsat 8 TOA composite (from raw imagery).
var l8 = ee.ImageCollection('LANDSAT/LC08/C01/T1');
var image = ee.Algorithms.Landsat.simpleComposite({
  collection: l8.filterDate('2018-01-01', '2018-12-31'),
  asFloat: true
});
// Use these bands for prediction.
var bands = ['B2', 'B3', 'B4', 'B5', 'B6', 'B7', 'B10', 'B11'];
```

（2）手动勾画森林和非森林多边形样本，利用 sampleRegions()分别提取森林和非森林范围内的所有像素，构建 FeatureCollection。

```
// Manually created polygons.
var forest1 = ee.Geometry.Rectangle(-63.0187, -9.3958, -62.9793, -9.3443);
var forest2 = ee.Geometry.Rectangle(-62.8145, -9.206, -62.7688, -9.1735);
var nonForest1 = ee.Geometry.Rectangle(-62.8161, -9.5001, -62.7921, -9.4486);
var nonForest2 = ee.Geometry.Rectangle(-62.6788, -9.044, -62.6459, -8.9986);
// Make a FeatureCollection from the hand-made geometries.
var polygons = ee.FeatureCollection([
  ee.Feature(nonForest1, {'class': 0}),
  ee.Feature(nonForest2, {'class': 0}),
  ee.Feature(forest1, {'class': 1}),
  ee.Feature(forest2, {'class': 1}),
]);
// Get the values for all pixels in each polygon in the training.
var training = image.sampleRegions({
  // Get the sample from the polygons FeatureCollection.
  collection: polygons,
  // Keep this list of properties from the polygons.
  properties: ['class'],
  // Set the scale to get Landsat pixels in the polygons.
  scale: 30
});
```

（3）初始化 SVM 分类器，并训练分类器。

```
// Create an SVM classifier with custom parameters.
var classifier = ee.Classifier.libsvm({
  kernelType: 'RBF',
  gamma: 0.5,
  cost: 10
});
// Train the classifier.
var trained = classifier.train(training, 'class', bands);
```

（4）对影像进行分类并展示。

```
// Classify the image.
var classified = image.classify(trained);
// Display the classification result and the input image.
Map.setCenter(-62.836, -9.2399, 9);
Map.addLayer(image, {bands: ['B4', 'B3', 'B2'], max: 0.5, gamma: 2});
Map.addLayer(polygons, {}, 'training polygons');
Map.addLayer(classified,
             {min: 0, max: 1, palette: ['red', 'green']},
             'deforestation');
```

示范代码 1 和示范代码 2 的主要区别在于构建训练数据的方法不同，示范代码 1 借助已有样本点，提取样本点对应像素上的光谱信息，构成训练数据集；而示范代码 2 在 GEE 上手动勾画了不同地类的多边形，并提取多边形范围内的所有像素点的光谱信息，来生成训练数据集。

示范代码 3：

（1）选择研究区内云量最少的一张 Landsat 5 TOA 影像，并保留最小云分值小于 50 的像元。

```
// Define a region of interest as a point.  Change the coordinates
// to get a classification of any place where there is imagery.
var roi = ee.Geometry.Point(-122.3942, 37.7295);

// Load Landsat 5 input imagery.
var landsat = ee.Image(ee.ImageCollection('LANDSAT/LT05/C01/T1_TOA')
  // Filter to get only one year of images.
  .filterDate('2011-01-01', '2011-12-31')
  // Filter to get only images under the region of interest.
  .filterBounds(roi)
  // Sort by scene cloudiness, ascending.
  .sort('CLOUD_COVER')
  // Get the first (least cloudy) scene.
  .first());

// Compute cloud score.
var cloudScore = ee.Algorithms.Landsat.simpleCloudScore(landsat).select('cloud');
```

```
// Mask the input for clouds.   Compute the min of the input mask to mask
// pixels where any band is masked.   Combine that with the cloud mask.
var input = landsat.updateMask(landsat.mask().reduce('min').and(cloudScore.lte(50)));
```

（2）将 MCD12Q1 和待分类 Landsat 影像合并，随机提取 5000 个像元，构建训练数据集。

```
// Use MODIS land cover, IGBP classification, for training.
var modis = ee.Image('MODIS/051/MCD12Q1/2011_01_01')
    .select('Land_Cover_Type_1');

// Sample the input imagery to get a FeatureCollection of training data.
var training = input.addBands(modis).sample({
  numPixels: 5000,
  seed: 0
});
```

（3）训练随机森林模型，并对影像进行分类。

```
// Make a Random Forest classifier and train it.
var classifier = ee.Classifier.smileRandomForest(10)
    .train({
      features: training,
      classProperty: 'Land_Cover_Type_1',
      inputProperties: ['B1', 'B2', 'B3', 'B4', 'B5', 'B6', 'B7']
    });

// Classify the input imagery.
var classified = input.classify(classifier);
```

（4）评估训练模型的精度。

```
// Get a confusion matrix representing resubstitution accuracy.
var trainAccuracy = classifier.confusionMatrix();
print('Resubstitution error matrix: ', trainAccuracy);
```

```
print('Training overall accuracy: ', trainAccuracy.accuracy());
```

（5）重新随机选取 5000 个样本，利用上述训练好的随机森林模型对其进行分类，并评估其精度，该精度则可视为验证精度。

```
// Sample the input with a different random seed to get validation data.
var validation = input.addBands(modis).sample({
  numPixels: 5000,
  seed: 1
  // Filter the result to get rid of any null pixels.
}).filter(ee.Filter.neq('B1', null));

// Classify the validation data.
var validated = validation.classify(classifier);

// Get a confusion matrix representing expected accuracy.
var testAccuracy = validated.errorMatrix('Land_Cover_Type_1', 'classification');
print('Validation error matrix: ', testAccuracy);
print('Validation overall accuracy: ', testAccuracy.accuracy());
```

（6）分类结果展示。

```
// Define a palette for the IGBP classification.
var igbpPalette = [
  'aec3d4', // water
  '152106', '225129', '369b47', '30eb5b', '387242', // forest
  '6a2325', 'c3aa69', 'b76031', 'd9903d', '91af40',  // shrub, grass
  '111149', // wetlands
  'cdb33b', // croplands
  'cc0013', // urban
  '33280d', // crop mosaic
  'd7cdcc', // snow and ice
  'f7e084', // barren
  '6f6f6f'  // tundra
];
```

```
// Display the input and the classification.
Map.centerObject(roi, 10);
Map.addLayer(input, {bands: ['B3', 'B2', 'B1'], max: 0.4}, 'landsat');
Map.addLayer(classified, {palette: igbpPalette, min: 0, max: 17}, 'classification');
```

训练样本和验证样本必须是独立的两套数据集。可选的做法是：①将样本集随机拆分为训练集和验证集；②剔除训练集中与验证集距离太近的样本。示范代码如下：

（1）利用 sample()方法生成 5000 个随机样本。

```
// Sample the input imagery to get a FeatureCollection of training data.
var sample = input.addBands(modis).sample({
  region: landsat.geometry(),
  numPixels: 5000,
  seed: 0,
  geometries: true,
  tileScale: 16
});
```

（2）利用 7∶3 的比例将样本集随机拆分为训练集和验证集。

```
// The randomColumn() method will add a column of uniform random
// numbers in a column named 'random' by default.
sample = sample.randomColumn();

var split = 0.7;  // Roughly 70% training, 30% testing.
var training = sample.filter(ee.Filter.lt('random', split));
print(training.size());
var validation = sample.filter(ee.Filter.gte('random', split));
```

（3）利用 Spatial join 剔除训练集中与验证集样本距离太近的样本。

```
// Spatial join.
var distFilter = ee.Filter.withinDistance({
  distance: 1000,
  leftField: '.geo',
```

```
  rightField: '.geo',
  maxError: 10
});

var join = ee.Join.inverted();

// Apply the join.
training = join.apply(training, validation, distFilter);
print(training.size());
```

5.3.3 深度学习

相对于机器学习，深度学习可以自动构建分类特征，挖掘隐含的深层特征，在模型的精度和迁移能力上可能具有更大的潜力。卷积神经网络（convolution neural network，CNN）和循环神经网络（recurrent neural network，RNN）在计算机视觉、时间序列分析中得到了广泛应用，这里简要介绍这两类模型。

CNN 包含一系列卷积层（convolutional layer）和池化层（pooling layers）。在最简单的形式下，卷积层的核心运算是对输入数据和卷积核做互相关运算并加上偏差。卷积核可以通过数据训练得到。由于 CNN 可以在不同层级（尺度）上自动学习具有代表性和差异性的特征，被广泛应用于遥感图像识别上，尤其在高空间分辨率影像上表现突出，包括基于高分辨率影像的目标识别（机场、屋顶等）、道路提取和土地覆被分类等。此外，CNN 具有较强的迁移能力。卷积运算是一个降尺度的运算，它能够获取较大视域内的空间依存关系，进而识别出图像的类型，但会丢失精确的位置信息。虽然降尺度的卷积特征会被进一步升尺度到原始分辨率，但这个升尺度的过程只能重建目标的粗略位置，不能准确表达目标的形状。将低层级的局部特征和高层级的宏观特征组合，能同时得到准确的类型信息（宏观的空间上下文和空间依存关系）和精准的边界与形状信息（局部的空间细节）。例如，Zhang 等（2020）利用高分辨率遥感数据（Gaofen-1，Gaofen-2 和 Ziyuan-3）和 MPSPnet（the Modified Pyramid Scene Parsing network）模型对黑龙江、河北、浙江和广东四省的耕地进行了提取。研究表明，组合高层级的空间关系特征和底层级的局部特征能有效识别耕地的类型，同时精确捕捉耕地的边界信息，从而提高分类的精度（图 5-3）。

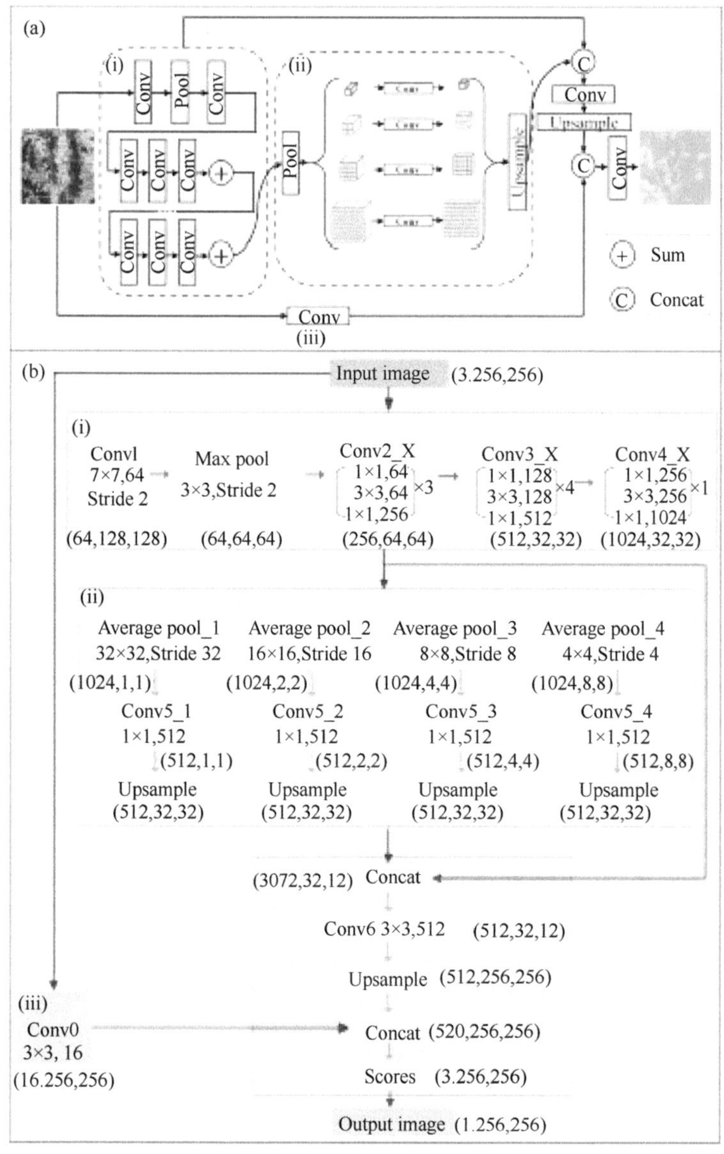

图 5-3 CNN 流程图（Zhang et al.，2020）

与能有效处理空间信息的 CNN 不同，RNN 能更好的处理时间序列。它引入状态变量存储过去的时间信息，并用状态变量与当前输入共同决定输出。RNN 在文本模型、机器翻译、语音识别、手写识别、图像识别和推荐系统等领域得到了广泛应用。在遥感领域，RNN 被用于从多时相的遥感数据中识别出时间特征（或者物候特征）。长短期记忆模型（Long short-term memory，LSTM）是 RNN 的一个变种，通过门控机制来表达时间序列中长期的时间关联。LSTM 包含 3 个门：输入门（input gate）、遗忘门（forget gate）和输出门（output gate）。LSTM 能从时间序列遥感数据中提取植被生长的时间特征，从而识别生态系统类型和物种类型（包括农作物类型）。为了进一步提升 LSTM 模型对时间特征的提取、识别和表达水平，注意力机制（attention mechanisms）和双向流（bidirectional flows）被引入到了最新的分类模型中。例如，已有研究基于 LSTM 和注意力机制，构建了作物分类模型（deep cropmapping，DCM）；利用 Landsat 的多波段和多时相信息，对美国的作物类型进行了识别（Xu et al.，2020）。与随机森林模型（random forest）、多层感知机（multilayer perceptron）和 Transformer 相比，DCM 的空间迁移能力更强，同时能充分利用作物生长前期的时间序列信号，在作物生长的早期获得更高的分类精度（图 5-4）。

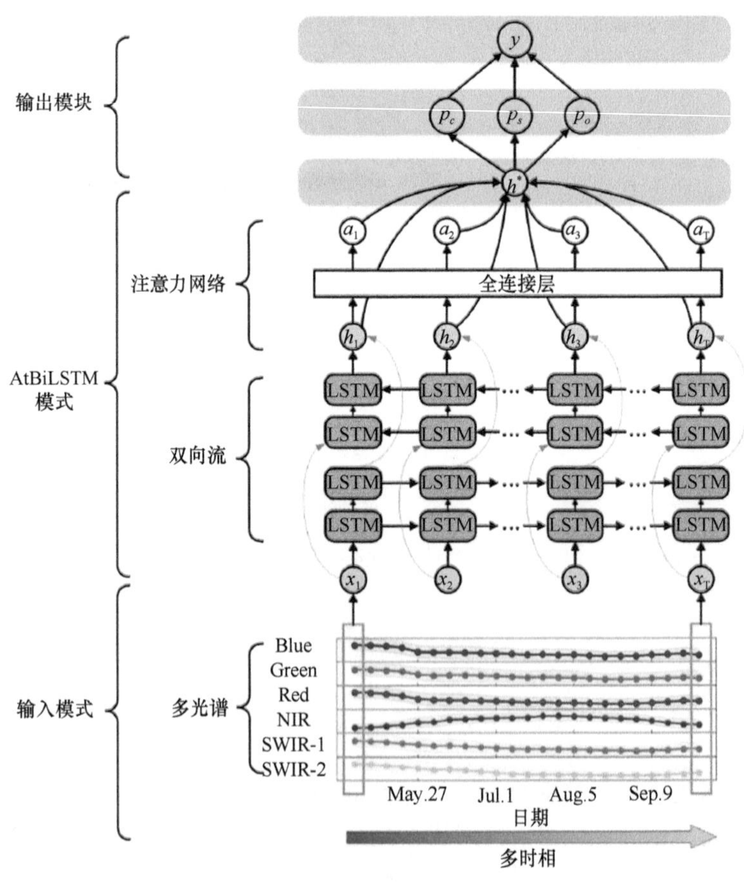

图 5-4　作物分类模型（Xu et al.，2020）

TensorFlow 是一个开源的深度学习平台，GEE 能与 TensorFlow 结合实现深度学习。虽然利用 TensorFlow 构建和训练深度学习模型是在 GEE 外部进行的，但 TensorFlow 可以接收到 GEE 平台输出的训练数据集、验证数据集和待分类的遥感影像集（TFRecord），同时可以将遥感影像分类结果传回到 GEE 平台。TensorFlow 与 GEE 的联动实现了深度学习的在线运行，省去了数据下载和本地计算的复杂流程。GEE 与 TensorFlow 联合搭建深度学习模型案例如下：https://github.com/google/earthengine-api/blob/master/python/examples/ipynb/TF_demo1_keras.ipynb。

5.4　长期变化趋势分析

分析植被指数（如 NDVI）的年际变化趋势对于监测生态系统动态变化、理解植被对气候变化和人类活动的响应具有重要意义。

5.4.1　线性回归

植被指数（如 NDVI）年际变化的线性趋势分析是假设年际变化趋势（或变化速率）不随时间（不同年份）的变化而变化。年际线性趋势分析多采用最小二乘线性回归模型（ordinary least squares linear regression，OLSLR）：

$$y = \alpha_0 + \beta_0 t + \varepsilon \tag{5-11}$$

其中，y 代表植被指数；t 代表年份；α_0 和 β_0 分别代表截距和斜率；ε 代表误差项。

GEE 平台能进行最小二乘框架下的线性回归，比如逐像元计算 NDVI 的变化趋势：https://code.earthengine.google.com/0827ce3bbe401c769090e1d192d47b74 GEE。线性回归主要采用了 ee.ImageCollection().reduce()方法，使用的 reducer 是 ee.Reducer.linearRegression()。

主要代码如下：

（1）对影像增加 3 个波段，分别为：NDVI、年份（每个像元数值都表示年份）、常数（常数为 1 的常数图像）（图 5-5）。

```
// Use this function to add variables for NDVI, time and a constant
// to Landsat 8 imagery.
var addVariables = function(image) {
  // Compute time in fractional years since the epoch.
  var date = ee.Date(image.get(timeField));
  var years = date.difference(ee.Date('1970-01-01'), 'year');
  // Return the image with the added bands.
  return image
```

```
    // Add an NDVI band.
    .addBands(image.normalizedDifference(['B5', 'B4']).rename('NDVI')).float()
    // Add a time band.
    .addBands(ee.Image(years).rename('t').float())
    // Add a constant band.
    .addBands(ee.Image.constant(1));
};
```

（2）利用 linearRegression()进行线性回归。

```
// Linear trend ----------------------------------------------------------------
// List of the independent variable names
var independents = ee.List(['constant', 't']);

// Name of the dependent variable.
var dependent = ee.String('NDVI');

// Compute a linear trend.  This will have two bands: 'residuals' and
// a 2x1 band called coefficients (columns are for dependent variables).
var trend = filteredLandsat.select(independents.add(dependent))
    .reduce(ee.Reducer.linearRegression(independents.length(), 1));
// Map.addLayer(trend, {}, 'trend array image');

// Flatten the coefficients into a 2-band image
var coefficients = trend.select('coefficients')
  .arrayProject([0])
  .arrayFlatten([independents]);
```

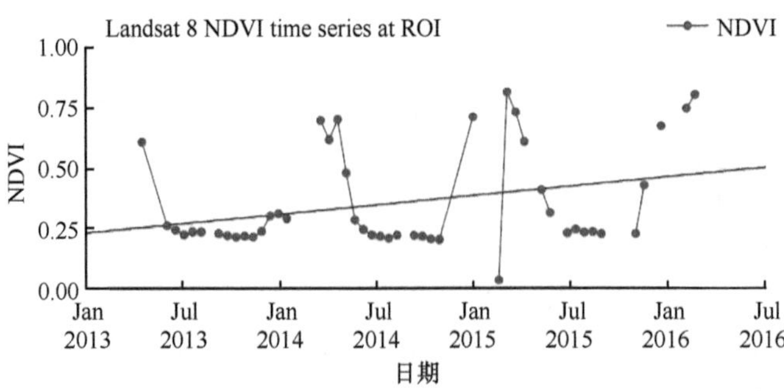

图 5-5　Landsat 8 时间序列

以线性回归为基础，GEE 可以实现更为复杂的回归，例如谐波回归：https://code.earthengine.google.com/e509dc5852e56f46b5805b5bbd514725。

$$p_t = \mathrm{NDVI}_t = \beta_0 + \beta_1 t + \beta_2 \cos(2\pi\omega t) + \beta_3 \sin(2\pi\omega t) + e_t \tag{5-12}$$

主要代码如下：

```
// Harmonic trend ----------------------------------------------------------------
// Use these independent variables in the harmonic regression.
var harmonicIndependents = ee.List(['constant', 't', 'cos', 'sin']);

// Add harmonic terms as new image bands.
var harmonicLandsat = filteredLandsat.map(function(image) {
  var timeRadians = image.select('t').multiply(2 * Math.PI);
  return image
    .addBands(timeRadians.cos().rename('cos'))
    .addBands(timeRadians.sin().rename('sin'));
});

// The output of the regression reduction is a 4x1 array image.
var harmonicTrend = harmonicLandsat
  .select(harmonicIndependents.add(dependent))
  .reduce(ee.Reducer.linearRegression(harmonicIndependents.length(), 1));
```

与简单一元线性回归（图 5-6）相比，谐波回归增加了两个波段 cos 和 sin，对应着 $\cos(2\pi\omega t)$ 和 $\sin(2\pi\omega t)$。

5.4.2　Mann-Kendall 检验

Mann-Kendall（MK）检验用来确定一个时间序列是否具有单调递增或者递减的趋势。MK 检验不要求数据正态分布或者线性分布，要求数据是非自相关的。

MK 的原假设是数据没有趋势，备择假设是数据具有趋势。对于具有 n 个元素的时间序列 x_1，x_2，…，x_n，MK 引入了统计量 S：

$$S = \sum_{i=1}^{n-1} \sum_{j=i+1}^{n} \mathrm{sign}(x_j - x_i) \tag{5-13}$$

如果 $S>0$，意味着靠后的观测往往比靠前的观测大。S 的方差被定义为如下形式：

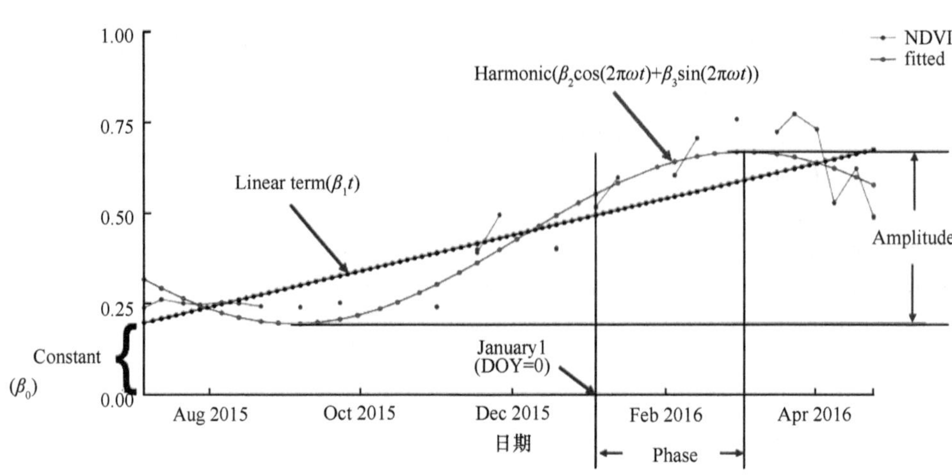

图 5-6　简单一元线性回归

$$\text{var}=\frac{1}{18}\left[n(n-1)(2n+5)-\sum f_t(f_t-1)(2f_t+5)\right] \tag{5-14}$$

式中，n 为序列大小；f_t 为 x_t 出现的次数。

MT 检验最终采用了 z 统计量：

$$z=\begin{cases}\dfrac{S-1}{se}, & S>0\\ 0, & S=0\\ \dfrac{S+1}{se}, & S<0\end{cases} \tag{5-15}$$

假如序列没有单调变化趋势（原假设），则 $z\sim N$（0，1），也就是说 z 会是 0 附近的一个值；假如 z 值偏离 0 较远，则原假设不成立。

5.4.3　Theil-Sen 斜率估计

为了克服数据异常值的影响，对变化趋势进行无参数的估计，Sen 斜率是一个常用的非参数化的斜率估计值。

$$\text{Sen's slope}=\text{Median}\left\{\frac{x_j-x_i}{j-i}:i<j\right\} \tag{5-16}$$

GEE 也能实现 MK 检验和 Sen 斜率估计：https://developers.google.com/earth-engine/tutorials/community/nonparametric-trends?hl=en。例如对 MOD13A1 数据 EVI 进行年合成，然后计算 Sen 斜率，并实现 MK 检验。

代码如下：

（1）选择 MOIDS EVI 时间序列数据。

```
var mod13 = ee.ImageCollection('MODIS/006/MOD13A1');
var coll = mod13.select('EVI')
    .filter(ee.Filter.calendarRange(8, 9, 'month'));
Map.addLayer(coll, {}, 'coll');
```

（2）利用 join 关联影像。每张影像都附带了其后续的影像信息。

```
var afterFilter = ee.Filter.lessThan({
  leftField: 'system:time_start',
  rightField: 'system:time_start'
});

var joined = ee.ImageCollection(ee.Join.saveAll('after').apply({
  primary: coll,
  secondary: coll,
  condition: afterFilter
}));
```

（3）KM 检验计算统计量 S。

```
var sign = function(i, j) { // i and j are images
  return ee.Image(j).neq(i) // Zero case
      .multiply(ee.Image(j).subtract(i).clamp(-1, 1)).int();
};

var kendall = ee.ImageCollection(joined.map(function(current) {
  var afterCollection = ee.ImageCollection.fromImages(current.get('after'));
  return afterCollection.map(function(image) {
    // The unmask is to prevent accumulation of masked pixels that
    // result from the undefined case of when either current or image
    // is masked.  It won't affect the sum, since it's unmasked to zero.
    return ee.Image(sign(current, image)).unmask(0);
  });
  // Set parallelScale to avoid User memory limit exceeded.
```

```
}).flatten()).reduce('sum', 2);

var palette = ['red', 'white', 'green'];
// Stretch this as necessary.
Map.addLayer(kendall, {palette: palette}, 'kendall');
```

（4）计算 KM 检验中的 var。

```
// Values that are in a group (ties).  Set all else to zero.
var groups = coll.map(function(i) {
  var matches = coll.map(function(j) {
    return i.eq(j); // i and j are images.
  }).sum();
  return i.multiply(matches.gt(1));
});

// Compute tie group sizes in a sequence.  The first group is discarded.
var group = function(array) {
  var length = array.arrayLength(0);
  // Array of indices.  These are 1-indexed.
  var indices = ee.Image([1])
      .arrayRepeat(0, length)
      .arrayAccum(0, ee.Reducer.sum())
      .toArray(1);
  var sorted = array.arraySort();
  var left = sorted.arraySlice(0, 1);
  var right = sorted.arraySlice(0, 0, -1);
  // Indices of the end of runs.
  var mask = left.neq(right)
  // Always keep the last index, the end of the sequence.
      .arrayCat(ee.Image(ee.Array([[1]])), 0);
  var runIndices = indices.arrayMask(mask);
  // Subtract the indices to get run lengths.
  var groupSizes = runIndices.arraySlice(0, 1)
      .subtract(runIndices.arraySlice(0, 0, -1));
  return groupSizes;
```

```
};

// See equation 2.6 in Sen (1968).
var factors = function(image) {
  return image.expression('b() * (b() - 1) * (b() * 2 + 5)');
};

var groupSizes = group(groups.toArray());
var groupFactors = factors(groupSizes);
var groupFactorSum = groupFactors.arrayReduce('sum', [0])
      .arrayGet([0, 0]);

var count = joined.count();

var kendallVariance = factors(count)
    .subtract(groupFactorSum)
    .divide(18)
    .float();
Map.addLayer(kendallVariance, {}, 'kendallVariance');
```

（5）显著性检验。

```
// Compute Z-statistics.
var zero = kendall.multiply(kendall.eq(0));
var pos = kendall.multiply(kendall.gt(0)).subtract(1);
var neg = kendall.multiply(kendall.lt(0)).add(1);

var z = zero
    .add(pos.divide(kendallVariance.sqrt()))
    .add(neg.divide(kendallVariance.sqrt()));
Map.addLayer(z, {min: -2, max: 2}, 'z');

// https://en.wikipedia.org/wiki/Error_function#Cumulative_distribution_function
function eeCdf(z) {
  return ee.Image(0.5)
      .multiply(ee.Image(1).add(ee.Image(z).divide(ee.Image(2).sqrt()).erf()));
```

```
}

function invCdf(p) {
  return ee.Image(2).sqrt()
      .multiply(ee.Image(p).multiply(2).subtract(1).erfInv());
}

// Compute P-values.
var p = ee.Image(1).subtract(eeCdf(z.abs()));
Map.addLayer(p, {min: 0, max: 1}, 'p');

// Pixels that can have the null hypothesis (there is no trend) rejected.
// Specifically, if the true trend is zero, there would be less than 5%
// chance of randomly obtaining the observed result (that there is a trend).
Map.addLayer(p.lte(0.025), {min: 0, max: 1}, 'significant trends');
```

（6）计算 Sen 斜率。

```
var slope = function(i, j) { // i and j are images
  return ee.Image(j).subtract(i)
      .divide(ee.Image(j).date().difference(ee.Image(i).date(), 'days'))
      .rename('slope')
      .float();
};

var slopes = ee.ImageCollection(joined.map(function(current) {
  var afterCollection = ee.ImageCollection.fromImages(current.get('after'));
  return afterCollection.map(function(image) {
      return ee.Image(slope(current, image));
  });
}).flatten());

var sensSlope = slopes.reduce(ee.Reducer.median(), 2); // Set parallelScale.
Map.addLayer(sensSlope, {palette: palette}, 'sensSlope');
```

（7）计算 Sen 斜率对应的截距。

```
var epochDate = ee.Date('1970-01-01');
var sensIntercept = coll.map(function(image) {
  var epochDays = image.date().difference(epochDate, 'days').float();
  return image.subtract(sensSlope.multiply(epochDays)).float();
}).reduce(ee.Reducer.median(), 2);
Map.addLayer(sensIntercept, {}, 'sensIntercept');
```

5.5　年际变化拐点检测

基于时间序列遥感数据集可以捕捉每个像元在不同时间尺度上的变化（年际变化、季节变化、日内变化等），变化检测方法用于自动识别、提取和描述不同变化类型（渐变、突变等），在生态系统动态监测方面应用广泛。

5.5.1　BFAST

BFAST（breaks for additive seasonal and trend）是由 Verbesselt 等建立的时间序列变化检测算法，它将长时间序列的 NDVI 进行组分分解，分别得到 NDVI 的趋势组分（主要指由城市扩张和人类活动引起的变化）、季节组分（主要指地表覆盖变化和气候差异引起的变化）及噪声变化（主要指云、雨、雪、露水、洪水等引起的瞬时变化），同时检测趋势组分和季节组分中存在的断点，分析干扰事件（图 5-7）。该算法利用可加性分解模型迭代拟合趋势组分和季节组分，可加性分解模型如下：

$$Y_t = T_t + S_t + e_t \quad (t = 1, 2, \cdots, n) \tag{5-17}$$

式中，t为观测时间；Y_t为t时刻的观测值；T_t为趋势组分；S_t为季节组分；e_t为噪声组分。趋势组分表示为具有 m+1 个分割部分（即 m 个断点：$\tau_1^*, \cdots, \tau_m^*$）的分段线性函数：

$$T_t = \alpha_i + \beta_i t \quad (\tau_{i-1}^* < t \leqslant \tau_i^*) \tag{5-18}$$

式中，$i = 1, \cdots, m$；$\tau_0^*=0$；$\tau_{m+1}^*=n$。同样地，季节组分表示为分段谐波函数，相邻断点间的季节组分 S_t 是固定的，但不同断点间季节组分可能不同。季节组分的断点为$\tau_1^\#, \cdots, \tau_p^\#$，定义$\tau_0^\#=0, \tau_{p+1}^\#=n$，具体公式如下所示：

$$S_t=\sum_{k=1}^{K}a_{j,k}\sin\left(\frac{2\pi kt}{f}+\delta_{j,k}\right)\quad(\tau_{j-1}^{\#}<t\leqslant\tau_j^{\#})\tag{5-19}$$

式中，$j=1,\cdots,p$；k 为谐波项数；$a_{j,k}$ 和 $\delta_{j,k}$ 分别为具体每段谐波的振幅和相位，是未知参数；f 为频率（如：时间分辨率为 16 天的观测序列的 f 值为 23）。

基于以上可加性模型开展迭代分解进程，BFAST 分解过程首先利用一个标准化的季节-趋势分解程序初始化季节组分 S_t，然后基于以下步骤估计模型参数，直到断点的数量和位置不发生改变（示例输出见图 5-7）：

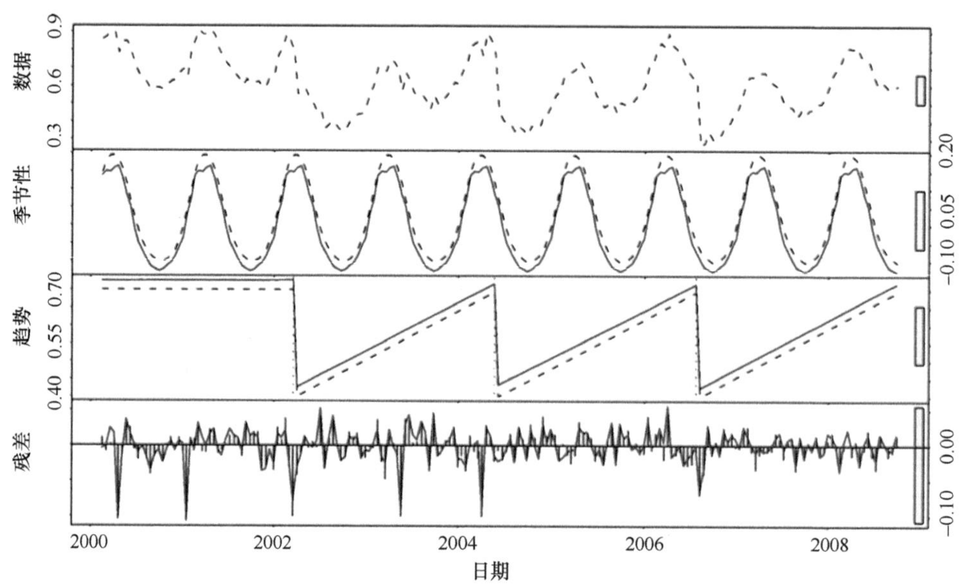

图 5-7　BFAST 示例输出（Verbesselt et al.，2010）

图中展示了每 16 天的 MODIS NDVI 时间序列（黑色）包含一个趋势突变（突变幅度=−0.25）和两个季节组分变化（+30 和−30）。估计的季节、趋势和噪声组分以红色显示，垂直虚线表示断点，估计的断点置信区间显示为红色

（1）如果最小二乘法的移动求和（OLS-MOSUM）测试表明趋势组分 T_t 中有断点，运用最小二乘法拟合去除季节组分后的数据 $Y_t-\hat{S}_t$，得到趋势断点的数量和位置。

（2）在趋势断点间，基于 M-估计的鲁邦回归估算趋势组分系数 α_j 和 β_j，进而得到估计的趋势组分：$\hat{T}_t=\hat{\alpha}_i+\hat{\beta}_i t$

（3）如果最小二乘法的移动求和 OLS-MOSUM 测试表明季节组分 S_t 中有断点，运用最小二乘法拟合去除趋势组分后的数据 $Y_t-\hat{T}_t$ 得到季节断点的数量和位置。

（4）季节组分系数 $\theta_{j,k}$ 和 $\gamma_{j,k}$ 由基于 M-估计的鲁邦回归估算得到，进而产生季节组分的估计值 $\hat{S}_t$： $\hat{S}_t=\sum_{k=1}^{3} a_{j,k}\sin\left(\frac{2\pi kt}{f}+\delta_{j,k}\right)$。

5.5.2　LandTrendr

LandTrendr（landsat-based detection of trends in disturbance and recovery）算法是一种以同步检测出变化趋势和扰动事件为目标的算法。该算法采用任意时间分割技术（arbitrary temporal seg-mentation）分割光谱轨迹，用直线段来模拟时间轨迹的重要特征，分割出直线段端点的时间和光谱值为生成变化图提供所需的基本信息，可更全面检测出渐变和突变事件，可有效检测由单一自然因素（干旱、虫害等）、人为因素（如橡胶林的扩张等）及由混合因素引起的森林扰动。

LandTrendr 通过对时间序列数据进行迭代线性拟合获取趋势断点。主要分为以下 6 个步骤（图 5-8）：

（1）异常值剔除。基于潜在异常值前后数值的相似度来判断该点是否为异常值，若为异常值，则剔除。造成异常值的原因主要有云覆盖、烟雾、阴影以及雪。该过程是迭代进行的，每次迭代中仅剔除最为异常的峰值，如果没有峰值超过设定参数，则不做更改。

（2）识别潜在断点。采用迭代线性拟合的方式获得所有潜在断点，初始迭代中，使用一元线性函数对整个时间序列数据进行拟合，选取预测值与真实值差距最大的点作为断点，分别在断点间进行线性拟合，重复上述过程，直到满足最大分割的条件，如设定最大残差；

（3）断点筛选。求解所有分段线性函数的变化角度，设定最小变化角度差异来剔除变化较小的断点；

（4）轨迹调整。一旦确定了最后一组候选断点，将使用拟合算法来确定每个点的光谱值，确保时间序列的最佳连续轨迹，即点对点的连接，并计算模型 p 值；

（5）轨迹简化。使用连续较少的段来反复简化和重新调整轨迹，即逐渐减小轨迹分割数量。对于每个简化后的模型，重新应用第（4）步骤中的拟合过程；

（6）趋势最优拟合。使用 F 统计（p-f）的 p 值来确定最佳模型，获得趋势探测结果。

利用 GEE 运行 Landtrendr（LT-GEE）能识别拐点发生的位置（时间）和变化大小（https://emapr.github.io/LT-GEE/index.html）。单波段（例如 NIR）或者某一光谱指数（例如 NDVI）时间序列能被 Landtrendr 分为若干个线性函数（图 5-9）：

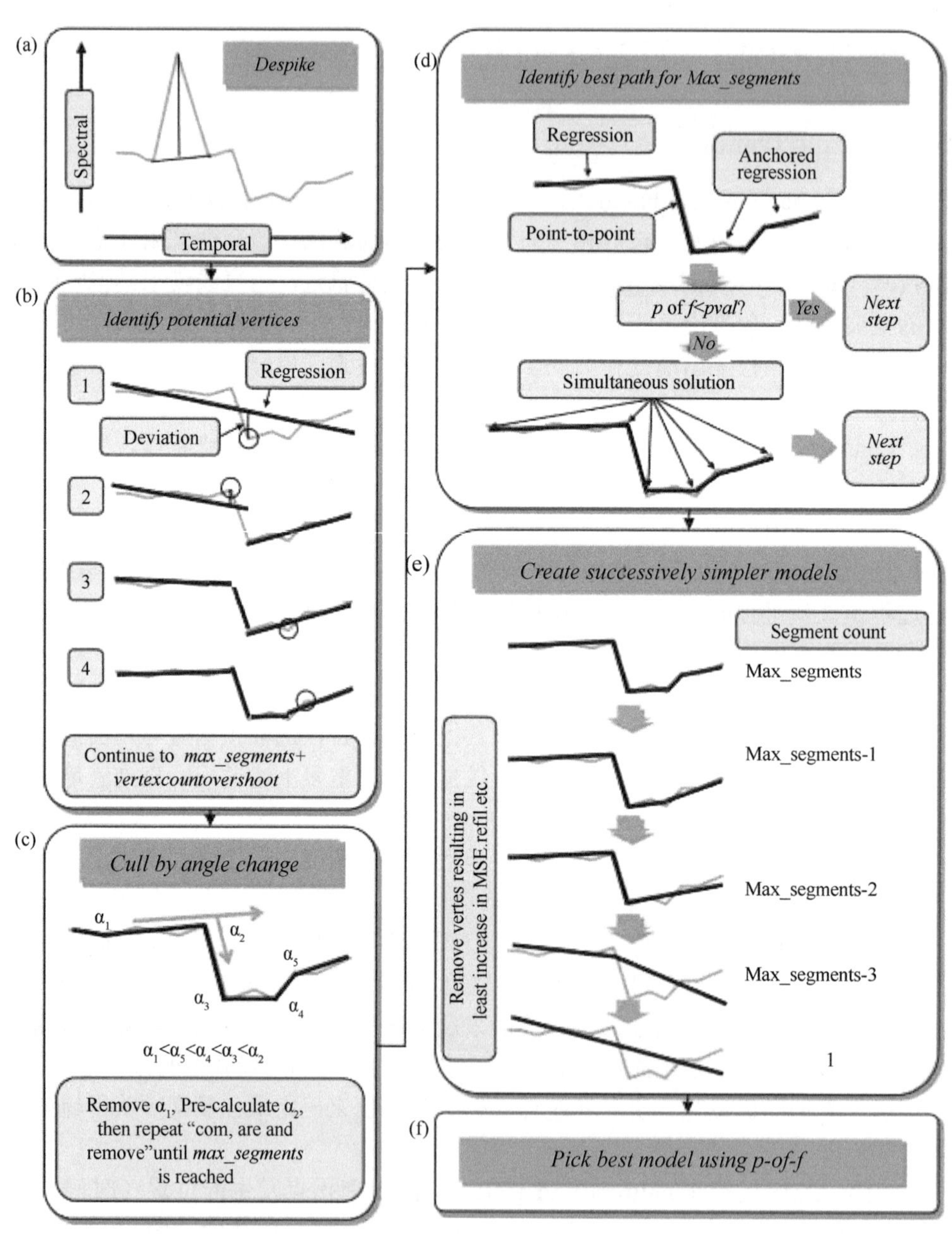

图 5-8　LandTrendr 算法流程图

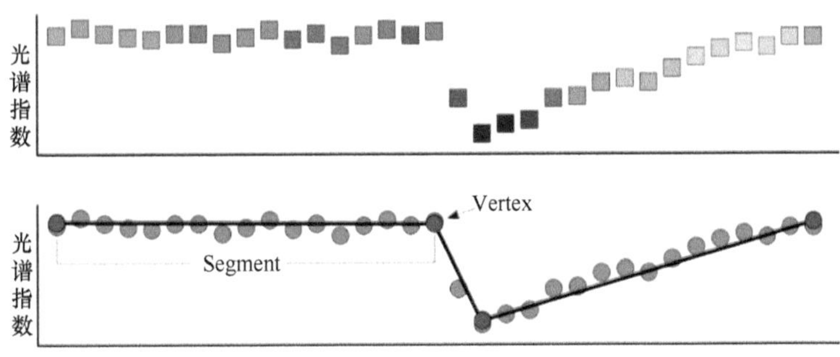

图 5-9　LandTrendr 识别的拐点示例

LT-GEE 有两个输入：①输入年际时间尺度的影像集，例如年最大 NDVI 影像集等；②LT 的参数字典。

LT-GEE 运行利用了 GEE 的函数 ee.Algorithms.TemporalSegmentation.LandTrendr()，运行包括 6 个步骤：①定义时间序列的起始与终止年份；②定义研究区；③定义 LT 参数字典；④构建年际影像集；⑤将构建的影像集传递给参数集；⑥运行 LT 算法（图 5-10）。

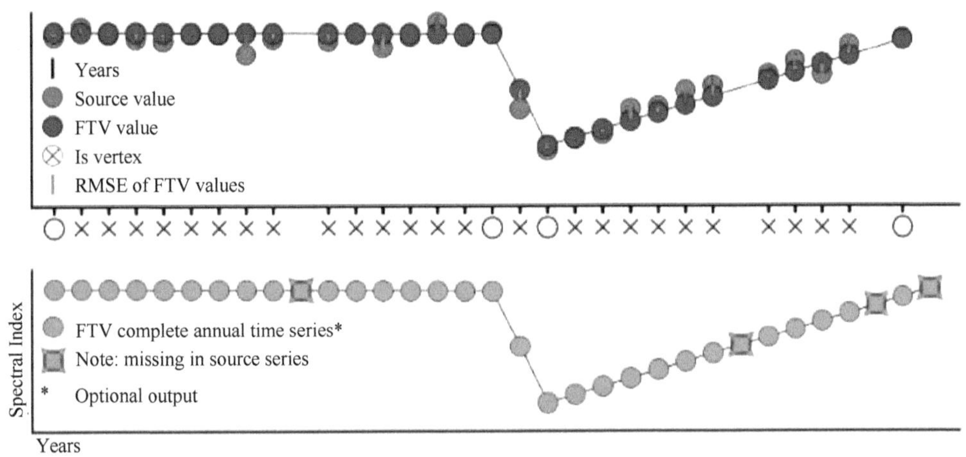

图 5-10　LandTrendr 原理

LT-GEE 的输出如下：

（1）Years：观测值的年份序列，即光谱-时间维度上的时间维（x 轴）；

（2）Source value：原始观测值序列，即光谱-时间维度上的光谱维（y 轴）；

（3）FTV value：拐点间的拟合值序列；

（4）Is vertex：标明每个年份是否属于拐点，1 表示拐点，0 表示非拐点；

（5）RMSE：拟合值相对于原始值的均方根误差；

（6）Complete time series FTV values：附加波段对应的拟合值；

LT-GEE 将上述信息组织在 3 个波段里（图 5-11）：

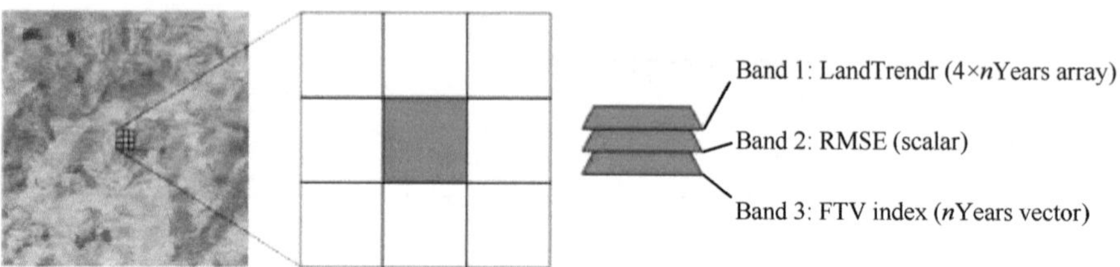

图 5-11　LT-GEE

波段 1：类型是 image array，每个像元包含 4×n 年的矩阵，分别表示年份，原始观测值，拟合值，转折点标识，例如：

```
[
 [1985，1986，1987，1988，1989，1990，1991，1992，1993，1994，…] // Year list
 [ 811， 809， 821， 813， 836， 834， 833， 818， 826， 820， …] // Source list
 [ 827， 825， 823， 821， 819， 817， 814， 812， 810， 808， …] // Fitted list
 [   1，   0，   0，   0，   0，   0，   0，   0，   0，   0， …] // Is Vertex list
]
```

波段 2：类型是 image，即每个像元包含一个 RMSE 标量；

波段 3：类型是 image array，即每个像元包含 n 年的向量，表示附加波段（或者指数）的拟合值。

LT-GEE 的核心代码如下：

```
//#
#\\
//#                    LANDTRENDR SOURCE AND FITTING PIXEL TIME SERIES
PLOTTING                    #\\
//#
#\\

// date: 2018-04-19
// author: Zhiqiang Yang   | zhiqiang.yang@oregonstate.edu
//         Justin Braaten | jstnbraaten@gmail.com
```

```
//                Robert Kennedy | rkennedy@coas.oregonstate.edu
// website: https://github.com/eMapR/LT-GEE

//##### INPUTS #####

// enter longitude and latitude for a point...
// you can get these by first activating the "Inspector" tab...
// then click a location on the map...
// the point coordinates will appear in the at the top...
// of the "Inspector" panel - copy and paste values
var long = -122.8848;
var lat = 43.7929;


// define years and dates to include in landsat image collection
var startYear = 1985;        // what year do you want to start the time series
var endYear     = 2017;        // what year do you want to end the time series
var startDay    = '06-01'; // what is the beginning of date filter | month-day
var endDay       = '09-30'; // what is the end of date filter | month-day


// define function to calculate a spectral index to segment with LT
var segIndex = function(img) {
      var index = img.normalizedDifference(['B4', 'B7'])                                   //
calculate normalized difference of band 4 and band 7 (B4-B7)/(B4+B7)
                         .multiply(1000)
// ...scale results by 1000 so we can convert to int and retain some precision
                         .select([0], ['NBR'])
// ...name the band
                         .set('system:time_start', img.get('system:time_start')); // ...set
the output system:time_start metadata to the input image time_start otherwise it is
null
      return index ;
};

var distDir = -1; // define the sign of spectral delta for vegetation loss for the
segmentation index -
```

```
                    // NBR delta is negetive for vegetation loss, so -1 for NBR, 1 for
band 5, -1 for NDVI, etc


// define the segmentation parameters:
// reference: Kennedy, R. E., Yang, Z., & Cohen, W. B. (2010). Detecting trends in forest
disturbance and recovery using yearly Landsat time series: 1. LandTrendr—Temporal
segmentation algorithms. Remote Sensing of Environment, 114(12), 2897-2910.
//              https://github.com/eMapR/LT-GEE
var run_params = {
  maxSegments:            6,
  spikeThreshold:         0.9,
  vertexCountOvershoot:   3,
  preventOneYearRecovery: true,
  recoveryThreshold:      0.25,
  pvalThreshold:          0.05,
  bestModelProportion:    0.75,
  minObservationsNeeded:  6
};

//##### ANNUAL SR TIME SERIES COLLECTION BUILDING FUNCTIONS #####

//----- MAKE A DUMMY COLLECTOIN FOR FILLTING MISSING YEARS -----
var dummyCollection =
ee.ImageCollection([ee.Image([0,0,0,0,0,0]).mask(ee.Image(0))]); // make an image
collection from an image with 6 bands all set to 0 and then make them masked values


//------ L8 to L7 HARMONIZATION FUNCTION -----
// slope and intercept citation: Roy, D.P., Kovalskyy, V., Zhang, H.K., Vermote, E.F., Yan,
L., Kumar, S.S, Egorov, A., 2016, Characterization of Landsat-7 to Landsat-8 reflective
wavelength and normalized difference vegetation index continuity, Remote Sensing of
Environment, 185, 57-70.(http://dx.doi.org/10.1016/j.rse.2015.12.024); Table 2 -
reduced major axis (RMA) regression coefficients
var harmonizationRoy = function(oli) {
  var slopes = ee.Image.constant([0.9785, 0.9542, 0.9825, 1.0073, 1.0171, 0.9949]);
// create an image of slopes per band for L8 TO L7 regression line - David Roy
```

```
  var itcp = ee.Image.constant([-0.0095, -0.0016, -0.0022, -0.0021, -0.0030, 0.0029]);
// create an image of y-intercepts per band for L8 TO L7 regression line - David Roy
  var y = oli.select(['B2','B3','B4','B5','B6','B7'],['B1', 'B2', 'B3', 'B4', 'B5', 'B7']) // select
OLI bands 2-7 and rename them to match L7 band names
              .resample('bicubic')
// ...resample the L8 bands using bicubic
              .subtract(itcp.multiply(10000)).divide(slopes)
// ...multiply the y-intercept bands by 10000 to match the scale of the L7 bands then
apply the line equation - subtract the intercept and divide by the slope
              .set('system:time_start', oli.get('system:time_start'));
// ...set the output system:time_start metadata to the input image time_start
otherwise it is null
  return y.toShort();
// return the image as short to match the type of the other data
};


//------ RETRIEVE A SENSOR SR COLLECTION FUNCTION -----
var getSRcollection = function(year, startDay, endDay, sensor, aoi) {
  // get a landsat collection for given year, day range, and sensor
  var srCollection = ee.ImageCollection('LANDSAT/'+ sensor + '/C01/T1_SR') // get
surface reflectance images
                         .filterBounds(aoi)
// ...filter them by intersection with AOI
                         .filterDate(year+'-'+startDay, year+'-'+endDay);
// ...filter them by year and day range

  // apply the harmonization function to LC08 (if LC08), subset bands, unmask, and
resample
  srCollection = srCollection.map(function(img) {
    var dat = ee.Image(
      ee.Algorithms.If(
        sensor == 'LC08',
// condition - if image is OLI
```

```
            harmonizationRoy(img.unmask()),
// true - then apply the L8 TO L7 alignment function after unmasking pixels that were previosuly masked (why/when are pixels masked)
            img.select(['B1', 'B2', 'B3', 'B4', 'B5', 'B7'])                // false - else select out the reflectance bands from the non-OLI image
              .unmask()
// ...unmask any previously masked pixels
              .resample('bicubic')
// ...resample by bicubic
              .set('system:time_start', img.get('system:time_start'))       // ...set the output system:time_start metadata to the input image time_start otherwise it is null
          )
      );

      // make a cloud, cloud shadow, and snow mask from fmask band
      var qa = img.select('pixel_qa');                                      // select out the fmask band
      var mask = qa.bitwiseAnd(8).eq(0).and(                                // include shadow

qa.bitwiseAnd(16).eq(0)).and(                                               // include snow
                  qa.bitwiseAnd(32).eq(0));
// include clouds

      // apply the mask to the image and return it
      return dat.mask(mask); //apply the mask - 0's in mask will be excluded from computation and set to opacity=0 in display
  });

  return srCollection; // return the prepared collection
};


//------ FUNCTION TO COMBINE LT05, LE07, & LC08 COLLECTIONS -----
var getCombinedSRcollection = function(year, startDay, endDay, aoi) {
```

```
    var lt5 = getSRcollection(year, startDay, endDay, 'LT05', aoi);          // get TM
collection for a given year, date range, and area
    var le7 = getSRcollection(year, startDay, endDay, 'LE07', aoi);          // get ETM+
collection for a given year, date range, and area
    var lc8 = getSRcollection(year, startDay, endDay, 'LC08', aoi);          // get OLI
collection for a given year, date range, and area
    var mergedCollection = ee.ImageCollection(lt5.merge(le7).merge(lc8)); // merge
the individual sensor collections into one imageCollection object
    return mergedCollection;
// return the Imagecollection
};


//------ FUNCTION TO REDUCE COLLECTION TO SINGLE IMAGE PER YEAR BY MEDOID
-----
/*
  LT expects only a single image per year in a time series, there are lots of ways to
  do best available pixel compositing - we have found that a mediod composite
requires little logic
  is robust, and fast

  Medoids are representative objects of a data set or a cluster with a data set whose
average
  dissimilarity to all the objects in the cluster is minimal. Medoids are similar in
concept to
  means or centroids, but medoids are always members of the data set.
*/

// make a medoid composite with equal weight among indices
var medoidMosaic = function(inCollection, dummyCollection) {

  // fill in missing years with the dummy collection
  var imageCount = inCollection.toList(1).length();
// get the number of images
  var finalCollection = ee.ImageCollection(ee.Algorithms.If(imageCount.gt(0),
inCollection, dummyCollection)); // if the number of images in this year is 0, then use
the dummy collection, otherwise use the SR collection
```

```
  // calculate median across images in collection per band
  var median = finalCollection.median();
// calculate the median of the annual image collection - returns a single 6 band image - the collection median per band

  // calculate the different between the median and the observation per image per band
  var difFromMedian = finalCollection.map(function(img) {
    var diff = ee.Image(img).subtract(median).pow(ee.Image.constant(2));
// get the difference between each image/band and the corresponding band median and take to power of 2 to make negatives positive and make greater differences weight more
    return diff.reduce('sum').addBands(img);
// per image in collection, sum the powered difference across the bands - set this as the first band add the SR bands to it - now a 7 band image collection
  });

  // get the medoid by selecting the image pixel with the smallest difference between median and observation per band
  return
ee.ImageCollection(difFromMedian).reduce(ee.Reducer.min(7)).select([1,2,3,4,5,6], ['B1','B2','B3','B4','B5','B7']); // find the powered difference that is the least - what image object is the closest to the median of teh collection - and then subset the SR bands and name them - leave behind the powered difference band
};


//------ FUNCTION TO APPLY MEDOID COMPOSITING FUNCTION TO A COLLECTION
-------------------------------------------
var buildMosaic = function(year, startDay, endDay, aoi, dummyCollection)
{
 // create a temp variable to hold the upcoming annual mosiac
  var collection = getCombinedSRcollection(year, startDay, endDay, aoi);   // get the SR collection
```

```
   var img = medoidMosaic(collection, dummyCollection)                              //
apply the medoidMosaic function to reduce the collection to single image per year by
medoid
                    .set('system:time_start', (new Date(year,8,1)).valueOf());   // add the
year to each medoid image - the data is hard-coded Aug 1st
   return ee.Image(img);
// return as image object
};


//------ FUNCTION TO BUILD ANNUAL MOSAIC COLLECTION ------------------------------
var buildMosaicCollection = function(startYear, endYear, startDay, endDay, aoi,
dummyCollection) {
   var imgs = [];
// create empty array to fill
   for (var i = startYear; i <= endYear; i++)
{                                                    // for each year from hard defined
start to end build medoid composite and then add to empty img array
      var tmp = buildMosaic(i, startDay, endDay, aoi, dummyCollection);
// build the medoid mosaic for a given year
      imgs = imgs.concat(tmp.set('system:time_start', (new Date(i,8,1)).valueOf()));   //
concatenate the annual image medoid to the collection (img) and set the date of the
image - hard coded to the year that is being worked on for Aug 1st
   }
   return ee.ImageCollection(imgs);
// return the array img array as an image collection
};



//##### FUNCTIONS FOR EXTRACTING AND PLOTTING A PIXEL TIME SERIES #####

// ----- FUNCTION TO GET LT DATA FOR A PIXEL -----
var getPoint = function(img, geom, z) {
```

```
  return img.reduceRegion({
   reducer: 'first',
   geometry: geom,
   scale: z
  }).getInfo();
};


// ----- FUNCTION TO CHART THE SOURCE AND FITTED TIME SERIES FOR A POINT -----
var chartPoint = function(lt, pt, distDir) {
  Map.centerObject(pt, 14);
  Map.addLayer(pt, {color: "FF0000"});
  var point = getPoint(lt, pt, 10);
  var data = [['x', 'y-original', 'y-fitted']];
  for (var i = 0; i <= (endYear-startYear); i++) {
     data = data.concat([[point.LandTrendr[0][i], point.LandTrendr[1][i]*distDir,
point.LandTrendr[2][i]*distDir]]);
  }
  print(ui.Chart(data, 'LineChart',
                 {
                    'hAxis':
                      {
                         'format':'####'
                      },
                    'vAxis':
                      {
                         'maxValue': 1000,
                         'minValue': -1000
                      }
                 },
                 {'columns': [0, 1, 2]}
               )
            );
};
//##### BUILD COLLECTION AND RUN LANDTRENDR #####
```

```
//----- BUILD LT COLLECTION -----
// build annual surface reflection collection
var aoi = ee.Geometry.Point(long, lat);
var annualSRcollection = buildMosaicCollection(startYear, endYear, startDay, endDay,
aoi, dummyCollection); // put together the cloud-free medoid surface reflectance
annual time series collection

// apply the function to calculate the segmentation index and adjust the values by the
distDir parameter - flip index so that a vegetation loss is associated with a postive delta
in spectral value
var ltCollection = annualSRcollection.map(segIndex)
// map the function over every image in the collection - returns a 1-band annual image
collection of the spectral index
                                                        .map(function(img) {return
img.multiply(distDir)                    // ...multiply the segmentation index by the distDir to
ensure that vegetation loss is associated with a positive spectral delta
                                                        .set('system:time_start',
img.get('system:time_start'))}); // ...set the output system:time_start metadata to the
input image time_start otherwise it is null

//----- RUN LANDTRENDR -----
run_params.timeSeries = ltCollection;                    // add LT collection to the
segmentation run parameter object
var lt = ee.Algorithms.TemporalSegmentation.LandTrendr(run_params); // run
LandTrendr spectral temporal segmentation algorithm

//----- PLOT THE SOURCE AND FITTED TIME SERIES FOR THE GIVEN POINT -----
chartPoint(lt, aoi, distDir); // plot the x-y time series for the given point
```

5.6 空间格局刻画

5.6.1 空间自相关

Tobler 的地理学第一定律指出："所有地理事物都存在关系，但距离较近的事物比距离较远的事物更有关系。"该定律揭示了地理数据的空间依赖。受空间相互作用和空间扩散的影响，生态系统类型、质量以及人类扰动等均存在较强的空间相关性。例如，不同生态系统类型可能存在聚集或离散的特征，生态质量也可能存在不同的局部空间联系。总的来讲，空间自相关分析可用于揭示空间数据特性、识别异常点或区域，有助于进行空间区划和理解空间异质性。常用的空间自相关方法包括全局自相关和局部自相关。

1）全局自相关

全局自相关根据要素的位置和要素的属性来度量空间自相关，用于评估要素全局所表现出的特征，回答要素的属性在全局上是聚集、离散还是随机分布。全局自相关的量化方法很多，主要包括 Global Moran's *I*、Getis-Ord General *G*、Geary's *C* 等，其中 Global Moran's *I* 最为常用。

Global Moran's *I* 的计算公式如下：

$$I = \frac{n}{S_0}\frac{\sum_{i=1}^{n}\sum_{j=1}^{n} w_{ij} z_i z_j}{\sum_{i=1}^{n} z_i^2} \tag{5-20}$$

式中，z_i 表示要素 i 的属性与平均值的偏差（$x_i - \bar{X}$）；w_{ij} 是要素 i 和 j 之间的空间权重；n 为要素的总数；S_0 为所有空间权重之和。

$$S_0 = \sum_{i=0}^{n}\sum_{j=0}^{n} w_{ij} \tag{5-21}$$

I 值介于−1～1 之间，$I > 0$ 表示空间正相关，$I < 0$ 表示空间负相关，$I = 0$ 表示不存在空间相关性。

计算出 Moran's I 之后，一般采用 z 检验对结果进行统计检验。

2）局部自相关

全局自相关分析假定空间是同质的，反映的是整体的特征；局部自相关能衡量每个空间要素与其相邻要素的关系，也就是说，每个空间要素均存在各自的局部自相关分值，故能实现空间相关性的可视化表达，有助于我们了解空间要素的异质性。局部自相关 Local Moran's *I* 的计算如下：

$$I_i = \frac{x_i - \bar{X}}{S_i^2}\sum_{j=1, j\neq i}^{n} w_{ij}\left(x_j - \bar{X}\right) \tag{5-22}$$

式中，x_i 是要素 i 的属性；w_{ij} 是要素 i 和 j 的空间权重。

$$S_i^2 = \frac{\sum_{j=1, j\neq i}^{n}\left(x_j - \bar{X}\right)^2}{n-1} \tag{5-23}$$

计算出 Local Moran's I 后，一般也需要利用 z 检验对结果进行统计检验。

通过 Local Moran's I 指数，可以表达出不同类型的局部空间关系，$I>0$ 表示该要素和邻近要素具有类似的属性值，$I<0$ 表示该要素和邻近要素的属性值相差很大。因此，利用 Local Moran's I 可以识别出“高高”“低低”“高低”“低高”等不同类型的局部空间联系。

此外，Moran 散点图也能更为直观的表达类似的局部空间异质性，散点图的横坐标表示各单元各自标准化后的属性值，纵坐标表示相邻单元属性值的平均值，散点图的四个象限表示了“高高”（第一象限）、“高低”（第二象限）、“低低”（第三象限）、“低高”（第四象限）等四种类型的空间关系。

5.6.2 地理探测器

在了解生态质量空间分异性的基础上，往往需要探索格局背后的原因和驱动因子。地理探测器是探测空间分异性，并揭示其背后驱动因子的统计学方法。该方法的基本思想是：将研究区分为若干子区域，若某特征（或属性）在子区域方差之和小于区域总方差，则存在空间分异性；若两变量的空间分布趋于一致，则两者存在统计关联性。地理探测器 q 统计量，可用于度量空间分异性、探测解释因子、分析变量间的交互作用，能在生态系统格局、质量和扰动分析中得到广泛应用。

传统地理探测器具有 4 个探测器，包括分异和因子探测、交互作用探测、风险区探测和生态探测。这里主要介绍分异和因子探测、交互作用探测，以及 Song 等人所提出的一种改进的地理探测器（Zhang et al.，2022）。

1）分异和因子探测

地理探测器能探测 Y 的空间分异性，并回答某因子 X 能多大程度上解释属性 Y 的空间分异。空间分异性用 q 表达，表达式为：

$$q=1-\frac{\sum_{h=1}^{L}N_h\sigma_h^2}{N\sigma^2}=1-\frac{\mathrm{SSW}}{\mathrm{SST}} \tag{5-24}$$

式中，h=1，…，L 表示变量 Y 或因子 X 的分层（Strata），及分类或分区；N_h 和 N 表示层 h 和全区的单元数（样本数）；σ_h^2 和 σ^2 分别表示层 h 和全区的方差。SSW（within sum of squares）和 SST（total sum of squares）分别是层内方差之和和全区总方差。

q 取值范围是[0，1]，值越大，表明 Y 的空间分异性越强；若分层是由自变量 X 生成，q 越大，则 X 对 Y 的解释力越强，反之越弱。若 $q=1$，则 Y 的空间分布完全由 X 控制；若 $q=0$，则 Y 的空间分布与 X 没有关系。

2）交互作用探测

地理探测器也能识别不同风险因子 Xs 之间的交互作用，回答解释因子 $X1$ 和 $X2$ 的共同作用对因变量 Y 的解释力会增强还是削弱、抑或是相互独立。主要步骤包括：首先，分别计算 $X1$ 和 $X2$ 对 Y 的 q 值，即 $q(X1)$和 $q(X2)$；然后将层 $X1$ 和 $X2$ 叠加，形成新的叠加层 $X1\cap X2$，并计算新的叠加层的 q 值，即 $q(X1\cap X2)$；最后，比较 $q(X1)$、$q(X2)$和 $q(X1\cap X2)$的相对大小，进而得出交互作用的结论。

若 $q(X1\cap X2) < \mathrm{Min}(q(X1),\ q(X2))$，则 $X1$ 和 $X2$ 的交互作用是非线性减弱；

若 $\mathrm{Min}(q(X1),\ q(X2)) < q(X1\cap X2) < \mathrm{Max}(q(X1),\ q(X2))$，则 $X1$ 和 $X2$ 的交互作用是单因子非线性减弱；

若 $q(X1\cap X2) > \mathrm{Max}(q(X1),\ q(X2))$，则 $X1$ 和 $X2$ 的交互作用是双因子增强；

若 $q(X1\cap X2) = q(X1) + q(X2)$，则 $X1$ 和 $X2$ 的作用相互独立；

若 $q(X1\cap X2) > q(X1) + q(X2)$，则 $X1$ 和 $X2$ 的交互作用非线性增强。

3）改进的地理探测器

空间数据离散化是使用解释变量确定区域的重要阶段。然而，空间数据离散化过程对地理探测结果很敏感。为了解决这个问题，Song 等人提出了一种改进的地理检测器（RGD）来克服空间数据离散化中灵敏度的限制，并使用 B 值估计解释变量的鲁棒 PD 值（Zhang et al.，2022）。RGD 模型用于空间行列式探索的过程包括四个步骤：第一步是使用排序方法对 RGD 进行等价变换，这保证了 SSH 的度量并为解决优化问题创造了机会。第二步是将空间离散化的目标重新描述为一个几乎已解决的优化问题。这意味着将识别空间离散化的中断转化为变化点检测问题，其中使用动态规划方法指定解释变量等级的变化点，并使用最小平方偏差成本函数最小化内平方和（SSW）。第三步是计算解释变量的 PD 值。在 RGD 中，B 值用于量化变量的 PD，其中检测到的稳健变化点确定了空间区域。最后，通过与以前的 GD 模型进行比较来评估 RGD 的灵敏度。

5.6.3 时空变化分析

1）重心模型

“重心”在地理学中表示某个区域在某个特征上的平衡点，能用于分析生态系统结构变化的规律。重心模型能清晰、客观反映出研究对象在时间和空间上的变化轨迹。

重心转移模型为：

$$X^t = \frac{\sum M_i^t X_i}{\sum M_i^t}$$
$$Y^t = \frac{\sum M_i^t XY_i}{\sum M_i^t} \tag{5-25}$$

式中，X^t、Y^t 分别表示区域重心经纬度；X_i 和 Y_i 分别表示子区域 i 的中心经纬度；M_i^t 表示子区域某一特征指标，t 为年份。

2）生态空间动态度

为了更好地揭示各生态空间用地类型变化的速率和强度，参考土地利用动态度的定义（Pontius et al.，2017），采用单一生态空间类型动态度表达某区域一定时间范围内某种生态空间类型的数量变化情况及变化速度，其公式为：

$$S = \left\{ \sum_{ij}^{n} \left(\Delta S_{i-j} / S_i \right) \right\} \times \left(\frac{1}{t} \right) \times 100\% \tag{5-26}$$

式中，S_i 为 i 类型生态空间面积；t 为时间段；ΔS_i，j 为 t 时段内第 i 类生态空间与其他类生态空间 j 相互转化面积的绝对值；i 类型的动态度反映了与该时段生态空间类型 i 变化的剧烈程度。

3）生态空间变化图谱

地学图谱的概念由陈述彭等（2000）首先提出，具有图形与谱系的双重特性，反映土地利用变化规律及结构特征。对生态空间数据集进行叠加运算并实现图谱融合（王金亮等，2015）。具体步骤为：①对生态空间数据集进行重采样，生态用地、半生态用地和弱生态用地分别设置为 1、2、3，对重编码后数据进行代数运算和信息重组。②选取相邻时间节点的生态空间数据集进行栅格运算，即把前一时间节点栅格数据的属性值乘以 10，与后一时间节点栅格数据属性值相加，生成一个两位数编码的新栅格数据，得到 1990～2000 年、2000～2010 年、2010～2020 年、1990～2020 年的全国生态空间参照 100 m 分辨率的全国生态空间变化图谱信息，基于 15 km 大小的栅格区域生成生态空间各用地类型变化比例及变化方式的生态空间演化格局。

5.7 归因分析

气候变化和人类活动均会对生态系统质量和功能产生显著影响，区分气候变化和人类活动的影响，对于生态系统管理和气候变化应对具有重要意义。目前，大尺度、长时期的生态系统质量和功能变化归因分析已成为全球变化研究的热点，能为人类制定合理的土地利用及生态环境保护策略等提供科学依据。

5.7.1 残差分析

残差分析能解耦气候变化和人类活动对生态系统的影响。这里，用 VI 作为表征生态系统质量和功能的一个指标，对 VI 的变化进行归因分析。残差分析主要有以下 3 个步骤：①以 VI 为因变量，以气温（T）、降水（P）和辐射（R）等气候要素为自变量，构建多元线性回归模型；②利用构建的回归模型，计算 VI 的预测值（$\mathrm{VI_{cc}}$）；③计算 VI 观测值和预测值之间的差值，即 VI 的残差（$\mathrm{VI_{HA}}$），用以表征人类活动对生态系统的影响。计算公式如下：

$$\mathrm{VI_{cc}} = f\left(T, P, R\cdots\right) \tag{5-27}$$

$$\mathrm{VI_{HA}} = \mathrm{VI_{obs}} - \mathrm{VI_{cc}} \tag{5-28}$$

式中，$\mathrm{VI_{cc}}$、$\mathrm{VI_{HA}}$ 和 $\mathrm{VI_{obs}}$ 分别表示气候变化引起的 VI 变化、人类活动引起的 VI 变化和 VI 的真实观测值。

5.7.2 相关性分析

为了进一步对生态系统功能和质量变化进行归因，识别生态系统变化的主导因素，可采用皮尔逊相关分析、偏相关分析等统计方法辨识出自变量和因变量的相关性。

1）皮尔逊相关分析

皮尔逊相关（Pearson correlation analysis）主要用于量化两个变量之间的相关性。两个变量之间的皮尔逊相关系数定义为两个变量之间的协方差（covariation）和标准差（standard deviation）的商，其值介于–1 与 1 之间。皮尔逊相关系数 r 计算公式如下：

$$r = \frac{\sum_{i=1}^{n}\left(X_i - \bar{X}\right)\left(Y_i - \bar{Y}\right)}{\sqrt{\sum_{i=1}^{n}\left(X_i - \bar{X}\right)^2}\sqrt{\sum_{i=1}^{n}\left(Y_i - \bar{Y}\right)^2}} \tag{5-29}$$

式中，X_i 和 Y_i 分别是两个变量的样本。

2）偏相关分析

考虑到自然界中变量间关系的复杂性，简单相关系数可能不够真实地反映出因变量与解释变量之间的相关性，因此，在多元回归分析中，研究因变量与某一个解释变量之间关系时，需要考虑消除其他解释变量的影响。我们常利用计算其中两个变量之间的偏相关系数（partial correlation analysis），得到两个变量间净相关的强弱程度。以三个变量（$X1$、$X2$、$X3$）为例，在量化变量 $X1$ 和 $X2$ 之间的偏相关时，当控制了变量 $X3$ 的线性作用后，$X1$ 和 $X2$ 之间的一阶偏相关系数 $r_{12(3)}$ 可以认为是 $X1$ 和 $X3$ 线性回归得到的残差（residual，Rx）与 $X2$ 和 $X3$ 线性回归得到的残差（Ry）之间的简单相关系数（即 Pearson 相关系数），计算公式为：

$$r_{12(3)}=\frac{r_{12}-r_{13}r_{23}}{\sqrt{1-{r_{13}}^2}\sqrt{1-{r_{23}}^2}} \tag{5-30}$$

此外，我们还需要对来自两个总体的样本是否存在显著的相关关系进行显著性检验，具体采用 t 检验统计量，定义为：

$$t=\frac{r\sqrt{n-q-2}}{\sqrt{1-r^2}} \tag{5-31}$$

式中，r 为相关系数；n 为观测数；q 为可控制变量的数目；$n–q–2$ 是自由度。统计量服从 $n–q–2$ 个自由度的 t 分布。如果检验统计量的概率 p 值小于给定的显著性水平，则应拒绝原假设（即两总体的相关系数与零无显著差异），说明在该显著性水平下，两个变量之间的相关关系显著；反之，则不能拒绝原假设，两个变量之间的相关关系不显著。

参 考 文 献

陈述彭, 岳天祥, 励惠国. 2000. 地学信息图谱研究及其应用. 地理研究, (4): 337-343.

付东杰, 肖寒, 苏奋振, 等. 2021. 遥感云计算平台发展及地球科学应用. 遥感学报, 25(1): 220-230.

王金亮, 邵景安, 李阳兵. 2015. 近 20a 三峡库区农林地利用变化图谱特征分析. 自然资源学报, 30(2): 235-247.

Andela N, Morton D C, Giglio L, et al. 2019. The Global Fire Atlas of individual fire size, duration, speed and direction. Earth System Science Data, 11(2): 529-552.

Asseng S, Ewert F, Martre P, et al. 2015. Rising temperatures reduce global wheat production. Nature Climate Change, 5(2): 143-147.

Cao J, Zhang Z, Luo Y, et al. 2021. Wheat yield predictions at a county and field scale with deep learning, machine learning, and google earth engine. European Journal of Agronomy, 123: 126204.

Chen B, Chen J M, Baldocchi D D, et al. 2019. Including soil water stress in process-based ecosystem models by scaling down maximum carboxylation rate using accumulated soil water deficit. Agricultural and Forest Meteorology, 276.

Claverie M, Ju J, Masek J G, et al. 2018. The Harmonized Landsat and Sentinel-2 surface reflectance data set. Remote Sensing of Environment, 219: 145-161.

Defourny P, Bontemps S, Bellemans N, et al. 2019. Near real-time agriculture monitoring at national scale at parcel resolution: Performance assessment of the Sen2-Agri automated system in various cropping systems around the world. Remote Sensing of Environment, 221: 551-568.

Hansen M C, Potapov P V, Moore R, et al. 2013. High-resolution global maps of 21st-century forest cover change. Science, 342(6160): 850-853.

Hu Z M, Shi H, Cheng K L, et al. 2018. Joint structural and physiological control on the interannual variation in productivity in a temperate grassland: A data-model comparison. Global Change Biology, 24(7): 2965-2979.

Oliphant A J, Thenkabail P S, Teluguntla P, et al. 2019. Mapping cropland extent of Southeast and Northeast Asia using multi-year time-series Landsat 30-m data using a random forest classifier on the Google Earth Engine Cloud. International Journal of Applied Earth Observation and Geoinformation, 81: 110-124.

Parente L, Mesquita V, Miziara F, et al. 2019. Assessing the pasturelands and livestock dynamics in Brazil, from 1985 to 2017: A novel approach based on high spatial resolution imagery and Google Earth Engine cloud computing. Remote Sensing of Environment, 232: 111301.

Pontius R G, Huang J, Jiang W, et al. 2017. Rules to write mathematics to clarify metrics such as the land use dynamic degrees. Landscape Ecology, 32(12): 2249-2260.

Teluguntla P, Thenkabail P S, Oliphant A, et al. 2018. A 30-m landsat-derived cropland extent product of Australia and China using random forest machine learning algorithm on Google Earth Engine cloud computing platform. ISPRS Journal of Photogrammetry and Remote Sensing, 144: 325-340.

Verbesselt J, Hyndman R, Newnham G, et al. 2010. Detecting trend and seasonal changes in satellite image time series. Remote Sensing of Environment, 114(1): 106-115.

Xiao J F, Zhuang Q L, Law B E, et al. 2010. A continuous measure of gross primary production for the conterminous United States derived from MODIS and AmeriFlux data. Remote Sensing of Environment, 114(3): 576-591.

Xu J, Zhu Y, Zhong R, et al. 2020. DeepCropMapping: A multi-temporal deep learning approach with improved spatial generalizability for dynamic corn and soybean mapping. Remote Sensing of Environment, 247: 111946.

Zhang D, Pan Y, Zhang J, et al. 2020. A generalized approach based on convolutional neural networks for large area cropland mapping at very high resolution. Remote Sensing of Environment, 247: 111912.

Zhang Z, Song Y, Wu P. 2022. Robust geographical detector. International journal of applied earth observation and geoinformation, 109: 102782.

第6章 生态空间管控

导读　本章首先明确了生态空间的内涵，强调了遥感、大数据与云计算技术在监测土地利用与覆被变化方面的重要性与应用潜力，说明了基于遥感数据提取土地利用和土地覆被信息的方法并总结进展。在此基础上，本章提出了生态系统分类体系，并分别从地面样本的构建、分类方法和精度验证的途径介绍生态空间数据产品。通过本章的学习，读者将对生态空间的内涵、遥感监测进展、基本方法等形成一定了解和认识。

6.1　生态空间管控遥感监测进展

本书将生态空间的内涵界定为：在维护区域生态系统协调可持续发展等方面有一定推动作用，能够提供生态产品或生态服务，且自身有一定自我调节、修复、维持和发展能力，并具有水源涵养、土壤保持、防风固沙、生物多样性、洪水调蓄、产品提供或人居保障等功能的用地类型。生态空间范围很广，在生态价值、利用方式上也存在较大差异，不同类型生态空间所承载的生态功能也有所不同，本书认为不同用地类型在某种程度上均存在一定的生态功能，但其生态空间质量有所不同。土地利用/土地覆盖是研究生态系统空间格局及其宏观结构的基本数据。

土地利用与土地覆被变化反映了生态环境变化，它不仅是自然变化的反映也是人类活动的结果。近年来，遥感在全球土地利用与土地覆盖变化研究中的作用日益突出，将遥感数据与地理信息系统相结合，可以更为有效地监测和研究人类对于土地利用方式及其利用程度的变化。除此之外，大数据时代的价值更以其5V的特性为遥感制图工作提供更多维度的使用程度，生态大数据从不同的角度为生态空间宏观结构的遥感监测提供数据支撑。而云计算平台对于数据的快速处理运算以及强大的存储能力也为遥感制图提供了十分便利的途径。所以，利用遥感数字图像处理技术、大数据技术、云计算技术对多时相、多源遥感数据进行分析处理，揭示土地利用变化特征，保证变化信息提取的科学性和可信性，减少外业人员的工作量，是土地利用动态遥感监测的关键步骤。

遥感技术、大数据技术、云计算技术的发展，一方面，随着各种传感器的发射，积累了大量的地球表面观测信息的长时间序列数据，越来越多种类的各种数据，由光学数据、雷达数据、天空地网统计数据、众源数据等多方面、全角度构建起来的数据网成为了土地利用和土地覆被变化信息监测的主要支撑；另一方面，大量的数据也对遥感技术的实现形成了数据冗余和处理压力，因此需要建立强大的数据处理系统和可靠的、鲁棒性强的算法技术，以便能够从浩瀚的数据海洋里捕获需求的信息，获取不同的土地利用和土地覆被状态和变化信息。

基于遥感数据的土地利用和土地覆被信息的提取可以分为三种类型：

（1）目视解译。以土地利用现状调查数据为基础，根据影像特征和空间特征（形状、大小、阴影、纹理、图形、位置和布局），与多种非遥感影像信息结合，通过人工判读对遥感影像进行矢量化。

（2）单一影像分类。即针对同一幅影像，基于输入数据的分类信息，按照不同的纹理信息、光谱信息进行信息提取，得到土地利用与土地覆被分类图。

（3）基于时间序列的云计算大数据分类。

目视解译，过度依赖于判读人员的知识，对于空间相关信息的认识偏于主观，花费时间长并且不同判读人员之间存在个体差异，比起利用算法进行遥感提取要耗时耗力；单一影像分类对于遥感影像的选取、时相的选取和数据处理能力的要求很高，尽管效率可观，但关键时期遥感数据的缺失会给此种方法带来无法解决的困难，同时也存在着精度不确定、分类标准难以界定等问题。

区别于前两种方法，基于长时间序列的遥感分类能够减少不同时相图像因为大气和传感器差异产生的误差而对分类结果造成的影响，以光谱特征为基础的监督分类和非监督分类，都能够辅佐以物候的时间序列信息进行增强，并且生态大数据和云计算平台释放了对于分类器性能和运算速度的限制，综合利用现有的各种多时相、多源的遥感数据，提高土地利用数据信息提取的精度。

目前，基于不同的数据、算法、平台，国内外学者针对不同区域的土地利用和土地覆被现状及其变化信息的提取开展了大量的研究，这对于生态空间宏观结构遥感监测和管控提供了丰富的数据。例如，刘纪远等通过人工解译的方法得到了 20 世纪 80 年代末期至 2018 年国家尺度 1∶10 万比例尺土地利用/土地覆被信息专题数据。数据成果包括 20 世纪 80 年代末期、20 世纪 90 年代中期、2000 年、2005 年、

2010 年、2015 年、2018 年多期全国 1∶10 万比例尺土地利用/土地覆盖类型空间分布数据。依托该数据集提出的 1 km 成分栅格数据模型，综合了矢量数据模型和栅格数据模型的优点，在 1 km 栅格尺度上表征土地利用变化，在一定程度上推进了国内在精细栅格尺度上 LUCC 时空过程研究的精度（Liu et al.，2014a；Liu et al.，2005；Liu et al.，2003；Liu et al.，2010）。此外，吴炳方等以国产环境卫星遥感数据为主要数据源，辅以中华人民共和国植被图（1∶1000000）、2000 年和 2005 年土地利用图及 ASTERDEM 生成的坡度和坡向数据等，采用面向对象技术实现土地覆被产品 2010（ChinaCover2010）栅格化。宫鹏等利用 NDVI 不同时间跨度的数学计量参数提取了 2017 年的 30m 的土地覆被时空分布图（Yu et al.，2013）以及利用历史数据集迁移得到 2019 年的 10m 全球土地覆被分布图（Gong et al.，2019）。刘良云等提取了 2015 年、2020 年全球 30m 精细地表覆盖产品（Zhang et al.，2021）。陈军等得到了全球 30m 地表覆盖遥感数据（Chen et al.，2015）。黄昕等基于 GEE 生成 1990～2019 逐年的全国一级类型、全要素 30m 分辨率土地利用数据，该数据一致性好、空间匹配性高（Yang et al.，2021）。

为了充分发挥人工智能的优势，提高土地利用动态变化信息提取的精度，结合遥感技术、大数据技术、云计算技术将会是土地利用/土地覆被变化监测技术发展的趋势。在这样一个数据多源、数据生产模式多元、技术革新的背景下，大数据平台建设能够对生态空间管控提供有力的数据与方法的支撑，依托于已有的数据资源建设数据仓库，充分发挥大数据平台的数据整合管理的功能，利用已有的较为成熟的时间序列分析、机器学习、深度学习的算法，服务于生态环境大数据建设。通过数据获取、数据预处理、数据建模、可信度分析对生态空间管控的多个方面实现全方位、多层次、高效率地诊断判读，并提出决策建议，而 GEE 作为一个数据计算平台能够为此提供技术支持（Zhang et al.，2017），满足进行智能化生态空间管控的要求。

6.2 生态空间数据产品与方法

6.2.1 生态系统分类体系

生态系统分类识别是生态空间管控的基础，而应用遥感数据进行生态系统分类一直是区域生态监测与评价的重要内容。在生态系统分类研究中，不同的研究目的、研究区域与研究对象，通常需要建立不同的分类体系。为了满足区域尺度生态系统分布格局对生物多样性影响的客观评价要求，本书依据联合国千年生态系统评估报告的生态系统分类与边界界定原则，以及中国科学院全国土地利用/

覆盖现状分类系统的定义，将生态系统划分为 6 种类型：农田生态系统、森林生态系统、草原生态系统、水体与湿地生态系统、聚落生态系统、荒漠及其他生态系统六类（表 6-1）。

表 6-1 生态系统分类体系

编号	类型	细类
1	农田生态系统	水田、旱地
2	森林生态系统	有林地、灌木林、疏林地、其他林地
3	草原生态系统	高覆盖草地、中覆盖草地、低覆盖草地
4	水体与湿地生态系统	河渠、湖泊、水库坑塘、永久性冰川雪地、滩涂、滩地
5	聚落生态系统	城镇用地、农村居民点、其他建设用地
6	荒漠及其他生态系统	沙地、戈壁、盐碱地、沼泽地、裸土地、裸岩石砾地、其他

6.2.2 地面样本

生态系统分类需要高质量的地面样本构建分类模型并评价分类精度。每种生态系统类型均需要一定规模、具有代表性且空间分布均匀的地面样本。样本收集可以采用基于高精度遥感制图产品获取、基于高分辨率影像获取、基于野外调查方式采集等途径。针对不同的研究区，为了得到具有区域典型性的真实土地覆被类型样点数据，则需要制定科学的、系统的、综合的野外科学考察，针对其生态系统类型的特性和共性，调整不同的采样标准，继而获取高质量的遥感全制图分类产品或专题产品。

一般来说，地面样本的构建通常通过如下两步实现：①样点初选。由于数据是由大量的矢量地块构成，地块大小不一，且形状多样。为了选择纯像元，尽量避免混合像元问题，故对矢量地块进行筛选。筛选出大于 1 个像元所代表面积且面积周长比大于 15 的地块，并获取每个地块的重心作为初选样点；②分层随机采样。以六个生态系统类型为例，在每层中随机选取一定数量样点，对于不足初选样点的层，保留所有样点。最终得到的农田、森林、草原、水体与湿地、聚落、荒漠及其他六种类型的样本。将地面样本按照 1∶1 比例随机划分成训练集与验证集，分别用于分类模型的训练和分类结果的精度验证。

6.2.3 分类方法

1）基于遥感数据的特征构建

为了更好地适应不同地物类型的光谱特征，可构建不同特征指数以辅助进行精度更高的遥感制图。例如，基于 Sentinel-2（S2）光学数据，需要构建光谱-时间分类特征，输入到随机森林算法中进行分类。具体而言，选用 S2 的 9 个波段的反射率和光谱指数，反射率包括 Red、Green、Blue、RE 1、RE 2、RE 3、NIR、SWIR 1 和 SWIR 2 波段，光谱指数包括 NDVI、EVI、GCVI、MTCI、NDRE1、REP、NDWI、LSWI 和 NDSI（表 6-2）。对全年的 S2 数据进行不同时间窗口的中值合成，获取每个时间窗口内所有有效观测的中位数，作为该窗口的合成数据。尽管 S2 受云的影响会出现无效观测，但合适的时间间隔能够保证每个窗口内至少存在一个有效观测，因此能形成完整的合成影像。此外，基于数字高程模型（Digital Elevation Model，DEM）得到了海拔高度（elevation）、坡度（slope）和坡向（aspect）3 个地形特征。

表 6-2　常见生态系统分类光谱特征的计算公式

指数	名称	公式
植被指数	NDVI	$\mathrm{NDVI}=\dfrac{\rho_{\mathrm{nir}}-\rho_{\mathrm{red}}}{\rho_{\mathrm{nir}}+\rho_{\mathrm{red}}}$
	EVI	$\mathrm{EVI}=2.5\times\dfrac{\rho_{\mathrm{nir}}-\rho_{\mathrm{red}}}{\rho_{\mathrm{nir}}+6.0\rho_{\mathrm{red}}-7.5\rho_{\mathrm{blue}}}$
	GCVI	$\mathrm{GCVI}=\dfrac{\rho_{\mathrm{nir}}}{\rho_{\mathrm{green}}}-1$
红边指数	MTCI	$\mathrm{MTCI}=\dfrac{\rho_{\mathrm{re2}}-\rho_{\mathrm{re1}}}{\rho_{\mathrm{re2}}+\rho_{\mathrm{red}}}$
	NDRE1	$\mathrm{NDRE1}=\dfrac{\rho_{\mathrm{re2}}-\rho_{\mathrm{re1}}}{\rho_{\mathrm{re2}}+\rho_{\mathrm{re1}}}$
	REP	$\mathrm{REP}=705+35\times\dfrac{0.5\times(\rho_{\mathrm{blue}}-\rho_{\mathrm{re3}}-\rho_{\mathrm{re1}})}{\rho_{\mathrm{re2}}+\rho_{\mathrm{re1}}}$
水分指数	NDWI	$\mathrm{NDWI}=\dfrac{\rho_{\mathrm{green}}-\rho_{\mathrm{nir}}}{\rho_{\mathrm{green}}+\rho_{\mathrm{nir}}}$
	LSWI	$\mathrm{LSWI}=\dfrac{\rho_{\mathrm{nir}}-\rho_{\mathrm{swir2}}}{\rho_{\mathrm{nir}}+\rho_{\mathrm{swir2}}}$
土壤指数	NDSI	$\mathrm{NDSI}=\dfrac{\rho_{\mathrm{swir1}}-\rho_{\mathrm{green}}}{\rho_{\mathrm{swir1}}+\rho_{\mathrm{green}}}$

注：NDVI—Normalized Difference Vegetation Index；EVI—Enhanced Vegetation Index；GCVI—Ground Chlorophyll Vegetation Index；MTCI—MERIS Terrain Chlorophyll Index；NDRE1—Normalized Difference Red Edge Index；REP—Red Edge Position；NDWI—Normalized Difference Water Index；LSWI—Land Surface Water Index；NDSI—Normalized Difference Soil Index.

2）基于机器学习的分类制图

基于 GEE、高精度的地面样本和 S2 影像，通过随机森林算法，可以得到 10m 分辨率的生态系统类型数据。随机森林是 Breiman 在 2001 年提出的一种常见的机器学习方法（Breiman，2001），其核心思想是把分类树组合成随机森林，即在变量（列）的使用和数据（行）的使用上进行随机化，生成很多分类树，再汇总分类树的结果。随机森林在运算量没有显著提高的前提下提高了预测精度。随机森林对多元共线性不敏感，结果对缺失数据和非平衡的数据比较稳健，可以很好地预测多达几千个解释变量的作用，被誉为当前最好的算法之一。S2 数据具有较高的光谱和时间分辨率，可以构建大量的分类特征变量，且生态系统类型复杂多样，分类树结构可能较为复杂，使用随机森林算法能充分的利用 S2 数据的多维特征，能构建复杂的分类树结构，进而能得到精度较高的分类结果。

6.2.4　精度验证

对于分类结果的验证主要通过以下三种途径进行评估：

（1）利用验证样本集构建混淆矩阵，计算每个类型的制图精度（Producers Accuracy，PA）、用户精度（Users Accuracy，UA），进一步计算每个类型的 F1 分值。此外，基于混淆矩阵计算分类结果的总体精度（Overall accuracy，OA）和 Kappa 系数；

（2）与统计年鉴数据、国土调查数据和地理国情监测数据进行面积比对。利用分类结果图计算各种生态系统类型面积，与统计年鉴公布的面积、国土调查数据得到的面积以及地理国情普查数据得到的面积进行比对；

（3）与高分影像进行比较。对于局部感兴趣区域，将分类结果与谷歌地球（Google Earth，GE）高分辨率遥感影像、高分系列卫星（GF-1、GF-2）数据以及商业卫星数据（RapidEye、QuickBird 等）进行目视比较。

参 考 文 献

Breiman L. 2001. Novel host markers in the 2009 pandemic H1N1 influenza a virus. Machine Learning, 45(1): 5-32.

Chen J, Chen J, Liao A, et al. 2015. Global land cover mapping at 30m resolution: A POK-based operational approach. ISPRS Journal of Photogrammetry and Remote Sensing, 103: 7-27.

Gong P, Liu H, Zhang M, et al. 2019. Stable classification with limited sample: transferring a 30-m resolution sample set collected in 2015 to mapping 10-m resolution global land cover in 2017. Science Bulletin, 64: 370-373.

Liu J, Kuang W, Zhang Z, et al. 2014a. Spatiotemporal characteristics, patterns, and causes of land-use changes in China since the late 1980s. Journal of Geographical Sciences, 24(2): 195-210.

Liu J, Liu M, Tian H, et al. 2005. Spatial and temporal patterns of China's cropland during 1990–2000: an analysis based on Landsat TM data. Remote Sensing of Environment, 98(4): 442-456.

Liu J, Liu M, Zhuang D, et al. 2003. Study on spatial pattern of land-use change in China during 1995–2000. Science in China Series D: Earth Sciences, 46(4): 373-384.

Liu J, Zhang Z, Xu X, et al. 2010. Spatial patterns and driving forces of land use change in China during the early 21st century. Journal of Geographical Sciences, 20(4): 483-494.

Liu J Y, Zhang Z X, Xu X L, et al. 2014b. Spatiotemporal characteristics, patterns and causes of land use changes in China since the late 1980s. Acta Geographica Sinica, 69(1): 3-14.

Yang Y, Pan M, Lin P, et al. 2021. Global reach-level 3-hourly river flood reanalysis (1980–2019). Bulletin of the American Meteorological Society, 102(11): E2086-E2105.

Yu L, Wang J, Gong P. 2013. Improving 30 m global land-cover map FROM-GLC with time series MODIS and auxiliary data sets: a segmentation-based approach. International Journal of Remote Sensing, 34(16): 5851-5867.

Zhang G, Yao T, Piao S, et al. 2017. Extensive and drastically different alpine lake changes on Asia's high plateaus during the past four decades. Geophysical Research Letters, 44(1): 252-260.

Zhang X, Liu L, Chen X, et al. 2021. GLC_FCS30: global land-cover product with fine classification system at 30 m using time-series Landsat imagery. Earth System Science Data, 13(6): 2753-2776.

第 7 章

生态功能保障

导读　本章将生态功能保障分为五个方面：生态系统供给功能、生物多样性保护、水源涵养、土壤保持、防风固沙。在阐述生态功能保障基础数据和方法的基础上，介绍基于指标和模型的不同生态功能保障评估方法。最后，详细描述 CEVSA-ES 模型发展过程和生态系统功能模拟过程。通过本章学习，读者将会对生态功能保障遥感监测进展、不同生态功能保障及对应的表征指标和模型等形成初步认识和了解。

7.1　生态功能保障遥感监测进展

生态系统服务取决于一定时间和空间上的生态系统结构和生态过程，是在该过程中用于维持人类赖以生存的自然环境条件及其效用，是生态系统提供的产品和服务统称（欧阳志云和王如松，2000；傅伯杰等，2001）。生态功能保障是受益于人类的各种生态系统服务功能的总称（徐子萱等，2023）。基于不同评估方法和评估目的，生态系统服务功能可以通过价值量和模型两个方面开展功能评估工作。

价值量评估法通常基于基础数据、经济学和社会学方法，由生态经济学理论展开评估，直观地反映生态系统服务的大小，以货币化的形式量化生态系统服务并为生态补偿等政策措施提供依据（李丽等，2018）。比如基于 GEE 云平台采用当量因子法评估京津冀二十年间土地利用变化对生态系统服务价值的影响（娄佩卿等，2019）、基于地理探测器与 GWR 模型采用当量因子法评估陕西省生态系统服务价值（耿甜伟等，2020）。由于生态系统的复杂性和价值量评估法自身的主观性强，该评估方法存在局限性。近年来随着遥感技术和计算机技术的快速发展，基于模型评估的数据获取与计算更为宽泛并得到广泛地应用。模型评估法是基于所评估的生态系统服务选择相应的生态模型进行评估，比价值量评估更能较好地反映生态系统服务的生态过程、生态学意义和内部机理。比如，在净初级生产力方面，基于校正的 CASA 模型对河西走廊的 NPP 进行估算（李传华等，2019）；在生物多样性方面，利用归一化植被指数（NDVI）和增强型植被指数（EVI）预测物种丰富度（Leyequien et al.，2007）、基于 fPAR 和 GPP 构建的动态生境指数（dynamic habitat indices，DHI）评估澳大利亚的鸟类物种多样性（Radeloff et al.，2019）；在水源涵养方面，基于 SWAT 模型对晋江流域的水源涵养功能进行评估（林峰等，2020）、基于水量平衡方程与 In VEST 模型的水源涵养模块对广州市进行水源涵养评估的区别（陈德权等，2021）、基于数量平衡模型和高精度精细生态系统类型数据分析湖北大别山生态系统因子对水源涵养功能的影响（孙翔宇等，2023）；在生境质量方面，采用 In VEST 和 CA-Markov 模型对武汉市的生境质量进行评估和预测分析（褚琳等，2018）、基于 In VEST 模型得到生境质量并结合景观格局指数探究两者相关性（黄木易等，2020）；在水土保持方面，基于 RUSLE 模型对滇池流域水土流失进行时空分析并识别水土流失敏感区（张恩伟等，2020）。

基于生态功能保障的五个方面，本章将量化和评估不同功能保障作用。具体地，生态系统供给功能主要通过总初级生产力（GPP）、净初级生产力（NPP）、净生态系统生产力（NEP）、净生物群区生产力（NBP）等指标来估算；生物多样性保护通过生境质量、生物丰度指数、生物多样性评估和生境适宜性评估等方式来体现；水源涵养侧重水源涵养量、水源涵养功能保有率和地表径流量；土壤保持主要从土壤水蚀模型、土壤保持量和土壤保持功能保有率等来指标衡量；防风固沙功能主要与风速、土壤、地形和植被等因素密切相关，一般通过构建土壤风蚀方程定量评估土壤风蚀量支撑防风固沙方案的制订。这些生态功能保障指标都可以通过遥感光谱波段方便的获取关键参数，通过模型计算得到。

7.2　基础数据与方法

7.2.1　植被长势

对绿色植物强吸收的可见光红波段和对绿色植物高反射的近红外波段对同一植被的光谱响应截然相反，二者形成明显的反差，这种反差随着叶冠结构、植被覆盖度而变化。红色和近红外波段的反差是对植物量很敏感的度量，常用这两个波段反射率的比值、差分、线性组合等多种组合构建各种植被指数来增强或揭示隐含的植物信息。常见植被指数有比值植被指数（RVI）、差值植被指数（DVI）、绿度植被指数（GVI）、归一化植被指数（NDVI）、抗大气植被指数（ARVI）、土壤调节植被指数（SAVI）、增强型植被指数（EVI）等。目前应用最为广泛的是NDVI，已经成为监测植被覆盖情况和生长状况的最佳遥感指数，其计算公式为

$$NDVI = (NIR - RED) / (NIR + RED) \tag{7-1}$$

式中，NIR 指近红外波段反射率；RED 指红外波段反射率。

7.2.2 植被覆盖度

植被覆盖度（FVC）数据采用像元二分模型获得。像元二分模型是一种简单实用的遥感估算模型。它假设一个像元的地表由有植被覆盖部分与无植被覆盖部分组成，而遥感传感器观测到的光谱信息也由这 2 个组分因子线性加权合成，各因子的权重是各自的面积在像元中所占的比率，其中植被覆盖度可以看作是植被的权重。根据像元二分模型，像元的 NDVI 值可以表达为由绿色植被部分所贡献的信息 $NDVI_{veg}$ 和裸土部分所贡献的信息 $NDVI_{soil}$ 这两部分组成，因此可以用 NDVI 来计算植被覆盖度（姚尧等，2012，黄麟等，2015）：

$$FVC = (NDVI - NDVI_{soil}) / (NDVI_{veg} - NDVI_{soil}) \tag{7-2}$$

式中，$NDVI_{soil}$ 表示完全为裸土或无植被覆盖区域的 NDVI 值（$NDVI_{min}$）；$NDVI_{veg}$ 则代表完全被植被所覆盖像元的 NDVI 值，即纯植被像元的 NDVI 值（$NDVI_{max}$）。由于图像中不可避免的存在着噪声，NDVI 的极值并不一定是 $NDVI_{max}$ 与 $NDVI_{min}$，因此对其取值主要由图像尺度和图像质量等情况来决定。在没有实测数据的情况下，取 $NDVI_{max}$ 与 $NDVI_{min}$ 值为图像给定置信度的置信区间内最大值与最小值。

7.2.3 水体面积

水体光谱的吸收与反射特性决定了水体对太阳光的吸收作用比陆地强。其中，清澈的水体对入射阳光能量的吸收作用较强，其在可见光—近红外波段内呈现较低的反射率，且随着波长的增加其反射率呈逐渐减小趋势（浑浊水体除外）。在红外波段，水体的反射率极低。纯水在蓝绿光波段范围内（480～580 nm）反射率为 5%左右；在波长为 700 nm 附近，其反射率为 3%左右；800 nm 附近，其反射率几乎为 0，几乎所有的入射能量都会被水体吸收。纯水或清澈水体的遥感光谱反射率特性可表示为：蓝光波段＞绿光波段＞红光波段＞近红外波段＞中红外波段。但自然水体，尤其在陆地水体中，含有各种叶绿素、悬浮泥沙、黄色物质等，随着其含量的增加，水体的光谱曲线反射峰会从蓝光波段向波长较长的红光波段移

动。土壤和植被的光谱曲线在近红外波段的反射率值较高（尤其是植被），而与之截然相反的是水体在近红外波段的值极低（几乎为 0）。由于植被、土壤与水体在近红外波段迥异的反射率特性，使得该波段影像上的水体信息由于强吸收作用而呈现黑色或较暗色调，而植被和土壤等地物由于反射特性较强而呈现出亮色调，这也是水体面积信息遥感提取的理论依据。水体面积提取一般采用归一化水体指数（Mcfeeters，1996）：

$$NDWI = (Green - NIR) / (Green + NIR) \tag{7-3}$$

式中，NDWI 是归一化水体指数；Green 代表绿色波段；NIR 代表近红外波段。

7.2.4　遥感生态指数

生态状况是指在某一具体的时间和空间范围内，生态系统的总体或部分生态因子的组合体对人类的生存及社会经济持续发展的适宜程度。RSEI（remote sensing based ecological index，RSEI）是一个综合反映生态状况的纯遥感驱动的遥感生态指数，通过绿度（NDVI）、热度（LST）、湿度（Wet）和干度（NDSI）四个方面进行归一化处理和主成分分析，实现遥感生态状况评价。

基于 GEE 遥感云计算平台以及 MODIS 数据生成了长时间序列的 RSEI 数据集。采用的遥感数据包括 MOD09A1 V6 和 MOD11A2 V6 数据集。其中，MOD09A1 V6 数据集是 Terra MODIS 传感器 1 至 7 波段的地表反射率数据，其空间分辨率为 500 m，时间分辨率为 8 天；MD11A2 V6 数据为地表温度数据，空间分辨率为 1000 m，时间分辨率为 8 天。

具体处理步骤为：首先利用质量控制波段（QA）对研究时段内地表反射率数据进行去云和去云影的预处理，得到高质量的时间序列 MODIS 地表反射率数据集。对于温度数据集 MD11A2 V6，采用了白天的地表温度，利用质量控制图层（QC Day Bitmask）去除了无效的温度观测值，然后重采样至 500 m，使其与地表反射率数据保持一致。此外，研究利用 MCD12Q1 V6 地表覆盖数据去除了每年各指标图层的永久水体。然后，对时间序列上每年生长季内（5 至 10 月）的 4 个指标进行年合成，其中绿度、湿度和干度采用中值合成，而热度采用均值合成。为了增加数据可用性，避免中国南方多云多雨区域数据缺失的问题，每个目标年份采用相邻 3 年生长季内的有效观测合成得到。利用 4 个遥感指标评价生态状况，其中干度由 SI 和 IBI 两个指数生成，各指标公式如下：

$$RSEI = f(NDVI, Wet, NDSI, LST) \tag{7-4}$$

$$NDVI = \frac{\rho_2 - \rho_1}{\rho_2 + \rho_1} \tag{7-5}$$

$$\begin{aligned}\text{Wet} &= 0.10839\rho_1 + 0.0912\rho_2 + 0.5065\rho_3 + 0.4040\rho_4 \\ &\quad - 0.2410\rho_5 - 0.4658\rho_6 - 0.5306\rho_7\end{aligned} \tag{7-6}$$

$$\text{NDVI} = \frac{\text{SI} + \text{IBI}}{2} \tag{7-7}$$

$$\text{SI} = \frac{(\rho_6 + \rho_1) - (\rho_2 + \rho_3)}{(\rho_6 + \rho_1) + (\rho_2 + \rho_3)} \tag{7-8}$$

$$\text{IBI} = \frac{\dfrac{2\rho_6}{\rho_6 + \rho_2} - \left(\dfrac{2\rho_2}{\rho_2 + \rho_1} + \dfrac{2\rho_4}{\rho_4 + \rho_6}\right)}{\dfrac{2\rho_6}{\rho_6 + \rho_2} + \left(\dfrac{2\rho_2}{\rho_2 + \rho_1} + \dfrac{2\rho_4}{\rho_4 + \rho_6}\right)} \tag{7-9}$$

式中，湿度是对 MODIS 数据进行缨帽变换得到的湿度主成分数据。由于 4 个指标量纲不统一，需要对每个指标进行归一化处理，使其位于 0～1 之间，公式如下：

$$\text{NI} = \frac{I - I_{\min}}{I_{\max} - I_{\min}} \tag{7-10}$$

式中，I 为原始指标；NI 为归一化指标；$I_{\min}$ 和 $I_{\max}$ 分别为指标 I 的最小值和最大值。为了使不同年份、不同区域具有统一的最大和最小值，首先生成各个指标的多年平均值，然后统计出该均值图层的最大和最小值。为了消除异常值的影响，采用多年平均值图层的 1 分位（P1）和 99 分位（P99）值作为全局的最大与最小值，保证所用数据范围内的有效性。

已有研究多针对某一影像或者某一年份的数据进行主成分分析，不同区域或不同年份的 RSEI 在数值上没有可比性。为了使多年 RSEI 数值在时间和空间上均具有可比性，本书提出了时空统一的主成分分析方法，将多年数据融合得到全局统一的因子权重矩阵，并将该权重运用于每一年份：①在每年影像上随机获取 5000 个样本，共计 100000 个样本构成样本集；②对该样本集进行中心化处理，构建协方差矩阵，进而求解特征值和特征向量，并将最大特征值对应的特征向量作为最终的因子权重矩阵；③利用样本集的均值对所有影像进行中心化处理，并基于因子权重矩阵计算所有影像所有像元的第一主成分分值(PC1)；④剔除了 PC1 位于 1 分位（P1，–1）和 99 分位（P99，2）之外的异常值，仅保留了[P1，P99]区间内的有效数值。通过上述步骤，每年每个像元的 RSEI 则具有相同的权重系数，故可形成时空可比的 RSEI 数据集。

为了方便指标之间的对比和衡量，在对数据分布进行统计和比较了不同分级方法后，根据间隔为 0.4 的等间距分级方法将 RSEI 划分为 [–1，–0.3)、[–0.3，0.1)、[0.1，0.5)、[0.5，0.9)、[0.9，2]五个值域区间，其中最小（–1）和最大值（2）为数据分布的极值，分别表示“差”、“较差”、“中”、“良”和“优”5 个等级，得到了不同年份的生态状况分级图，数值越高代表生态状况就越好，等级也越好。针对前后两个时期的生态状况变化，划分“Ⅰ”（降低两级及以上）、“Ⅱ”（降低一级）、“Ⅲ”（不变）、“Ⅳ”（升高一级）、“Ⅴ”（升高两级及以上）五个级别，分别代表“明显变差”、“变差”、“不变”、“变好”和“明显变好”五个生态状况变化等级。

7.3　供给功能评估

生物生产力是指从个体、群体到生态系统、区域乃至生物圈等不同生命层次的物质生产能力，它决定着系统的物质循环和能量流动，也是指示系统供给功能的重要指标（袁文平等，2014）。常用的生物生产力概念有总初级生产力（GPP）、净初级生产力（NPP）、净生态系统生产力（NEP）、净生物群区生产力（NBP）等。

7.3.1　总初级生产力

总初级生产力是指单位时间内生物（主要是绿色植物）通过光合作用途径所固定的有机碳量，又称总第一性生产力（袁文平等，2014）。GPP 决定了进入陆地生态系统的初始物质和能量。测定和估算 GPP 的方法大多是在 20 世纪 80 年代开发出来的，如产量收割法、O_2 测定法、CO_2 测定法、叶绿素测定法、放射性标记法等，以及最近发展起来的开顶式同化箱法（Open-top chamber）和自由 CO_2 施肥方法（free-air CO_2 enrichment，FACE）等。

基于 VPM 模型采用实际光能利用率与叶绿素吸收的光合有效辐射的乘积计算获得 GPP：

$$\mathrm{GPP_{VPM}} = \varepsilon \times \mathrm{APAR_{chl}} \tag{7-11}$$

式中，ε 为叶绿素吸收的光合有效辐射；$\mathrm{APAR_{chl}}$ 为实际光能利用率。

$$\mathrm{APAR_{chl}} = \mathrm{PAR} \times \mathrm{FPAR_{chl}} \tag{7-12}$$

$$\mathrm{FPAR_{chl}} = (\mathrm{EVI} - 0.1) \times 1.25 \tag{7-13}$$

式中，PAR 是光合有效辐射，是叶绿素吸收的光合有效辐射比例，EVI 为增强型植被指数。

$$\varepsilon = \varepsilon_{\max} \times T_{\mathrm{scalar}} \times W_{\mathrm{scalar}} \tag{7-14}$$

$$T_{\mathrm{scalar}} = \frac{(T - T_{\min})(T - T_{\max})}{(T - T_{\min})(T - T_{\max}) - (T - T_{\mathrm{opt}})^2} \tag{7-15}$$

$$W_{\text{scalar}} = \frac{1 + \text{LSWI}}{1 + \text{LSWI}_{\max}} \tag{7-16}$$

式中，ε_{max}为最大光能利用率；T_{scalar}为温度胁迫因子；W_{scalar}为水分胁迫因子；T为温度，T_{min}、T_{max}和T_{opt}分别为最低、最高和最适温度；LSWI 为地表水分指数，$LSWI_{max}$为地表水分指数最大值。

7.3.2 净初级生产力

净初级生产力表示植被所固定的有机碳中扣除本身呼吸消耗的部分（杜文鹏等，2020），这一部分用于植被的生长和生殖，也称净第一性生产力：

$$\text{NPP} = \text{GPP} - R_a \tag{7-17}$$

式中，R_a为自养生物本身呼吸所消耗的同化产物。

NPP 反映了植物固定和转化光合产物的效率，也决定了可供异养生物（包括各种动物和人）利用的物质和能量。大尺度 NPP 的估算方法是全球生态学研究的热点，生态系统生理学的一个重点内容就是研究 NPP 及其与环境变化的关系。

7.3.3 净生态系统生产力

净生态系统生产力指净初级生产力中减去异养生物呼吸消耗（土壤呼吸）光合产物之后的部分，即：

$$\text{NEP} = (\text{GPP} - R_a) - R_h = \text{NPP} - R_h \tag{7-18}$$

式中，R_h为异养生物呼吸消耗量（土壤呼吸）。

NEP 表示大气 CO_2进入生态系统的净光合产量。它的大小受制于多种环境因子，尤其是大气 CO_2浓度和气候条件。全球 NEP 随大气 CO_2浓度和降水量增加而增加，随温度上升而减少。未来气候变化预测将导致 NEP 增加，由目前的约 1.1 Pg C/a 增加到 2030～2070 年的 3.2 Pg C/a 左右。

7.3.4 净生物群区生产力

净生物群区生产力是指 NEP 中减去各类自然和人为干扰（如火灾、病虫害、动物啃食、森林间伐以及农林产品收获）等非生物呼吸消耗所剩下的部分：

$$\text{NBP} = \text{GPP} - R_a - R_h - \text{NR} = \text{NPP} - R_h - \text{NR} = \text{NEP} - \text{NR} \tag{7-19}$$

式中，NR 为非呼吸代谢所消耗的光合产物。

显然，NBP 是应用于区域或更大尺度的生物生产力的概念，其数据变化于正负值之间。实际上，NBP 在数值上就是全球变化研究中所使用的陆地碳源/碳汇的概念。因为在 NEP 一定的情况下，NBP 值大小取决于 NR 值，而 NR 主要是由非生物因素决定的，因此它的大小与人类生产经营活动关系密切。可持续的农林牧业生产经营活动（如有效控制林火、防治大面积的病虫害、有效地进行森林经营）可以增加 NBP 值，增加陆地生态系统对大气 CO_2 的净吸收。全球变化对 NBP 产生深刻影响。所有影响 NEP 的因子都作用于 NBP。同时，NBP 还受到人类生产经营活动和一些偶发因子（如火灾、病虫害等）的影响。因此，NBP 的估计值比 NEP 有更大的不确定性。减少其不确定性是全球碳循环研究中的一个重要内容。

7.3.5　固碳释氧功能指数

固碳释氧作为生态系统的一种重要功能，在固定并减少大气二氧化碳的同时增加氧气的浓度，维持大气中二氧化碳和氧气的平衡。固碳释氧功能量及价值估算采用国家行业规范统一的公式进行计算（冯源等，2020）：

$$G_{固碳}=1.63R_{碳}AB_{年} \tag{7-20}$$

$$U_{固碳}=C_{碳}G_{固碳} \tag{7-21}$$

$$G_{释氧}=1.19AB_{年} \tag{7-22}$$

$$U_{释氧}=C_{氧}G_{释氧} \tag{7-23}$$

式中，$G_{固碳}$ 为植被年固碳量（tC/a）；$U_{固碳}$ 为植被年固碳价值（元/a）；$C_{碳}$ 为固碳价格（元/t）；$R_{碳}$ 为 CO_2 中碳的含量 27.27%；$B_{年}$ 为植被净生产力[t/（$hm^2 \cdot a$）]；$G_{释氧}$ 为植被年释氧量（t/a）；$U_{释氧}$ 为植被年释氧价值（元/a）；$C_{氧}$ 为氧气价格（元/t）；A 为植被面积（hm^2）。

7.4　生物多样性保护功能评估

生物多样性（biodiversity）是指地球上动物、植物、微生物及其与环境形成的生态复合体，以及与此相关的各种生态过程（王凯等，2022；文志等，2020）。其既是生态系统的核心，也是生态系统服务产生的核心（王凯等，2022）。中共中央办公厅、国务院办公厅印发《关于进一步加强生物多样性保护的意见》指出，生物多样性是人类赖以生存和发展的基础，是地球生命共同体的血脉和根基，为人类提供了丰富多样的生产生活必需品、健康安全的生态环境和独特别致的景观文化。生物多样性保护，亦称生物多样性维护，为人类提供了食物、纤维等多种原料，同时也有益于一些珍稀濒危物种的保存（文志等，2020）。本书利用生境质量、生物丰度指数和生物多样性指数等反映生物多样性保护。

7.4.1 生境质量

生境质量是指生态环境能够提供适合自然生态条件的能力，具有较强的地域性。生境质量的高低能反映区域生境的破碎程度以及对生境退化的抗干扰能力，人类活动的加剧改变土地开发程度以及土地利用方式，是导致气候变化的原因之一，它也是影响地区生境质量的一个重要因素。因而，研究土地利用与生境质量变化之间的相关性，对合理利用土地资源和保护生态环境意义重大。

InVEST 模型生物多样性模块采用生境质量表征生物多样性保护。采用权重法和层次分析法，以确定不同因子对生境质量的影响程度，并进行生境质量评价。计算公式如下（刘智方等，2017）：

$$\mathrm{HSI}=\sum_{i=1}^{n} w_i f_i \tag{7-24}$$

式中，HSI 为生境质量指数；n 为指标因子个数；w_i 为权重；f_i 为指标因子计算值。

7.4.2 生物丰度指数

生物丰度指数通过单位面积上不同生态系统类型在生物物种数量上的差异，间接地反映被评价区域内生物的丰贫程度（姚尧等，2012）。

生物丰度指数＝A_{bio}×（0.35×林地面积+0.21×草地面积+0.28×水域湿地面积
+0.11×耕地面积+0.04×建设用地面积+0.01×未利用地面积）
/区域总面积 （7-25）

式中，A_{bio} 为归一化系数。

7.4.3 生物多样性评估

InVEST 模型将生境质量作为评估对象和生物多样性的表征，基于输入数据生成生境质量图，根据优劣程度评估生物多样性支持服务功能。模型公式：

$$Q_{xj}=H_j\left(1-\frac{D_{xj}^z}{k^z+D_{xj}^z}\right) \tag{7-26}$$

式中，Q_{xj} 为土地利用与土地覆盖 j 中栅格 x 的生境质量；D_{xj} 为生境类型 j 栅格 x 的生境胁迫水平；k、z 为尺度参数。

7.4.4 生境适宜性评估

生态位因子分析模型（ecological niche factor analysis，ENFA）是研究物种潜

在地理分布的一种多变量方法。基于物种出现的点位数据和生态地理变量数据（ecogeographical variables，EGV），在多维空间上对比物种出现点与研究区域环境因子分布的差异性，进而基于主成分分析方法生成物种的生境的适宜图。通过边际性系数（M）、特殊性系数（S）和耐受性系数（T）三个指标分析物种分布和生态地理变量的相互作用关系（Hirzel et al.，2002）。

$$M = \frac{\left| M_B - m_G \right|}{1.96\sigma_G} \tag{7-27}$$

$$S = \frac{\sigma_G}{\sigma_B} \tag{7-28}$$

$$T = \frac{1}{S} \tag{7-29}$$

式中，M_B 表示物种分布区内某个生态地理变量的平均值；σ_B 表示其标准差；m_G 表示整个研究区域内某个生态地理变量的平均值；σ_G 表示其标准差。

最大熵模型（maximum entropy，MaxEnt）将物种及其所在环境当作一个系统，通过计算系统具有最大熵时的状态参数来量化物种和环境之间的稳定关系，估计物种分布。即基于已知样本点的环境变量拟合具有熵值最大的概率分布，评估物种的潜在分布以及各环境变量对物种潜在分布的影响程度（Phillips et al.，2006）。

$$H(p) = -\sum_{x} p(x)\ln(x) \tag{7-30}$$

式中，x 表示环境自变量；$p(x)$ 为 x 环境变量出现的概率；$H(p)$ 为熵值。满足最大熵原则的概率分布为：$p^* = \arg\max_{p \in P} H(p)$。

7.5　水源涵养功能评估

水源涵养是陆地生态系统重要的生态功能之一，涉及到大气、水分、植被和土壤等自然过程，其变化将直接或间接地影响区域水文、植被、土壤、生物多样性和气候等的状态，因此水源涵养也是区域生态系统状况的重要指示器。森林作为水源涵养的主体，水源涵养量最高，占全国生态系统水源涵养总量的 60.8%。在水资源短缺和水环境恶化的背景下，森林生态系统的水源涵养功能显得尤为重要。近年来，国内外学者对森林水源涵养功能的关注度逐渐提高，研究主要集中在森林生态系统水源涵养功能的量化与评价，然而土地利用变化（如森林面积变化、景观格局变化）对森林水源涵养功能的影响方面研究仍相对较少。表示水源涵养功能的指标有水源涵养量、水源涵养功能保有率、地表径流量等。

7.5.1 水源涵养量

水源涵养量与降水量、蒸散发、地表径流量和植被覆盖类型等因素密切相关。水源涵养量计算模型很多，常见的有水量平衡法和降水贮存量法。

水量平衡法是将生态系统视为一个“黑箱”，以水量的输入和输出为着眼点，从水量平衡的角度，降水量与森林蒸散量以及其他消耗的差即为水源涵养量。公式如下（黄麟等，2015）：

$$\mathrm{TQ}=\sum_{i=1}^{j}(P_i-R_i-\mathrm{ET}_i)\cdot A_i \tag{7-31}$$

式中，TQ 为总水源涵养量，m^3；P_i 为降雨量，mm；R_i 为地表径流量，mm；ET_i 为蒸散发，mm；A_i 为 i 类生态系统的面积；i 为研究区第 i 类生态系统类型；j 为研究区生态系统类型数量。

降水贮存量法中使用的径流量为与裸地相比林地减少的相对径流量，其空间实测尺度为坡面及流域尺度（赵同谦等，2004）。

$$Q=A\times J\times R \tag{7-32}$$

$$J=J_0\times K \tag{7-33}$$

$$R=R_0-R_g \tag{7-34}$$

式中，Q 为相比于裸地，森林生态系统涵养水分的增加量，mm/（hm^2/a）；A 为生态系统面积，hm^2；J 为计算区多年均产流降雨量（P>20mm），mm；J_0 为计算区域多年均降雨总量，mm；K 为计算区产流降雨量占降雨总量的比例；R 为相比于裸地，生态系统减少径流的效益系数；R_0 为产流降雨条件下裸地降雨径流率；R_g 为产流降雨条件下生态系统降雨径流率。K 值及 R 值详见文献。

7.5.2 水源涵养功能保有率

生态系统水源涵养功能保有率的计算公式可以表达为（黄麟等，2015）：

$$\mathrm{WP}_{ik}=\mathrm{W}_{ik}/\mathrm{WG}_{ik} \tag{7-35}$$

式中，WP_{ik} 为第 i 年第 k 个栅格的生态系统水源涵养功能保有率；W_{ik} 为第 i 年第 k 个栅格的生态系统水源涵养量；WG_{ik} 为第 i 年第 k 个栅格植被覆盖度为 100%（假设量）时的水源涵养量。

7.5.3 地表径流量

地表径流量由降雨量乘以地表径流系数获得。地表径流系数是指地表径流量与降雨量的比值，在一定程度上反应了生态系统水源涵养的能力。地表径流系数通过查阅文献资料获得，主要包括公开发表的文献和出版专著上的关于各类型生态系统径流小区的降水、地表径流数据。

$$R = P\alpha \tag{7-36}$$

式中，R 为地表径流量，mm；P 为年降雨量，mm；α 为平均地表径流系数。地表径流系数详细见表 7-1。

表 7-1 各类型生态系统地表径流系数均值

生态系统类型（1 级）	生态系统类型（2 级）	平均径流系数/%
森林	常绿阔叶林	4.65
	常绿针叶林	4.52
	针阔混交林	3.52
	落叶阔叶林	2.7
	落叶针叶林	0.88
	稀疏林	19.2
灌丛	常绿阔叶灌丛	4.26
	落叶阔叶灌丛	4.17
	针叶灌丛	4.17
	稀疏灌丛	19.2
草地	高寒草甸	8.2
	高寒草原	6.54
	温带草原	3.94
	温性草丛	9.37
	温性草甸草原	9.13
	热带亚热带草丛	3.87
园地	乔木和灌木园地	9.57
湿地	沼泽和水库	0

7.6 土壤保持功能评估

土壤保持常用指标有：土壤水蚀模数、土壤保持量、土壤保持功能保有率等。

7.6.1 土壤水蚀模数

土壤水蚀模数的估算采用修正的通用土壤流失方程（RUSLE）。针对 RUSLE 方程中的降雨侵蚀力、土壤可蚀性、坡长、坡度、覆盖和管理、水土保持措施分别进行了参数本地化。计算坡长时，把生态系统类型边界、道路、河流、沟塘湖泊等地表要素作为径流的阻隔因素，改进了传统算法中通过相邻栅格间的坡向以及坡度变化率确定坡长终止点的方法，避免了坡长因子的高估。在土壤侵蚀模数计算中，可将冻融作用考虑为一种土壤可蚀性因子。RUSLE 方程包含降雨侵蚀力因子（R）、土壤可蚀性因子（K）、坡长因子（L）、坡度因子（S）、覆盖和管理因子（C）以及水土保持措施因子（P）（黄麟等，2015）。

$$A = R\times K\times L\times S\times C\times P \tag{7-37}$$

采用日降雨量拟合模型来估算降雨侵蚀力，利用 1∶100 万土壤数据库，根据 Nomo 图法估算土壤可蚀性因子值，坡度坡长因子根据核心算法计算，覆盖和管理因子采用植被覆盖度计算 C 值的方法。

7.6.2 土壤保持量

土壤保持量定义为生态系统在现实状况下与极度退化状况下（裸土条件下）的土壤侵蚀量之差。

$$\mathrm{SC} = A_r - A_b \tag{7-38}$$

$$A_r = R\times K\times L\times S\times C_r\times P \tag{7-39}$$

$$A_b = R\times K\times L\times S\times C_b\times P \tag{7-40}$$

式中，SC 为土壤保持量；A_b、A_r 分别表示生态系统在极度退化状况下和现实状况下的土壤水蚀模数。

7.6.3 土壤保持功能保有率

土壤保持功能保有率可以消除年际间气候波动对模拟结果的影响，在计算过程中抵消了降雨侵蚀力的影响，结果主要受植被覆盖度的影响，集中体现了生态系统由于自身变化导致的功能变化（黄麟等，2015）。可以表示为现实状况下与最优状况下的土壤保持量之比

$$F_R = \frac{A_r}{A_p}\times 100\% \tag{7-41}$$

$$A_p = R\times K\times L\times S\times C_p\times P \tag{7-42}$$

式中，F_R 为土壤保持量；A_p 表示生态系统最优状况下的土壤侵蚀量。

7.7 防风固沙功能评估

防风固沙是生态系统通过其结构与过程减少由于风蚀所导致的土壤侵蚀的作

用，是生态系统提供的重要功能之一。防风固沙功能主要与风速、土壤、地形和植被等因素密切相关。以防风固沙量（潜在风蚀量与实际风蚀量的差值）作为生态系统防风固沙功能的量化指标。在充分考虑气候条件、植被状况、地表土壤粗糙度、土壤可蚀性、土壤结皮的情况下，利用修正的土壤风蚀方程（RWEQ）定量评估土壤风蚀量（黄麟等，2015）。

$$\mathrm{SL} = Q_x / x \tag{7-43}$$

$$Q_x = Q_{\max}\left[1 - e^{(x,s)^2}\right] \tag{7-44}$$

$$Q_{\max} = 109.8(\mathrm{WF} \cdot \mathrm{EF} \cdot \mathrm{SCF} \cdot K' \cdot \mathrm{COG}) \tag{7-45}$$

式中，SL 为土壤风蚀模数，x 为地块长度，Q_x 为地块长度 x 处的沙通量，kg/m；$Q_{\max}$ 为风力的最大输沙能力，kg/m；s 为关键地块长度，m；WF 为气象因子；EF 为土壤可蚀性成分；SCF 为土壤结皮因子；K'为土壤糙度因子；COG 为植被因子，包括平铺、直立作物残留物和植被冠层。

通过生态系统防风固沙量来衡量生态系统防风固沙的能力。防风固沙量（$\mathrm{SL_{sv}}$）为裸土条件和地表覆盖植被条件下土壤风蚀量的差值：

$$\mathrm{SL_{sv}} = \mathrm{SL_s} - \mathrm{SL_v} \tag{7-46}$$

式中，$\mathrm{SL_s}$ 表示裸土条件下的潜在土壤风蚀量，$\mathrm{SL_v}$ 表示植被覆盖条件下的现实土壤风蚀量。

7.8　遥感驱动的生态功能评估过程模型

由于共同的生态过程或驱动要素，各种生态系统功能之间以复杂的机理相互作用（Bennett et al.，2009；Costanza et al.，2017）。然而，当前大多数生态系统功能评估工具或模型忽略了生态系统功能之间的相互联系，给生态系统管理带来了很大不确定性（Logsdon and Chaubey，2013），如 InVEST 模型对模拟过程进行了过度简化，给生态系统服务权衡与协同评估带来了很大不确定性；ARIES 模型采用统计方法估算生态系统服务，但复杂的算法和代码使得难以理解生态系统服务之间的关系（Vigerstol and Aukema，2011）。机理明确的过程模型可以通过对生物地球化学和生物物理的明确表达，捕捉生态系统功能的内在联系，为生态系统评估提供了有力工具（Niu et al.，2021）。近年来，已有过程模型应用于陆地生态系统功能的评估（Elkin et al.，2013；Gutsch et al.，2018）。但复杂的过程模型需要更多的数据用于模型参数化和状态评估（Maxwell et al.，2016）。近年来，遥感为生态系统模型模拟提供了大量数据，过程模型可以实现遥感无法直接监测的生态过程，因此集成遥感数据和过程模型有助于复杂生态过程的研究（Sun et al.，2019）。已有研究证明，遥感和过程模型在研究陆地生态系统方面具有互补性，但是当前尚缺乏将多种生态系统服务与过程联系起来的有效方法（Lavorel et al.，2017）。

为深入理解陆地生态系统重要功能的时空格局及其相互关系，Niu 等（2021）发展了遥感驱动的生态系统服务评估过程模型（carbon and exchange between vegetation，soil，and atmosphere-ecosystem services，CEVSA-ES），并基于此评估了中国陆地生态系统服务功能的时空格局，可为生态系统管理提供支撑。

7.8.1 CEVSA-ES 模型发展

遥感驱动的生态系统服务评估过程模型（CEVSA-ES）主要基于 CEVSA 及 CEVSA2 模型发展而来。与 CEVAS 及 CEVSA2 模型相比，CEVSA-ES 模型采用遥感观测的叶面积指数（leaf area index，LAI）驱动，同时增加了土壤侵蚀模块，改进了光合作用和蒸散的模拟，以模拟多种生态系统服务功能（Niu et al.，2021）。CEVSA-ES 模型侧重生态过程的模拟，以生态系统过程指标表征重要生态系统服务功能（图 7-1），如 NPP 代表生产力供给（productivity provision，PP）、NEP 代表碳固定功能（carbon sequestration，CS）、蒸腾蒸散比（ratio of transpiration

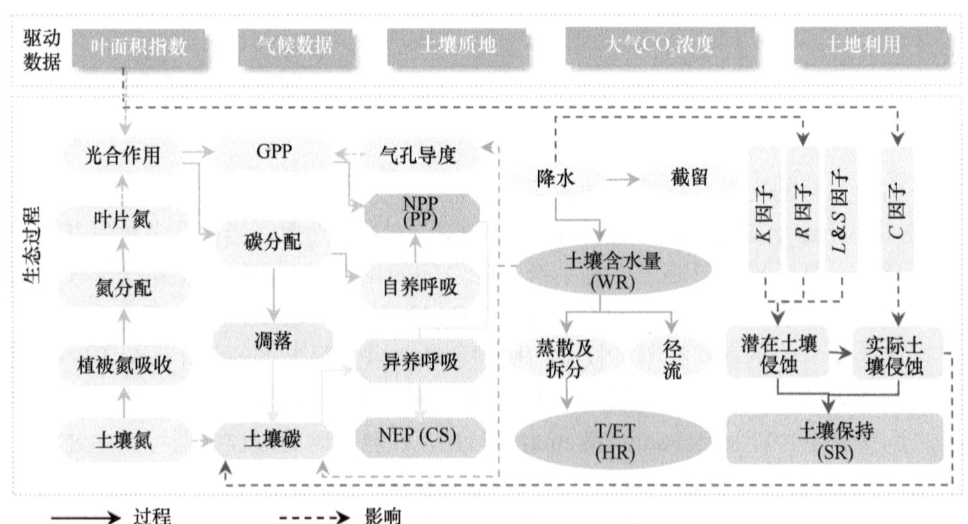

图 7-1　CEVSA-ES 模型概念图（Niu et al.，2021）

GPP、NPP、NEP、T/ET 分别表示总初级生产力、净初级生产力、净生态系统生产力及蒸腾蒸散比，PP、CS、WR、HR、SR 分别表示生产力供给、碳固定功能、淡水保持功能、水文调节功能及土壤保持功能

to evapotranspiration，T/ET）表示水文调节功能（hydrological regulation，HR）、土壤含水量（soil water content，SWC）的变化量表示淡水保持功能（water retention，WR）、土壤保持量（soil content，SC）表示土壤保持功能（soil retention，SR）。

7.8.2 生态系统功能模拟过程

1）生产力供给

生产力是生态系统过程和功能的基础，同时也是其他功能的基础（Costanza et al.，2017）。在 CEVSA-ES 模型中，基于 Farquhar 模型和修正后 Ball-Berry 模型估算各层叶片的光合速率（Woodward et al.，1995）：

$$A_{\rm b} = min\left\{W_{\rm c}, W_{\rm j}, W_{\rm p}\right\}\left(1 - 0.5P_{\rm o} / \tau P_{\rm c}\right) - R_{\rm d} \tag{7-47}$$

式中，A_b 为生物化学过程决定的光合速率；W_c 取决于光合酶的活性，与叶片氮含量直接相关；W_j 由光合反应中电子的传递速度决定，主要受叶片吸收光合有效辐射的影响；W_p 取决于光合反应对磷酸丙糖利用效率，决定于叶片对光合产物的利用和传输效率（Woodward et al.，1995）；P_o、P_c 分别为叶肉组织中 O_2 和 CO_2 分压，受到大气 CO_2 分压和叶片气孔导度的影响（Uhl and Jordan，1984）；τ 为光合酶对 CO_2 浓度的反应参数，在模型中是温度的函数；R_d 为日间呼吸。

整个冠层的光合速率等于冠层每个层次光合速率的总和，采用遥感观测 LAI 对冠层进行分层，进一步根据日长计算整个冠层的光合总量即为每天的总初级生产力（GPP）。

自养呼吸（R_a）可分为维持呼吸（R_m）和生长呼吸（R_g），R_m 包含叶片维持呼吸（R_{mf}）和边材维持呼吸（R_{mw}）两部分，叶片维持呼吸为温度及叶片氮含量的函数，边材维持呼吸为温度及边材质量的函数，生长呼吸为 GPP 和维持呼吸之间的固定比例（Woodward et al.，1995）。

2）碳固定功能

碳固定指陆地生态系统从大气中吸收 CO_2，可减缓当前大气 CO_2 的增长速度（Piao et al.，2009）。采用净生态系统生产力表征碳固定功能，即生产力与异养呼吸（R_h）之差。与 CEVSA 模型相一致，采用 CENTRUY 模型模拟异样呼吸（Niu et al.，2021），主要公式如下：

$$R_{\rm h} = \sum_{i=1}^{8} {\rm OM}_i \times K_{{\rm ag}(i)} \times F_i \tag{7-48}$$

$$K_{ag(i)} = \begin{cases} [K(i)\times P\text{deacy}]\times \text{FTEM}\times\text{FMOI}\times\text{NLIM}(i)\times F(i)\times L_C,(i=1,2) \\ [K(i)\times P\text{deacy}]\times \text{FTEM}\times\text{FMOI}\times\text{NLIM}(i)\times F(i)\times T_m,(i=3) \\ [K(i)\times P\text{deacy}]\times \text{FTEM}\times\text{FMOI}\times\text{NLIM}(i)\times F(i)\times L_s,(i=4,\cdots,8) \end{cases} \quad (7\text{-}49)$$

式中，OM_i 表示土壤有机碳库，i=1,2,…,8，分别表示 8 个碳库；F 指每个碳库的损失分数；K_{ag} 指每个碳库的实际分解速率；K 为表示潜在周转速率；FTEM 为温度对潜在周转速率的影响因子；FMOI 为土壤水分对潜在周转速率的影响；L_C 为结构物质对周转速率的影响；L_s 表示凋落物中木质素含量对分解的影响。

3）水文调节功能

生态系统对自然界中水的各种运动变化所发挥的作用，表现为通过生态系统对水的利用、滤过等影响和作用以后，水在时间、空间、数量等方面发生变化的现象和过程。所以生态系统的水文调节功能就是生态系统对水的运动变化施加这些影响和作用的过程和能力，具体可以通过水在时间、空间、数量等方面发生变化的幅度来表征。蒸腾蒸散比（T/ET）直接衡量了植被在水分流动过程所发挥的作用，因此，采用蒸腾蒸散比衡量水文调节功能。CEVSA-ES 模型集成了 PT-JPL（Fisher et al.，2008）模型对 ET 进行模拟和拆分：

$$\text{ET} = T + E_s + E_i \quad (7\text{-}50)$$

$$T = (1-f_{wet}) f_g f_t f_m \alpha \frac{\Delta}{\Delta+\gamma} R_{nc} \quad (7\text{-}51)$$

$$E_s = (f_{wet} + f_{sm}(1-f_{wet}))\alpha \frac{\Delta}{\Delta+\gamma}(R_{ns}-G) \quad (7\text{-}52)$$

$$E_i = f_{wet}\alpha \frac{\Delta}{\Delta+\gamma} R_{nc} \quad (7\text{-}53)$$

式中：ET 为总蒸散量，T、E_s 及 E_i 分别表示冠层蒸腾、土壤蒸发及冠层截留蒸发量；α 通常认为是实际蒸发量与平衡蒸发量的比值；Δ 为温度-饱和水汽压斜率；γ 为干湿常数；R_{nc} 及 R_{ns} 分别表示冠层截获净辐射及土壤吸收净辐射；f_{wet} 为相对地表湿度，f_g 为绿叶覆盖比例，f_t 为温度限制因子，f_m 为植被水分限制因子，f_{sm} 为土壤水分限制因子。

4）淡水保持功能

淡水保持（WR）指一定时间段内生态系统维持土壤水分的能力（Ouyang et al.，2016）。基于水量平衡法估算淡水保持功能，即

$$\text{WR} = \text{WATI} - \text{ET} - \text{RO} \quad (7\text{-}54)$$

式中，WATI 为总水分输入（包括降水和降雪）；RO 为径流；CEVSA-ES 没有考虑水分的横向移动（Niu et al.，2021）。

参 考 文 献

陈德权, 兰泽英, 陈晓辉, 等. 2021. InVEST 模型在市县级水源涵养功能评价中的应用——以广东省广州市为例. 水土保持通报, 41(4): 196-206.

褚琳, 张欣然, 王天巍, 等. 2018. 基于 CA-Markov 和 InVEST 模型的城市景观格局与生境质量时空演变及预测. 应用生态学报, 29(12): 4106-4118.

杜文鹏, 闫慧敏, 封志明, 等. 2020. 基于生态供给-消耗平衡关系的中尼廊道地区生态承载力研究. 生态学报, 40(18): 6445-6458.

冯源, 田宇, 朱建华, 等. 2020. 森林固碳释氧服务价值与异养呼吸损失量评估. 生态学报, 40(14): 5044-5054.

傅伯杰, 刘世梁, 马克明. 2001. 生态系统综合评价的内容与方法. 生态学报, (11): 1885-1892.

耿甜伟, 陈海, 张行, 等. 2020. 基于 GWR 的陕西省生态系统服务价值时空演变特征及影响因素分析. 自然资源学报, 35(7): 1714-1727.

黄麟, 曹巍, 吴丹, 等. 2015. 2000—2010 年我国重点生态功能区生态系统变化状况. 应用生态学报, 26(9): 2758-2766.

黄木易, 岳文泽, 冯少茹, 等. 2020. 基于 InVEST 模型的皖西大别山区生境质量时空演化及景观格局分析. 生态学报, 40(9): 2895-2906.

李传华, 曹红娟, 范也平, 等. 2019. 基于校正的 CASA 模型 NPP 遥感估算及分析——以河西走廊为例. 生态学报, 39(5): 1616-1626.

李丽, 王心源, 骆磊, 等. 2018. 生态系统服务价值评估方法综述. 生态学杂志, 37(4): 1233-1245.

林峰, 陈兴伟, 姚文艺, 等. 2020. 基于 SWAT 模型的森林分布不连续流域水源涵养量多时间尺度分析. 地理学报, 75(5): 1065-1078.

刘智方, 唐立娜, 邱全毅, 等. 2017. 基于土地利用变化的福建省生境质量时空变化研究. 生态学报, 37(13): 4538-4548.

娄佩卿, 付波霖, 林星辰, 等. 2019. 基于 GEE 的 1998～2018 年京津冀土地利用变化对生态系统服务价值的影响. 环境科学, 40(12): 5473-5483.

欧阳志云, 王如松. 2000. 生态系统服务功能、生态价值与可持续发展. 世界科技研究与发展, (5): 45-50.

孙翔宇, 王立辉, 李扬, 等. 2023. 湖北大别山区生态系统水源涵养功能遥感评估. 长江流域资源与环境, 32(3): 487-497.

王凯, 王聪, 冯晓明, 等. 2022. 生物多样性与生态系统多功能性关系研究进展. 生态学报, (1): 1-13.

文志, 郑华, 欧阳志云. 2020. 生物多样性与生态系统服务关系研究进展. 应用生态学报, 31(1): 340-348.

徐子萱, 郑华, 马金锋. 2023. 水文模型在生态系统水文服务评估中的应用综述. 水生态学杂志, 1-18.

姚尧, 王世新, 周艺, 等. 2012. 生态环境状况指数模型在全国生态环境质量评价中的应用. 遥感信息, 27(3): 93-98.

袁文平, 蔡文文, 刘丹, 等. 2014. 陆地生态系统植被生产力遥感模型研究进展. 地球科学进展, 29(5): 541-550.

张恩伟, 彭双云, 冯华梅, 等. 2020. 基于GIS和RUSLE的滇池流域土壤侵蚀敏感性评价及其空间格局演变. 水土保持学报, 34(2): 115-122.

赵同谦, 欧阳志云, 郑华, 等. 2004. 中国森林生态系统服务功能及其价值评价. 自然资源学报, (4): 480-491.

Bennett E M, Peterson G D, Gordon L J. 2009. Understanding relationships among multiple ecosystem services. Ecology Letters, 12(12): 1394-1404.

Costanza R, De Groot R, Braat L, et al. 2017. Twenty years of ecosystem services: How far have we come and how far do we still need to go? Ecosystem Services, 28: 1-16.

Elkin C, Gutierrez A G, Leuzinger S, et al. 2013. A 2 degrees C warmer world is not safe for ecosystem services in the European Alps. Global Change Biology, 19(6): 1827-1840.

Fisher B, Turner K, Zylstra M, et al. 2008. Ecosystem services and economic theory: integration for policy-relevant research. Ecological Applications, 18(8): 2050-2067.

Gutsch M, Lasch-Born P, Kollas C, et al. 2018. Balancing trade-offs between ecosystem services in Germany's forests under climate change. Environmental Research Letters, 13(4): 12.

Hirzel A H, Hausser J, Chessel D, et al. 2002. Ecological-niche factor analysis: How to compute habitat-suitability maps without absence data? Ecology, 83(7): 2027-2036.

Lavorel S, Bayer A, Bondeau A, et al. 2017. Pathways to bridge the biophysical realism gap in ecosystem services mapping approaches. Ecological Indicators, 74: 241-260.

Leyequien E, Verrelst J, Slot M, et al. 2007. Capturing the fugitive: Applying remote sensing to terrestrial animal distribution and diversity (vol 9, pg 1, 2007). International Journal of Applied Earth Observation and Geoinformation, 9(2): 224.

Logsdon R A, Chaubey I. 2013. A quantitative approach to evaluating ecosystem services. Ecological Modelling, 257: 57-65.

Maxwell R M, Condon L E, Kollet S J, et al. 2016. The imprint of climate and geology on the residence times of groundwater. Geophysical Research Letters, 43(2): 701-708.

Mcfeeters S K. 1996. The use of the normalized difference water index (NDWI) in the delineation of open water features. International Journal of Remote Sensing, 17(7): 1425-1432.

Niu Z E, He H L, Peng S S, et al. 2021. A process-based model integrating remote sensing data for evaluating ecosystem services. Journal of Advances in Modeling Earth Systems, 13(6): 22.

Ouyang Z, Zheng H, Xiao Y, et al. 2016. Improvements in ecosystem services from investments in natural capital. Science, 352(6292): 1455-1459.

Phillips S J, Anderson R P, Schapire R E. 2006. Maximum entropy modeling of species geographic distributions. Ecological Modelling, 190(3-4): 231-259.

Piao S L, Fang J Y, Ciais P, et al. 2009. The carbon balance of terrestrial ecosystems in China. Nature, 458(7241): 1009-U1082.

Radeloff V C, Dubinin M, Coops N C, et al. 2019. The Dynamic Habitat Indices (DHIs) from MODIS and global biodiversity. Remote Sensing of Environment, 222: 204-214.

Sun S B, Che T, Li H Y, et al. 2019. Water and carbon dioxide exchange of an alpine meadow ecosystem in the northeastern Tibetan Plateau is energy-limited. Agricultural and Forest Meteorology, 275: 283-295.

Uhl C, Jordan C F. 1984. Succession and nutrient dynamics following forest cutting and burning in Amazonia. Ecology, 65(5): 1476-1490.
Vigerstol K L, Aukema J E. 2011. A comparison of tools for modeling freshwater ecosystem services. Journal of Environmental Management, 92(10): 2403-2409.
Woodward F I, Smith T M, Emanuel W R, 1995. A global land primary productivity and phytogeography model. Global Biogeochemical Cycles, 9(4): 471-490.

第8章 生态安全胁迫

导读 生态安全是人类生存发展的必要条件。本章针对生态安全及其胁迫因子，分别从气候等自然条件和以人类足迹为代表的人为条件两方面对胁迫因子的特性进行分析，并阐述通过不同技术手段和研究方法对各胁迫因子进行遥感监测的研究历史和现状；同时对气象、高温、洪水等自然胁迫因子数据集及人口、社会经济、路网等人为胁迫因子数据集等相关数据集一一进行介绍。

8.1 生态安全胁迫遥感监测进展

一般而言，外界环境对生态系统的胁迫主要包括两个方面，一是全球变化背景下近几十年来气候条件的显著变化；二是来自于人类社会经济活动对生态系统造成的不利影响（韩旭，2008）。气候变化主要表现为温度升高、降水分布不均等；而人类社会经济活动造成生态系统结构破坏和功能受损，对区域生态安全构成威胁（邹长新等，2014）。因此，生态安全胁迫因子主要包括自然因子和社会经济因子，自然因子主要来源于单一数据源，而人类活动因子经历了由单一数据源到多源数据的融合，指标变得更为综合。

8.1.1 自然胁迫因子

除气温、降水等气候变化因子以外，热浪、洪水、干旱、山火等极端自然事件也是重要的自然胁迫因子。

热浪一般是指长时间的持续高温和过度炎热。虽然全球变暖可能会增加热浪频次和严重程度，但目前缺乏对热浪形成的统一定义。这不仅阻碍了研究发展，也让比较过去和现在热浪的难度更大。现有的高温热浪数据主要集中于固定阈值定义，这些定义来自气候变化检测专家小组（ETCCDI）等机构的努力（Tank and Können，2003；Zhang et al.，2011）。例如，哈德利中心的 Hadley extreme（HadEX）数据库（http://www.metoffice.gov.uk/hadobs/hadex2/）提供了从 1901 年到 2010 年的 2.5°×3.75°粗分辨率的 ETCCDI 索引，哈德利中心/全球历史气候学网络（HadGHCND）极端数据数据库（GHCNDEX）根据地面站数据计算这些指数（Caesar et al.，2011；Donat et al.，2013）。在表征热浪和了解其影响方面，存在针对识别热浪的局部和特定地区阈值的一些要求或建议（Perkins，2015；Steffen et al.，2014；Perkins and Alexander，2013；Alexander et al.，2006）。Raei 等（2018）2018 年在线发布了全球热浪和高温记录（GHWR）数据库；GHWR 参考相关文献以及 ETCCDI 指数，基于 1979～2017 年栅格化 0.5°×0.5°温度数据，创建了一个多方法的全球热浪和暖期记录数据库，可以使相关用户比较不同的热浪定义，并为研究目标选择最合适的方法（图 8-1）。同时，建立全球数据库并将指标标准化，正是在更宏观的时间和空间尺度上，总结自然规律后服务人类生产生活的需要。

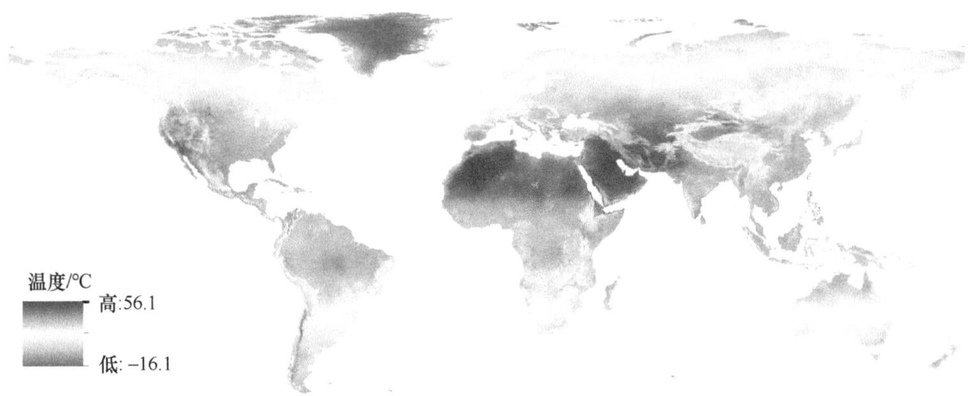

图 8-1　2021 年 7 月全球最高温图

洪水比其他任何环境灾害的影响都多，并且阻碍了可持续发展（Hallegatte et al.，2016）。投入到洪水适应战略，可以减少洪水造成的生命和生计损失（Jongman et al.，2015）。由于快速的城市化、防洪基础设施和洪泛区居民的增加，洪水发生在何处、如何发生，以及谁会受到影响，这些都在发生变化（Liu et al.，2020；Grill et al.，2019；Ceola et al.，2014）。因为缺乏观测数据，以前对全球受洪水影响人口的估计受到限制，并且较多的依赖于模型，而模型具有很高的不确定性（Jongman et al.，2015；Jongman et al.，2012；Winsemius et al.，2016；Trigg et al.，2016）。Tellman 等

(2021)使用 250 m 分辨率的每日卫星图像，估算了 2000 年至 2018 年 913 次大型洪水事件的洪水范围和人口暴露情况。确定洪水总淹没面积为 223 万 km^2，受洪水直接影响的人口为 252.9 亿。此外，从 2000 年到 2015 年，卫星观测到的洪水地区人口总数增加了 5.86 亿。这意味着全球遭受洪灾的人口比例增加了 20%～24%，比之前的估计高出 10 倍。2030 年气候变化预测表明，遭受洪灾的人口比例将进一步增加。卫星观测的高时空分辨率将提高我们对洪水的了解。这些由观测数据生成的全球洪水数据库将有助于改善脆弱性评估、全球和地方洪水模型的准确性、适应干预措施的有效性，以及增强对土地覆盖变化、气候和洪水之间相互作用的认识。

帕默尔（PDSI）干旱指数由美国气象学家韦恩·帕默尔（Wayne Palmer）于 1965 年提出（Palmer，1965），利用降水量和潜在蒸散发量进行计算，但由于计算 PDSI 所使用的多个参数（如气候修正系数公式中的参数及持续时间因子等）为帕默尔最初基于美国半干旱区（肯萨斯州和艾奥瓦州）的气象资料统计获得，对其他地区的适用性较差，世界各地有众多学者针对当地气候对 PDSI 的计算进行了修正，如安顺清和邢久星（1985）在 20 世纪 80 年代针对中国大陆的气候进一步修正了 PDSI，以推广其在中国大陆的使用（安顺清和邢久星，1985）。之后，为提高 PDSI 的可移植性和空间可比性，Wells 等（2004）在 21 世纪初提出了能够自动针对当地气候进行修正的自适应 PDSI（self-calibrating PDSI），即 scPDSI（Wells et al.，2004）。Spinoni 等（2019）提出了一套新的表征全球干旱事件的数据集（图 8-2），其时间跨度为 1951～2016 年，并且发现了 52 次特大干旱事件，在过去的几十年里，亚马孙流域、南美洲南部、地中海地区、非洲大部分地区和中国东北部地区都是干旱的热点地带（Spinoni et al.，2019）。

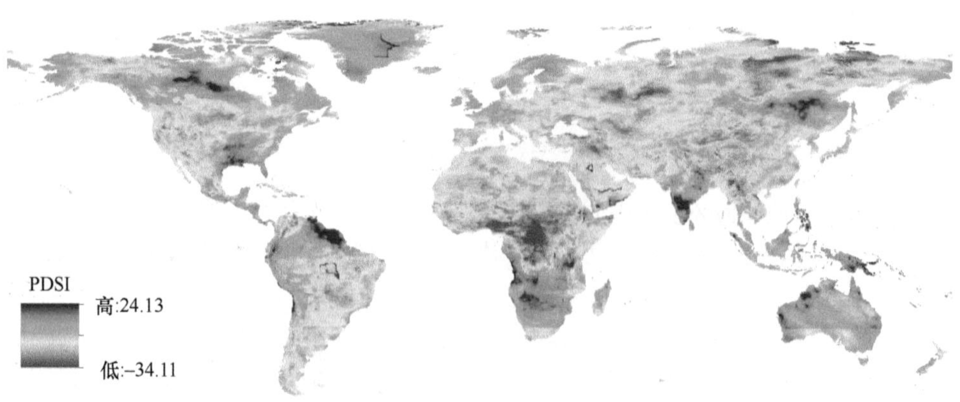

图 8-2　2021 年 7 月全球 PDSI 指数图

为了分析火灾状况及火灾事件的动态，在全球范围内建立一个描述单个火灾事件及其性质的数据库是至关重要的（Gill et al.，2013）。几项研究提供了关于使用燃烧面积产品在全球/区域尺度上单个火灾事件的火灾数量/规模或火灾蔓延率的准确信息（Hantson et al.，2015；Archibald et al.，2013；Laurent et al.，2018；Frantz et al.，2016）。描述火灾事件的数据集，如 FRY12 或 Fire Atlas 更多的关注火灾斑块行为，而不是火灾事件的特征（Andela et al.，2019；Laurent et al.，2018）。因此，Artés 等（2019）生产了一个全球单一野火数据库，即 GlobFire 数据库，它依赖于在图形结构中对烧毁区域斑块之间的时空关系进行编码（图 8-3）。从 GlobFire 数据库中可以提取单个野火事件、属性和演变信息，还可以在不同的空间尺度搜索野火的一般模式，为火灾蔓延和火灾行为分析提供关键信息，这些信息对于全球范围内的火灾状况表征也很有价值（Artés et al.，2019）。

图 8-3　2020 年全球火灾分布

8.1.2　人为胁迫因子

在全球范围内绘制人类活动干扰（人类影响）地图始于 20 世纪 80 年代，当时的研究重点是识别荒野地区，即没有发生人类活动改变自然的区域。最初的地图虽然具有革命性，但由于数据和计算限制，其精度较为粗糙（Mccloskey and Heather，1989）。人类足迹指数（human footprint）是绘制全球陆地人类压力（人类影响）图的重要一步（Sanderson et al.，2002）。人类足迹在地理信息系统中结合了全球一致的生物多样性等已知压力（例如，人口和农田）的数据，生成了 1 km 的高分辨率地图（图 8-4）。人类足迹数据集已被应用于全球荒野损失的评估（Watson et al.，2016）、确定和预测哺乳动物物种灭绝风险的评估（Di Marco et al.，2018）、动物运动和行为的变化（Tucker et al.，2018）、全球保护区有效性（Jones et al.，2018）等方面。

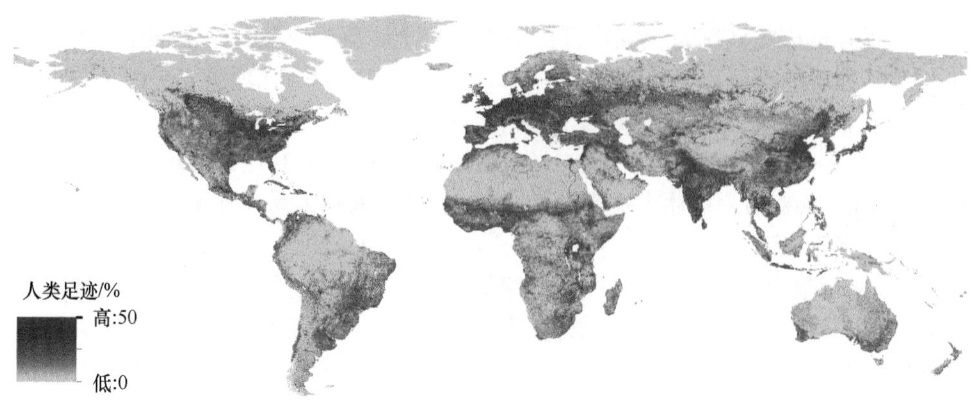

图 8-4　2009 年人类足迹图

在表征人类活动的地图制图进程中一个重要的进展是认识到人类和生态系统是交织在一起的，应该进行综合分析，因此产生了对人类群落的描述和分类地图（Anthromes）（Ellis and Porter，2008；Ellis et al.，2010）。该数据是将结合了人口、土地利用土地覆盖数据与植被数据，以确定超过 15 类不同的人类活动的分类（例如，城市、住宅灌溉农田和住宅牧场等）。该数据集时间跨度为 1700～2015 年，基于该数据分析人类活动得到的结果是：1700 年，近一半的陆地生物圈是野生的，没有人类定居点，也没有大量的土地利用，其余的大部分都处于半自然状态（45%），只有少量用于农业和定居。到 2000 年，情况正好相反，大部分生物圈属于农业和定居人类，只有不到 20%的半自然生物和四分之一的野生生物。工业革命期间，生物圈的人为变化同样是由于土地利用扩展到荒地和半自然人类的土地利用集约化造成的。生物群落和区域之间的转化途径差异很大，一些仍然是野生的，但大多数几乎完全转化为牧场、农田和村庄。在全球将近 39%的无冰表面转变为农业用地和居民点的过程中，另外有 37%未被利用土地已经嵌入到农业和人类定居中。

人类活动的变化也可以地图的形式呈现，Geldmann 等（2014）绘制了一幅 1990～2010 年二十年间全球人类压力变化的清晰时空地图，分辨率 10 km^2（图 8-5）。评估了代表人类压力不同分量的 22 个空间数据集，并基于人口密度、农业和夜间灯光 3 个数据集编制了人类压力时间指数地图（Temporal Human Pressure Index，THPI）（Geldmann et al.，2014）。在原始人类足迹指数的基础上，Geldmann 等（2019）研究了保护区内的 THPI 变化情况，结果表明自 20 世纪 90 年代初以来，人类的压力增加了陆地面积的 64%，受保护区域的人类压力总体上也有所增加。同时，利用 THPI 数据集，发现许多保护区是有效的，但仍有部分保护区未能遏制人类的

图 8-5　1990～2010 年全球人类压力指数分布图

压力，在以前的分析中没有评估过的非森林地区尤其如此。该项研究是绘制随着时间的推移人类对自然界压力变化的第一步，但 THPI 图中只能包含 3 组数据，这凸显了测量人类压力随时间变化的挑战性。

最近，全球人类影响数据集有了新的发展，如全球人类改造地图（Global Human Modification）（Kennedy et al.，2019），这套数据可测量 13 种人为压力源的空间范围并估计其影响的强度，并生成 0～1 之内的连续数值（图 8-6）。虽然该套数据的空间分辨率为 1 km，但大部分输入数据的分辨率更高，并反映了最近的土地状况（中值日期为 2016 年）。这套数据考虑了压力源覆盖的每个网格单元的比例，并将其乘以强度值，该强度值是基于人对土地的生物、化学和物理过程影响的测量。2020 年，Theobald 等（2020）更新了人类改造地图数据集，即其空间分辨率精细到 0.3 km，同时时间范围得到扩展，1990～2015 年每 5 年生产一套数据，补充了

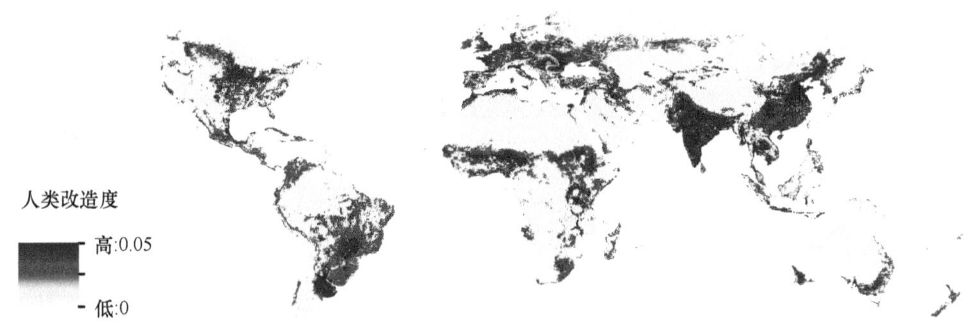

图 8-6　全球人类改造地图

2017 年的数据，同时，补充一些指标，如增加了伐木、人类入侵和空气污染数据（Theobald et al.，2020）。利用该数据集，学者发现未被改造的土地比之前报道的要少，世界大部分地区处于中度改造状态，52%的生态区属于中度改造。鉴于这些适度调整的生态区域处于临界土地利用阈值，学者建议应予以高度重视，并在重要的环境价值丧失之前进行积极的空间规划，以维持生物多样性和生态系统功能。

人类低影响活动的区域地图（Low Impact Areas）确定了人类密度和人类活动影响较低的区域（Jacobson et al.，2019），这些区域按两个阈值分类为极低影响或低影响区域。这套数据首先将整个全球视为低影响区域，然后以 1 km 的分辨率将发生主要人类活动的地区剔除。如果一个地区有任何城市、农田、夜间灯光或人为森林覆盖的变化，则不再被视为低影响地区（图 8-7）。利用该套数据集，学者发现地球表面的 56%（减去永久冰雪）区域目前受人类的影响很小。这表明尽管生态区和生物群落之间存在很大差异，但在受人类影响最小的地区可以增强保护目标，同时，表明了热带干旱森林和温带草原是世界上受影响最严重的生物群落。

图 8-7　低影响地区图

8.2　生态安全胁迫因子数据集

8.2.1　自然胁迫数据集

气象数据：基于中国 2400 多个台站的气温（包括日尺度和月尺度）和降水观测数据，采用 ANUSPLINE 方法完成气温、降水等要素的空间插值，生成 1km 尺度的气温和降水栅格空间数据集。

高温热浪数据：“全球高温热浪和高温纪录”（Global Heatwave and Warm-spell Record，GHWE）数据库报告了 1979～2017 年期间发生的热浪和高温事件的大规模数据记录，包括强度、持续时间和频次方面的信息，可在以下网址获得：https://github.com/mojtabasadegh/Global_Heatwave_and_Warm_Spell_Toolbox。该工具箱需要在 MATLAB 中进行调用。

极端低温数据：1901～2017 年月最低温度数据集（来源于国家青藏高原科学数据中心）（图 8-8），空间分辨率约为 1 km，该数据集是根据 CRU 发布的全球 0.5°气候数据集以及 WorldClim 发布的全球高分辨率气候数据集，通过 Delta 空间降尺度方案在中国地区降尺度生成的。并且，使用 496 个独立气象观测点数据进行验证，验证结果可信。

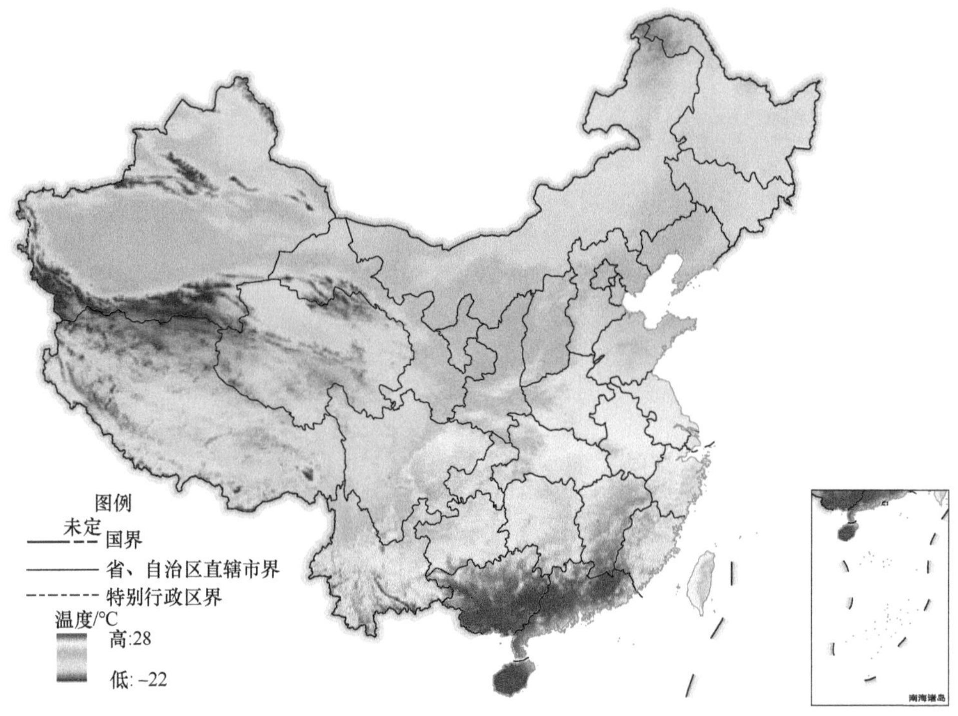

图 8-8　1901 年 1 月中国最低气温图

洪水数据：全球洪水数据库（Global Flood Database）包括 2000～2018 年间发生的 913 次洪水事件的范围和时间分布地图，空间分辨率为 250m，数据地址为：https://developers.google.com/earthengine/datasets/catalog/GLOBAL_FLOOD_DB_MODIS_EVENTS_V1。

干旱指数数据：PDSI 干旱指数数据可获得时间跨度为 1958～2020 年（图 8-9），空间分辨率为 2.5 弧分，数据地址为 https://developers.google.com/earth-engine/datasets/catalog/IDAHO_EPSCOR_TERRACLIMATE。

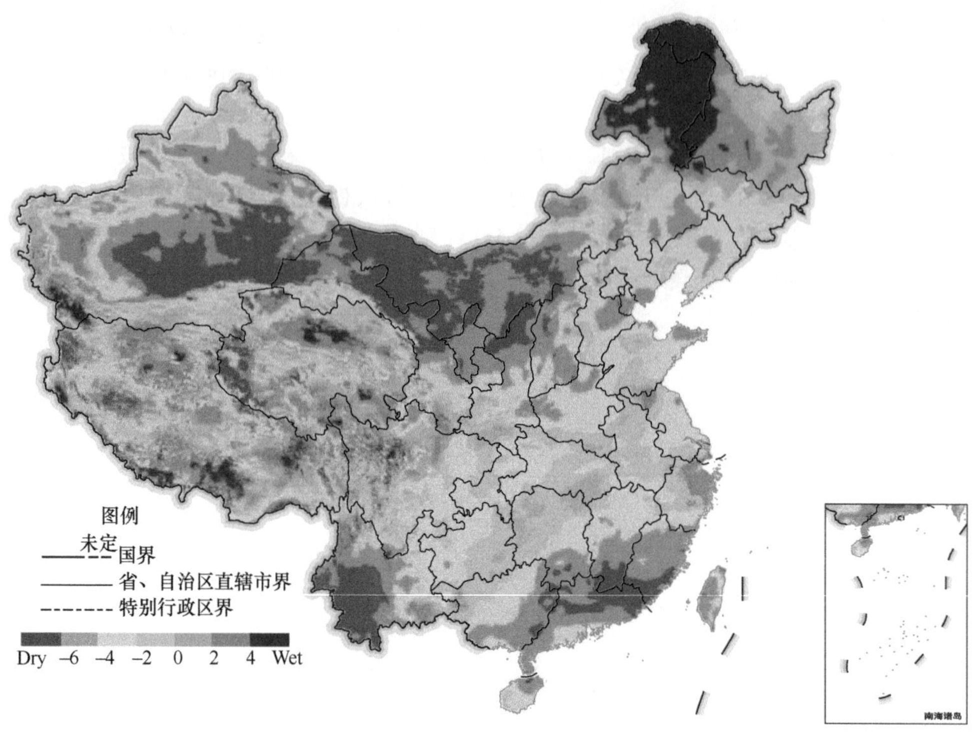

图 8-9　中国 2015 和 2016 年 PDSI 指数图

野火数据集：基于 MODIS 数据集 MCD64A1 的火灾边界数据集时间跨度为 2001～2020 年，可以提供诸如火灾规模、火灾蔓延速度、火灾如何演变和联合成单一事件或给定区域火灾事件的数量等信息，获取地址为：https://developers.google.com/earth-engine/datasets/catalog/JRC_GWIS_GlobFire_v2_FinalPerimeters。

土壤数据：中国土壤类型空间分布数据由中国科学院资源环境科学与数据中心提供，主要根据全国土壤普查办公室 1995 年编制并出版的《1∶100 万中华人民共和国土壤图》数字化生成，采用了传统的“土壤发生分类系统”，基本制图单元为亚类，共分出 12 个土纲，61 个土类，227 个亚类。土壤属性数据库记录数达 2647 条，属性数据项 16 个，基本覆盖了全国各种类型土壤及其主要属性特征（图 8-10）。

地形地貌数据：中国 1∶100 万地貌类型空间分布数据由中国科学院资源环境科学与数据中心提供，来源于《中华人民共和国地貌图集（1∶100 万）》，可以全面反映我国地貌宏观规律、揭示区域地貌空间分异规律（图 8-11）。数字高程模型（DEM）数据来自 Shuttle Radar Topography Mission（SRTM），自中科院资源环境科学数据中心下载，数据空间分辨率共有 30 m、90 m、250 m、500 m 和 1 km 五种类型。

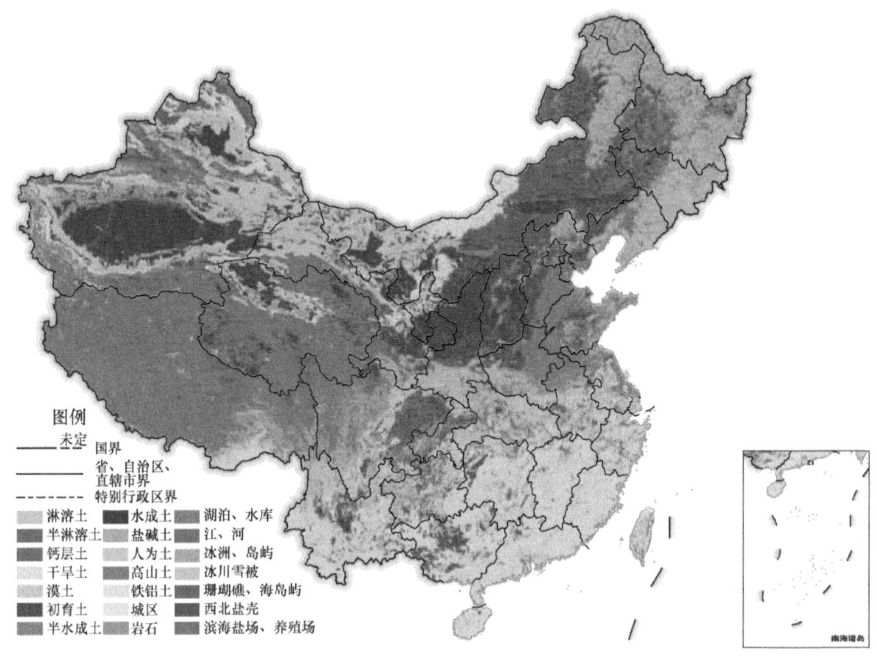

图 8-10 中国土壤类型空间分布图

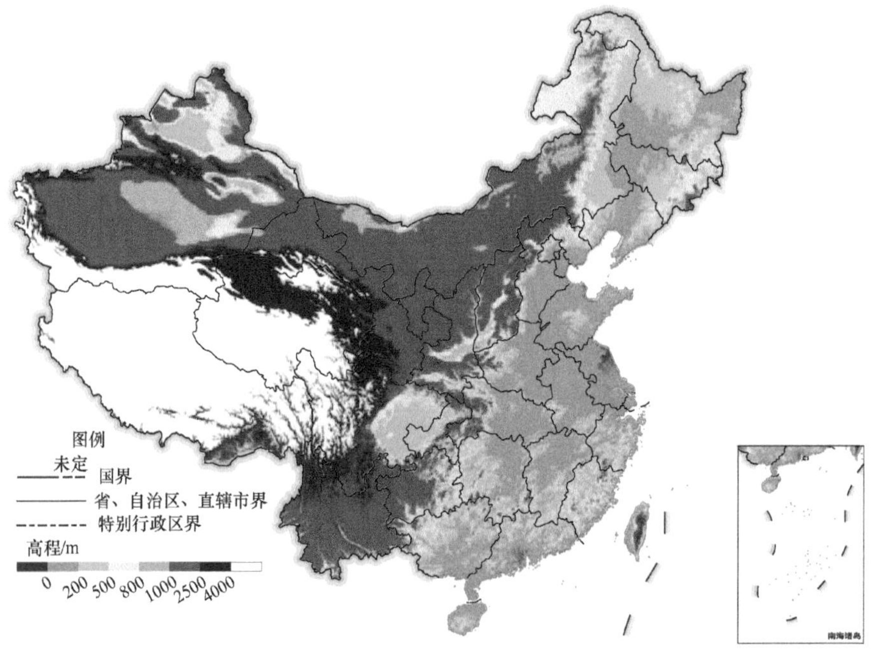

图 8-11 中国海拔空间分布图

8.2.2 人为胁迫数据集

人口数据：中国人口空间分布公里网格数据集主要来自于中国科学院资源环境科学与数据中心，该数据集是在全国分县人口统计数据的基础上，综合考虑了与人口密切相关的土地利用类型、夜间灯光亮度、居民点密度等多因素，利用多因子权重分配法将以行政区为基本统计单元的人口数据展布到空间格网上，从而实现人口的空间化（图 8-12）。

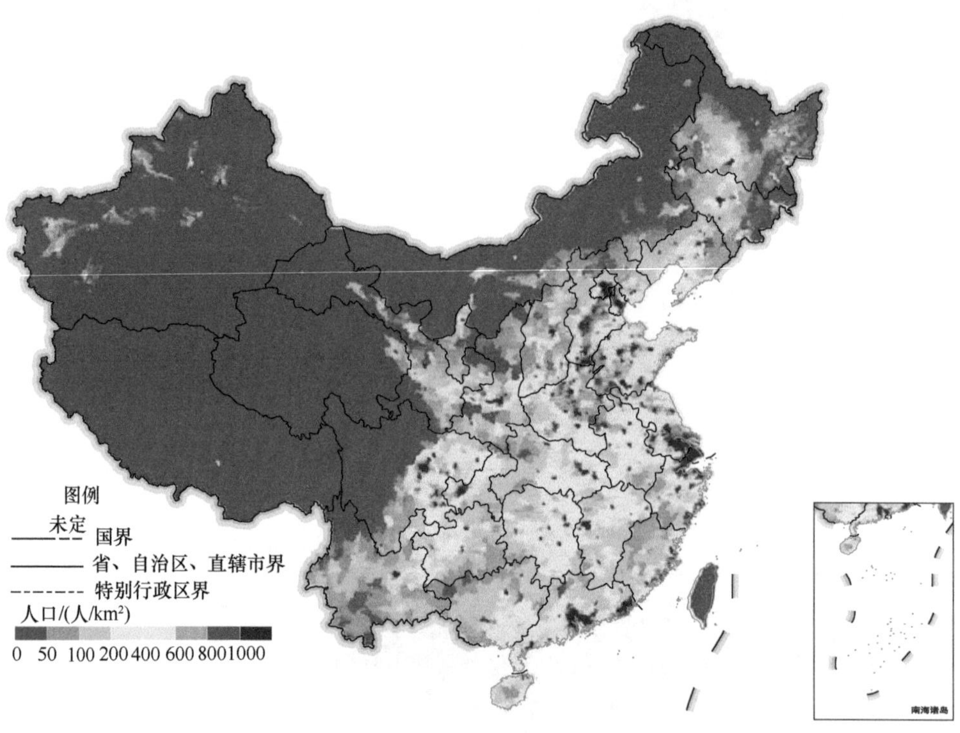

图 8-12　中国 2015 年人口空间分布图

社会经济数据：中国 GDP 空间分布公里网格数据集是在全国分县 GDP 统计数据的基础上，综合分析了与人类活动密切相关的土地利用类型、夜间灯光亮度、居民点密度数据与 GDP 的空间互动规律，得到 1 km 网格的 GDP 空间分布格网数据（图 8-13）。

路网数据：道路数据来源于中国科学院资源环境科学与数据中心的中国道路空间分布数据，包括高速公路、国家干线公路（国道）、省干线公路（省道）、县乡公路（县乡道）、其他公路、大车路、乡村路、小路等（图 8-14）。

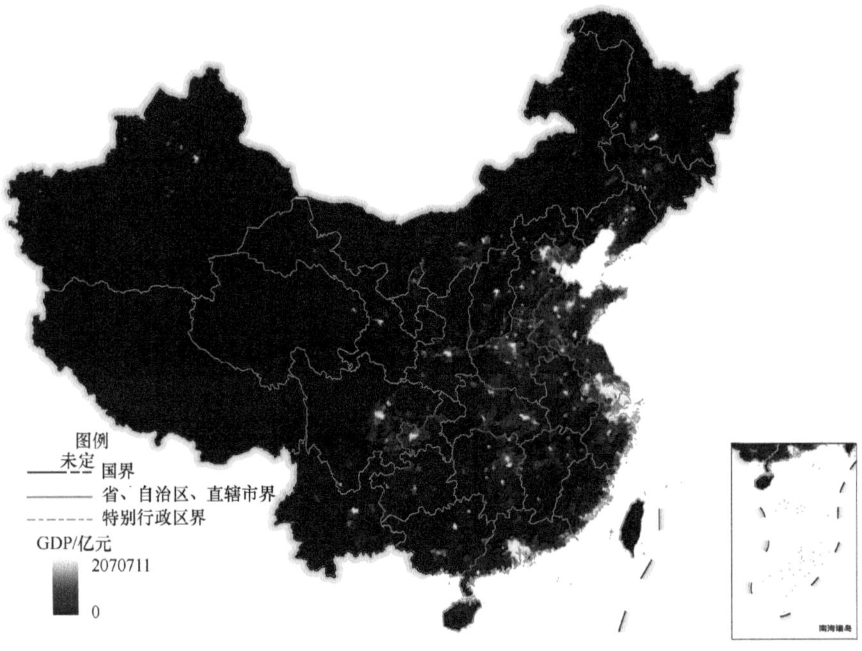

图 8-13　中国 2000 年 GDP 空间分布图

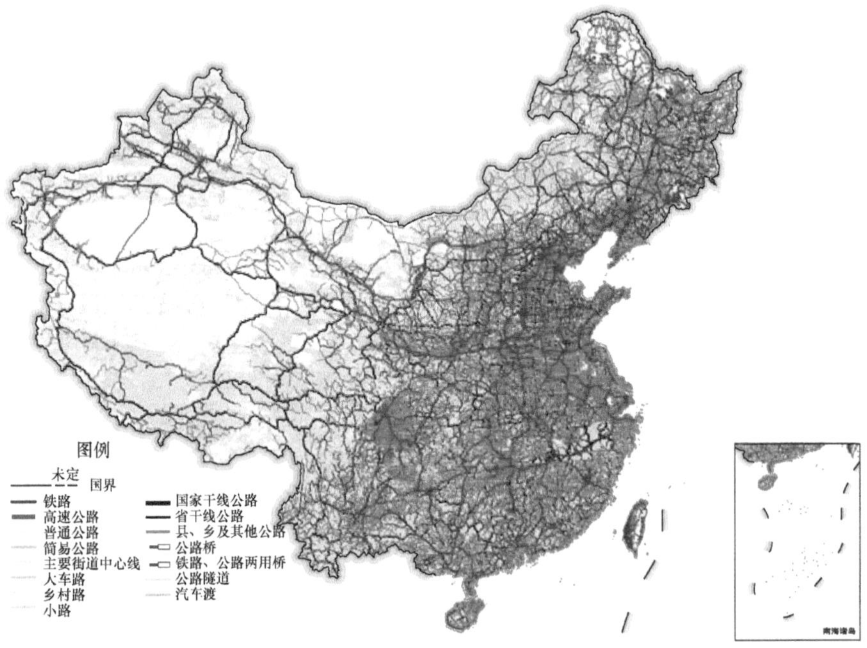

图 8-14　1995 年中国道路空间分布图

夜间灯光数据：目前主要的夜光遥感对地观测平台主要是美国 NOAA 的 DMSP/OLS（1992～2013 年）和 NPP/VIIRS（2012 年至今）。夜间灯光影像数据可作为人类活动的一种有效表征形式，已经应用于社会经济参数估算、城市化监测与评估、重大事件评估、生态环境效应研究（图 8-15）。

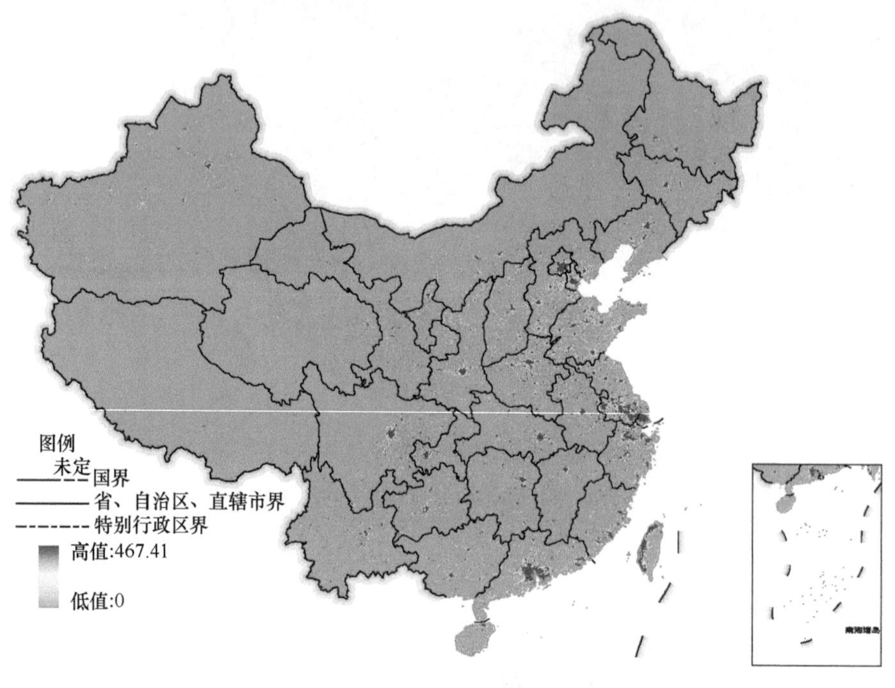

图 8-15　2018 年中国夜间灯光强度图

建设用地数据：来源于中国科学院资源环境科学与数据中心的土地利用数据产品。该数据将土地利用类型分为 7 个一级类及 26 个二级类，到目前为止完成了包括 1980～2020 年多期全国土地利用矢量数据集，并在此基础上生成了 100 m 分辨率的栅格数据集（图 8-16）。

不透水层数据：来源于全球高空间分辨率（30 m）人造不透水面逐年动态数据产品（1985～2018 年）（以下简称 GAIA）（Gong et al.，2020）。通过对典型年份的精度评价分析可知 GAIA 的平均总体精度超过了 90%。同时对比全球主要的城市数据产品发现，GAIA 在城市面积的量级和时序特征上均更为合理（图 8-17）。

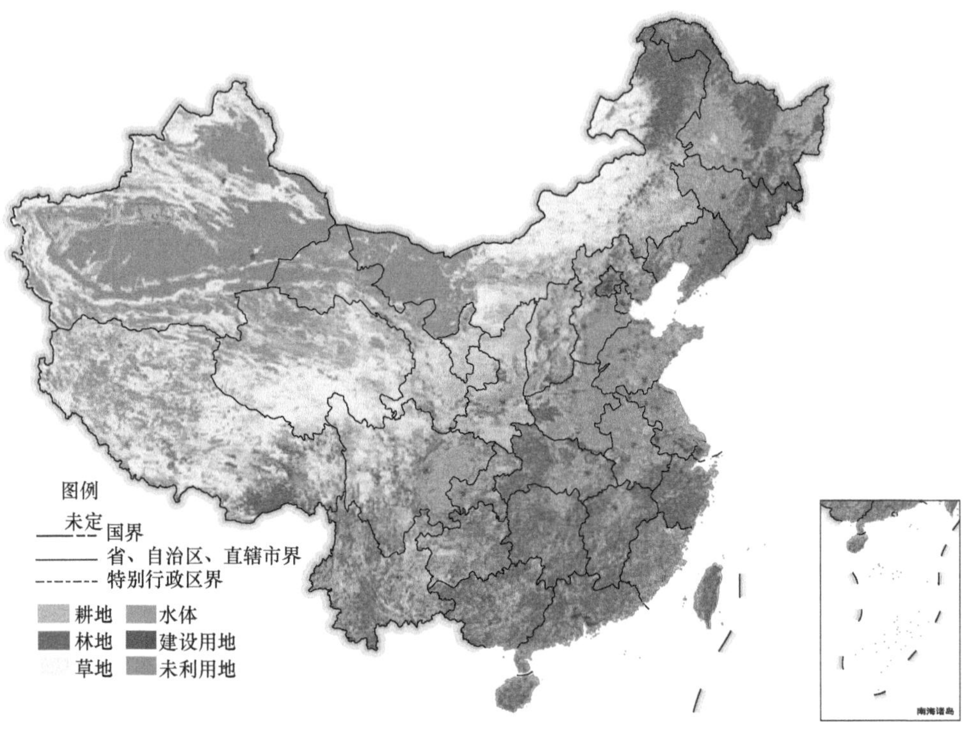

图 8-16　2015 年中国土地利用类型空间分布图

图 8-17　2018 年全球不透水层分布图

参 考 文 献

安顺清, 邢久星. 1985. 修正的帕默尔干旱指数及其应用. 气象, (12): 17-19.

韩旭. 2008. 青岛市生态系统评价与生态功能分区研究. 上海: 东华大学.

邹长新, 徐梦佳, 高吉喜, 等. 2014. 全国重要生态功能区生态安全评价. 生态与农村环境学报, (6): 688-693.

Alexander L V, Zhang X, Peterson T C, et al. 2006. Global observed changes in daily climate extremes of temperature and precipitation. Journal of Geophysical Research: Atmospheres, 111(5).

Andela N, Morton D C, Giglio L, et al. 2019. The Global Fire Atlas of individual fire size, duration, speed and direction. Earth System Science Data, 11(2): 529-552.

Archibald S, Lehmann C E, Gómez-Dans J L, et al. 2013. Defining pyromes and global syndromes of fire regimes. Proceedings of the National Academy of Sciences, 110(16): 6442-6447.

Artés T, Oom D, De Rigo D, et al. 2019. A global wildfire dataset for the analysis of fire regimes and fire behaviour. Scientific data, 6(1): 296.

Caesar J, Alexander L, Trewin B, et al. 2011. Changes in temperature and precipitation extremes over the Indo-Pacific region from 1971 to 2005. International Journal of Climatology, 31(6): 791-801.

Ceola S, Laio F, Montanari A. 2014. Satellite nighttime lights reveal increasing human exposure to floods worldwide. Geophysical Research Letters, 41(20): 7184-7190.

Di Marco M, Venter O, Possingham H P, et al. 2018. Changes in human footprint drive changes in species extinction risk. Nature Communications, 9(1): 4621.

Donat M G, Alexander L V, Yang H, et al. 2013. Global land-based datasets for monitoring climatic extremes. Bulletin of the American Meteorological Society, 94(7): 997-1006.

Ellis E A, Porter B L. 2008. Is community-based forest management more effective than protected areas? A comparison of land use/land cover change in two neighboring study areas of the Central Yucatan Peninsula, Mexico. Forest Ecology and Management, 256(11): 1971-1983.

Ellis E C, Klein Goldewijk K, Siebert S, et al. 2010. Anthropogenic transformation of the biomes, 1700 to 2000. Global Ecology and Biogeography: no-no.

Frantz D, Stellmes M, Röder A, et al. 2016. Fire spread from MODIS burned area data: Obtaining fire dynamics information for every single fire. International Journal of Wildland Fire, 25(12): 1228-1237.

Geldmann J, Joppa L N, Burgess N D. 2014. Mapping change in human pressure globally on land and within protected areas. Conservation Biology, 28(6): 1604-1616.

Geldmann J, Manica A, Burgess N D, et al. 2019. A global-level assessment of the effectiveness of protected areas at resisting anthropogenic pressures. Proceedings of the National Academy of Sciences, 116(46): 23209-23215.

Gill A M, Stephens S L, Cary G J. 2013. The worldwide "wildfire" problem. Ecological Applications, 23(2): 438-454.

Gong P, Li X, Wang J, et al. 2020. Annual maps of global artificial impervious area (GAIA) between 1985 and 2018. Remote Sensing of Environment, 236.

Grill G, Lehner B, Thieme M, et al. 2019. Mapping the world's free-flowing rivers. Nature, 569(7755): 215-221.

Hallegatte S, Vog S A, Bangalore M, et al. 2016. Unbreakable: building the resilience of the poor in the face of natural disasters: World Bank Publications.

Hantson S, Pueyo S, Chuvieco E. 2015. Global fire size distribution is driven by human impact and climate. Global Ecology and Biogeography, 24(1): 77-86.

Jacobson A P, Riggio J, Alexander M T, et al. 2019. Global areas of low human impact ('Low Impact Areas') and fragmentation of the natural world. Science Report, 9(1): 14179.

Jones K R, Venter O, Fuller R A, et al. 2018. One-third of global protected land is under intense human pressure. Science, 360(6390): 788-791.

Jongman B, Ward P J, Aerts J C. 2012. Global exposure to river and coastal flooding: Long term trends and changes. Global Environmental Change, 22(4): 823-835.

Jongman B, Winsemius H C, Aerts J C, et al. 2015. Declining vulnerability to river floods and the global benefits of adaptation. Proceedings of the National Academy of Sciences, 112(18): E2271-E2280.

Kennedy C M, Oakleaf J R, Theobald D M, et al. 2019. Managing the middle: A shift in conservation priorities based on the global human modification gradient. Globle Chang Biology, 25(3): 811-826.

Laurent P, Mouillot F, Yue C, et al. 2018. Fry, a global database of fire patch functional traits derived from space-borne burned area products. Scientific Data, 5(1): 1-12.

Liu X, Huang Y, Xu X, et al. 2020. High-spatiotemporal-resolution mapping of global urban change from 1985 to 2015. Nature Sustainability, 3(7): 564-570.

Mccloskey J M, Heather S. 1989. A reconnaissance-level inventory of the amount of wilderness remaining in the world. Ambio, 18(4): 221-227.

Palmer W C. 1965. Meteorological drought: Us department of commerce, Weather Burea.

Perkins S E. 2015. A review on the scientific understanding of heatwaves——their measurement, driving mechanisms, and changes at the global scale. Atmospheric Research, 164: 242-267.

Perkins S E, Alexander L V. 2013. On the measurement of heat waves. Journal of Climate, 26(13): 4500-4517.

Sanderson E W, Jaiteh M, Levy M A, et al. 2002. The human footprint and the last of the wild. Bioscience, 52(10).

Spinoni J, Barbosa P, De Jager A, et al. 2019. A new global database of meteorological drought events from 1951 to 2016. Journal of Hydrology: Regional Studies, 22: 100593.

Steffen W, Hughes L, Perkins S. 2014. Heatwaves: hotter, longer, more often.

Tank A K, Können G. 2003. Trends in indices of daily temperature and precipitation extremes in Europe, 1946–1999. Journal of Climate, 16(22): 3665-3680.

Theobald D M, Kennedy C, Chen B, et al. 2020. Earth transformed: detailed mapping of global human modification from 1990 to 2017. Earth System Science Data, 12(3): 1953-1972.

Trigg M, Birch C, Neal J, et al. 2016. The credibility challenge for global fluvial flood risk analysis. Environmental Research Letters, 11(9): 094014.

Tucker M A, Böhning-Gaese K, Fagan W F, et al. 2018. Moving in the Anthropocene: Global reductions in terrestrial mammalian movements. Science, 359(6374): 466-469.

Watson J M, Shanahan D F, Di M M, et al. 2016. Catastrophic declines in wilderness areas undermine global environment targets. Current Biology, 26(21): 2929-2934.

Wells N, Goddard S, Hayes M J. 2004. A self-calibrating palmer drought severity index. Journal of Climate, 17(12): 2335-2351.

Winsemius H C, Aerts J C, Van Beek L P, et al. 2016. Global drivers of future river flood risk. Nature Climate Change, 6(4): 381-385.

Zhang X, Alexander L, Hegerl G C, et al. 2011. Indices for monitoring changes in extremes based on daily temperature and precipitation data. Wiley Interdisciplinary Reviews: Climate Change, 2(6): 851-870.

第三篇　实　践　篇

第9章 生态空间管控实践

导读　本章首先阐明了中国生态空间分类体系与土地利用分类系统的衔接关系，在全国及区域尺度分析了我国1990～2020年生态空间的时空演变特征。在此基础上，分别以城市生态系统、水体生态系统和农业生态系统三个不同的生态系统类型为例展开专题案例研究，分析在区域尺度上它们作为生态空间的自然和人为演变规律。对于城市生态用地，本章分析了1990～2015年我国南部典型城市生态用地演变特征，并预测了未来生态用地的转移概率；对于湖泊生态系统，分别监测了过去近30年间蒙古高原湖泊变化特征及驱动力、青藏高原湖泊变化的时空格局；对于农业生态系统，主要选取中国东北农业混杂种植区与南方典型多云多雨区，监测识别不同作物及其熟制信息。

9.1　专题案例：中国生态空间演变分析

改革开放以来中国城市化及工业化快速发展，生态空间被人类活动相关的生产和生活空间大量挤占（Ellis et al.，2013），生态空间质量不断下降。原本脆弱的生态和环境趋于恶化（孙东琪等，2012），景观破碎化、生物多样性锐减、土地荒漠化等生态系统功能逐步退化，影响到人类福祉（Zhao et al.，2015；Feng and Fu，2013；Jiang et al.，2014）。从宏观上加强生态空间的监测和管控，优化生态空间布局成为当前紧迫任务（许尔琪和张红旗，2015；Zhang et al.，2017b）。因此，在我国生态环境保护进入战略转型的关键时期，完整刻画和评价生态空间时空变化对于认识我国生态状况演化过程、统筹“三生”空间协调发展、优化国土空间管控具有重要理论及现实意义。

目前，国内外在生态空间格局方面已经开展了大量研究。国外代表性工作主要集中在对绿色空间、公园绿地、绿色基础设施等城市生态空间的辨识与利用（Wolch et al.，2014；Gupta et al.，2012；Schäffler and Swilling，2013）以及对生态空间占用的人类足迹方面（Sanderson et al.，2002；Venter et al.，2016）。在国内，最早的研究可见于 1990 年，赵景柱（1990）基于景观生态学视角构建度量生态空间格局的动态指标体系，完成了生态空间分析的定量化转变；俞孔坚等（2009）通过定量评价生态系统功能重要性，从而识别生态空间的时空分布格局，实现了全国尺度的评价；张红旗等（2015）以生态功能为出发点，系统构建“三生用地”分类体系，统筹生产、生活和生态空间；刘继来等（2017）采用中国科学院 1990 年和 2010 年两期土地利用数据，通过对生态空间进行映射赋值，评估了生态空间和生态安全评分，首次进行了全国尺度生态空间演化过程的分析。但目前已有的研究仍无法实现对中国长时间尺度生态空间演变完整过程的刻画以及中国不同区域存在的空间分异规律。遥感云计算平台的出现使得长时间尺度的时空变化监测成为可能。本书依托遥感云计算平台，基于 Landsat 遥感影像及目视解译样本监测了中国 20 年来生态空间变化的时空格局，为生态文明建设及国土空间格局优化提供参考依据。

9.1.1 中国生态空间分类体系

正如第 6 章中提到的生态空间的内涵，我们认为不同的生态系统类型应该以发挥其生态系统服务功能为主，这对于维持生态系统稳定性，调节生态系统内部结构具有重要意义。在遵循生态功能主导性原则的前提下，考虑地域的实际差异性和空间的尺度性，在生产性空间和承载性空间以外，应当以发挥环境调节、水土涵养、防风固沙、生物保育等生态系统服务功能，以提供维持生命支持系统、保障生态调节功能、提供环境舒适性的生态产品为主，对维护区域生态系统稳定性、保障区域生态安全格局具有重要作用的这类生态用地空间。

目前，不同学者们根据研究目的的差别对生态空间分类体系做了大量研究，在已有土地利用分类体系上除突出土地的自然生态属性外，更注重土地利用分类体系完整性的研究。同时，多以保护生态系统服务功能、维护关键生态过程、保障区域生态安全格局为目的进行生态空间分类识别研究。分类体系从空间尺度上看，有面向全国的多尺度、多维度分类体系，有服务于一般区域或城市扩展边界内的分类体系，也有因研究区的特殊性而进行的特定区域的分类体系。总体而言，有以下几种类别：①根据土地利用/覆被类型划分。土地利用/覆被类型分类法主要是根据人类对土地的利用管理方式和土地所表现出来的自然和社会属性进行划分，实现了与现行各种土地分类体系的衔接，但弱化了土地的生态功能，模糊了生态空间界线。②根据人类活动的影响程度划分。人类活动影响程度分类法主要是根据人类活动对土地功能影响程度的大小进行划分，区分了生态系统服务功能重要区和生态系统敏感脆弱区，有利于人类对生态空间的规划管理和修复保护。但人类活动具有持续性、广泛性和复杂性，导致分类体系之间较为模糊，影响分类准确性。③将两种方式相互结合划分。既能够突出土地生态功能，又有利于区域重要生态空间，以便于进行生态空间的保护和修复。

本书认为，不同用地类型在某种程度上均存在一定的生态功能，但其强度有所不同。考虑到人类活动本身作为其中一部分无法脱离生态空间，以及人类活动作用范围与生态空间的关系，故将生态空间划分为生态用地、半生态用地及弱生态用地（表 9-1）。为使生态空间分类在生态空间管控及生态文明建设中发挥应有的

表 9-1　生态空间分类体系及其与中国科学院土地利用分类系统的映射关系

用地类型	含义	一级类型		二级类型		分类依据
		代码	名称	代码	名称	
生态用地	完全生态用地或生态功能较其他功能强	2	林地	21	有林地	有林地、灌木林、疏林地及其他林地均具有水源涵养、气候调节、防风固沙等重要作用，是重要的生态用地
				22	灌木林	
				23	疏林地	
				24	其他林地	
		3	草地	31	高覆盖度草地	草地作为一种可更新土地资源，其具有土壤保持、气候调节、自然景观等生态服务功能，具有一定的生态价值，属于重要的生态用地
				32	中覆盖度草地	
				33	低覆盖度草地	
		4	水域	41	河渠	水域包括河渠、湖泊、冰川、滩涂、滩地等具有调节区域气候和水文等作用，是维护生态安全不可或缺的生态用地
				42	湖泊	
				43	水库坑塘	
				44	永久性冰川雪地	
				45	滩涂	
				46	滩地	
		6	未利用地	61	沙地	未利用地多为天然的生态类型，具有原生植被或景观特征，不能被随意扰动，具有重要生态价值
				62	戈壁	
				63	盐碱地	
				64	沼泽地	
				65	裸土地	
				66	裸岩石质地	
				67	其他	
		9		99	近海岸海洋	其他用地在固定流沙、减弱风蚀、改善生态环境质量等方面起着不可替代的作用

续表

用地类型	含义	一级类型		二级类型		分类依据
		代码	名称	代码	名称	
半生态用地	生态功能较其他功能相当	1	耕地	11	水田	水田和旱地是国家粮食安全的重要保障，首先具有较强的食物供给功能，但同时也具有较强的气候调节、碳固定等生态功能
				12	旱地	
弱生态用地	生态功能极弱	5	城乡工矿居民点用地	51	城镇用地	城镇用地、农村居民点及其他建设用地主要以生产和生活功能为主
				52	农村居民点	
				53	其他建设用地	

作用，本书以生态空间辨识为出发点，以强化生态功能的基础地位为分类目标，建立中国生态空间分类体系与中国科学院土地利用分类系统的衔接关系，使生态空间分类体系与已有工作实现有效对接。

9.1.2 1990～2020 年中国生态空间演化特征

1990～2020 年，中国生态用地波动减少，半生态用地波动变化，弱生态用地持续减少（表 9-2）。其中，2010～2020 年间生态用地面积减少最为显著，同时弱生态用地也有所下降；2010～2020 年间半生态用地面积显著增加；2000 年后，生态空间变化幅度均有所降低，半生态用地面积扩张；1990～2020 年间弱生态用地增长速度明显下降，但该阶段处于中国城镇化快速发展时期，建设用地等弱生态用地仍持续扩张。

表 9-2 1990～2020 年各类型生态用地动态度

时间	生态用地		半生态用地		弱生态用地	
	变化幅度/10^6km^2	动态度/%	变化幅度/10^6km^2	动态度/%	变化幅度/10^6km^2	动态度/%
1990～2000	−0.00275	0.007654	0.011753	0.021414	0.015822	0.080772
2000～2010	0.12498	0.006724	−0.71232	0.035941	−0.4144	0.028318
2010～2020	−0.80051	0.043491	22.44213	1.219644	−0.05783	0.086329
1990～2020	−0.7762	0.017014	5.823087	0.128339	−0.43954	0.02481

注：此处变化幅度指两时间节点的面积差值。

在空间分布上（图 9-1），生态用地缩减主要集中在中国新疆绿洲平原、东北地区（三江平原、松嫩平原及辽河平原）、华北平原、四川盆地及江汉平原等粮食生产区域，主要输出为半生态用地；扩张区域主要发生在中部及南部地区，且变化趋势逐渐南移。1990 年之后中国重要城市群及周边地区半生态用地不断向弱生态用地转化。弱生态用地扩张显著，主要转换形式为半生态用地向弱生态用地的变化，中西部城市群、东北城市群，黄淮海平原及东部沿海等地区；存在少数生态用地向弱生态用地的转变，发生在珠三角及长三角地区。

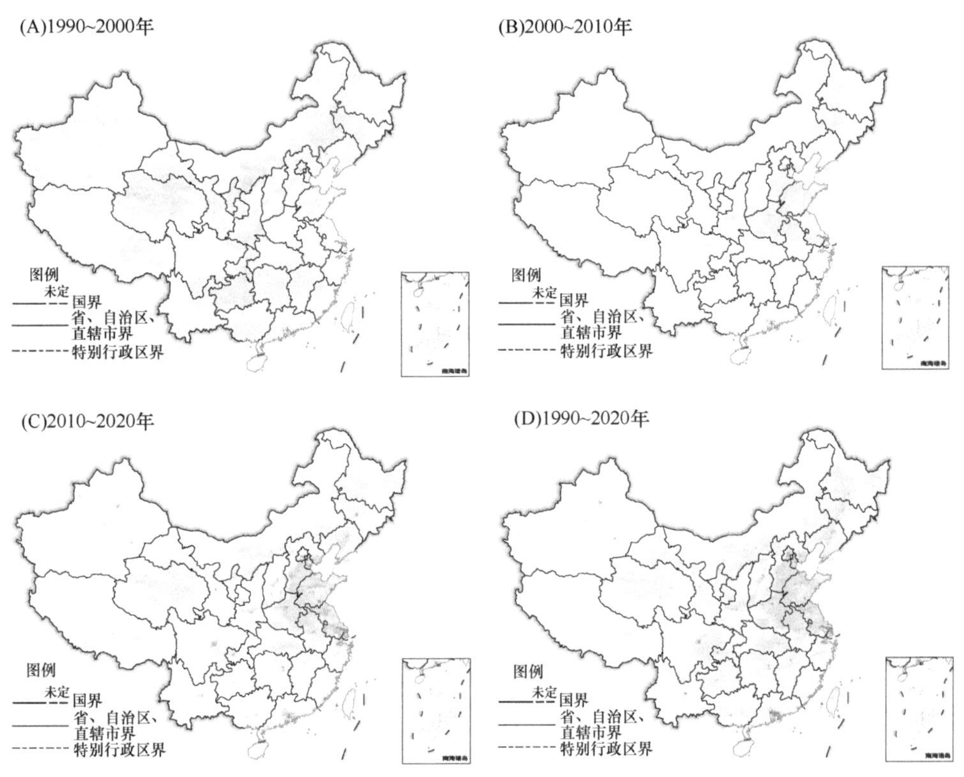

生态—半生态　生态—弱生态　半生态—生态　半生态—弱生态　弱生态—生态　弱生态—半生态

图 9-1　1990～2020 年中国生态空间演化格局

9.1.3　1990～2020 年区域生态空间演化特征

中国 30 年来生态空间的变化存在着明显的区域差异（图 9-2）。其中，2000～2010 年两个时段，各区域相对前后时期的演化都比较平缓，主要原因是：①经济发展速率与人类活动范围不相协调，该阶段人口集中活动于城镇及周边地区，城镇化发展速度明显滞后于经济发展速率，对生态空间影响范围仍较小。②旧的土地政策后延与新的土地政策交错，2000 年作为中国生态空间变化的重要时间节点，各类生态保护工程的实施与之前的土地开发工程有所中和，各区域生态用地类型变化较为平缓。

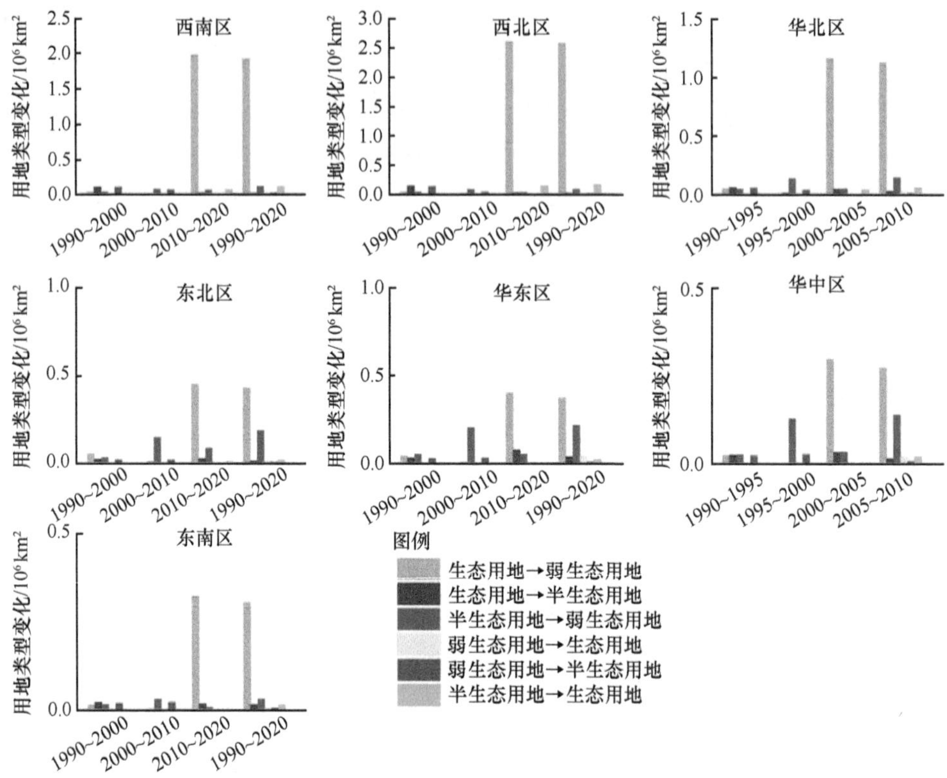

图 9-2　1990～2020 年中国区域生态用地演化

1）西南区

1990 年中国西南区生态用地面积为 204.4 万 km^2，约占西南区总面积的 87.78%；半生态用地 27.9 万 km^2，占总面积的 12.02%；弱生态用地 0.45 万 km^2，占总面积的 0.20%。生态空间变化主要集中在四川盆地及滇东南地区，1990～2010 年间大量生态用地快速向半生态用地转变，主要原因是森林及灌木等改造为耕地。2010 年之后，半生态用地及少量生态用地开始向弱生态用地转变，主要原因是成渝城市群地区及其他主要城市的城镇化发展。

2）西北区

西北区生态空间变化类型主要以生态用地向半生态用地的转化为主，集中分布在塔里木盆地北部、准噶尔盆地和伊犁河谷平原区等地区。由于绿洲农业的发展（Liu et al.，2014），生态用地如草地、林地等被开垦为耕地，因此西北区耕地呈现出增长态势，生态用地减少面积为 2.97 万 km^2，半生态用地增加面积约为 1.01 万 km^2。

另外，该地区荒漠化有所减缓，绿洲面积增加。2000～2020 年间由于退耕还林还草工程的实施，部分区域生态用地得以恢复，生态用地向半生态用地的转化速度及强度逐渐降低，但由于西部大开发战略的实施，转化方向未发生转变。

3）华北区

华北区生态用地向半生态用地及半生态用地向弱生态用地的转变主要发生在 1990～2000 年，生态用地下降约 2.45 万 km^2，由于土地经营制度改革及木材市场的开放（Bryan et al.，2018），显著推动了耕地的扩张和农业生产力的发展。2000～2020 年间生态用地数量有所上升，主要原因是该阶段退耕还林还草及国家生态保护工程项目（“三北”防护林工程等）的实施（刘纪远等，2018；葛全胜等，2008），变化明显区域主要集中在黄土高原。但部分区域如京津冀及周边主要城市生态用地面积仍持续下降，半生态、弱生态用地面积显著扩张。

4）东北区

东北区 1990～2020 年半生态用地显著增长地区集中在三江平原、松嫩平原及辽河平原，其他地区也有少量的增长，但分布较为零散。原因主要为东北平原地区土壤肥沃、水土资源良好，在我国粮食需求背景下开垦了大量耕地（刘纪远等，2003），林地及草地面积大量缩减。东北各省会城市及其他主要城市弱生态用地在 1990 年以后表现出逐渐扩张的态势，振兴东北战略带来的经济发展推动了该区域弱生态用地的持续增长。

5）华东区

华东区生态空间类型以弱生态用地为主，该区为国家重点开发区，改革开放后经济快速发展，半生态用地持续向弱生态用地转变。1990～2020 年，弱生态用地面积增长主要集中在长江三角洲等经济发达地区。华东区半生态用地自 1990 年起面积不断减少，主要变化形式为半生态用地向弱生态用地的转变，后期生态用地呈现波动上升的趋势。

6）华中区

华中区 1990～2020 年生态空间变化类型以半生态用地向弱生态用地转变为主，弱生态用地（主要是建设用地）持续扩张，但增长速度不断减弱，主要是由于中原城市群、武汉城市群和长株潭城市群地区的发展。部分地区如洞庭湖、鄱阳湖等水域附近，围湖造田现象较为严重，生态用地面积减少较为显著。

7）华南区

华南区地处中国沿海，生态空间变化具有阶段性。初期该区生态用地向半生态用地转变，原因主要是该时期中国家庭联产承包责任制的实施极大地促进了农业的进步及耕地的持续扩张。2000 年后，由于沿海地区城镇化进程的加快及基塘农业的发展，生态用地及半生态用地大量流失。2005～2020 年，受到国家主体功能区战略的影响，华南区率先实施生态管控（《退耕还林条例》《广东省森林管理实施办法》等），生态空间逐渐得到恢复。

9.2 专题案例：中国南部典型城市生态用地演变与预测

广州市地处珠江三角洲地区的中心，是中国改革开放的前沿阵地。随着社会经济发展，生态用地数量和空间上发生了巨大变化。作为粤港澳大湾区的核心城市，对广州市生态用地的演化历程探究对于揭示中国南部城市化典型区域（大湾区）生态用地演化规律具有重要意义，对未来生态用地变化可能性估计对指导区域发展规划与生态环境建设具有重要的科学价值。以广州市为研究区，试图基于土地利用数据、地理要素数据、社会经济数据等，通过综合 GIS 空间分析、景观指数分析、重心轨迹分析、Logistics 回归分析等方法，实现对生态用地的空间格局、演变历程、驱动机制与未来预测的全面综合分析。构建过程探索、驱动机制分析、未来情景模拟的城市生态用地综合性分析框架，分析快速的城市化在何种程度上、以何种方式改变了城市生态用地的景观结构与生态质量，探究影响城市生态用地变化的主要驱动因素以及各自发挥的作用。通过一系列评估指标的制定、评估方法的筛选、变化模式和过程的分析、驱动因素的探索、未来变化的预测，构建了一套针对生态用地从历史演变时空轨迹、生态质量变化到驱动机制、未来预测的完整的、系统的评估框架。

技术框架和流程主要由历史演变格局与动态、生态服务质量与贡献率、驱动因素分析与未来模拟三大核心构成，选取了 7 个评估指标，借助了 9 种分析方法（Zhang et al.，2020）（具体算法见 https://doi.org/10.1016/j.jclepro.2020.122360），借助于历史土地利用覆被数据，应用转移矩阵、重心轨迹、空间自相关、景观指数等方法实现生态用地的时空动态与景观结构特征分析；应用等效生态服务价值方法探索城市生态用地质量变化、评估导致生态质量改善与恶化的生态贡献率；针对上述变化应用多元 Logistic 回归方法进行驱动因素的分析，绘制未来生态用地的转移概率图。

9.2.1 1990～2015 年广州市生态用地数量变化

1990～2015 年，广州市生态用地总体呈现减少的趋势，林地的减少是生态用地面积减少的主要原因（图 9-3）。1990 年，广州市生态用地总面积为 3844.9 km^2，占广州市国土总面积的52.6%；2015 年，广州市生态用地总面积减少至3785.1 km^2，占广州市国土总面积的 51.7%。近 25 年来，广州市生态用地减少 59.7 km^2，总体减少了 0.82%，年均减少速率为 0.06%。

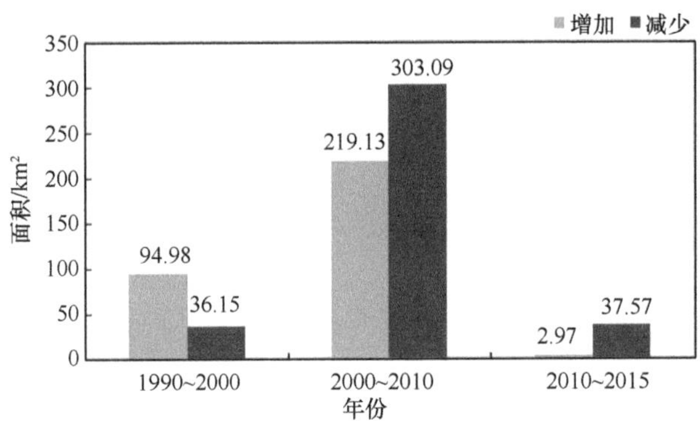

图 9-3　1990～2015 年广州市生态用地增加和减少面积

从时间上看，生态用地变化模式具有明显的阶段性。1990～2000 年，总体呈现为生态用地扩展；2000～2010 年，总体呈现为生态用地萎缩；2010～2015 年，总体呈现为生态用地萎缩。生态用地剧烈变化主要发生在 2000～2010 年期间，净减少 83.96 km^2。

在空间分布上，1990 年以来，广州市生态用地的增加与萎缩主要发生在花都区、黄埔区、番禺区、南沙区等中、南部地区（图 9-4）。在生态用地扩展方面，南沙区新增生态用地面积最大，新增 112.6 km^2，占全部新增生态用地总面积的 27.2%；其次是番禺区，该区域有 7.76%的土地上出现新增生态用地。在花都区与白云区交界处以及番禺区有大量零散分布的新增坑塘水面，而在南沙区坑塘水面甚至呈块状连片分布。

生态用地的萎缩在花都区、黄浦区较为突出。花都区生态用地减少 82.9 km^2，占全部萎缩生态用地总面积的 16.6%；黄埔区萎缩生态用地较为集聚分布，生态用地减少面积占区域总面积的 14.1%。减少的生态用地以林地为主，这是伴随城市扩展导致既有果园、稀疏林地等被逐渐开发所致。此外，南沙区部分海域及滩涂也呈现萎缩，转向其他土地利用类型。

9.2.2　1990～2015 年广州市等效生态面积

在谢高地等确定生态系统服务的价值系数基础上，考虑到单位生态系统面积的服务价值（绝对值）缺乏区域推广价值及可比性，我们定义了等效生态面积与平均等效面积（https://doi.org/10.1016/j.jclepro.2020.122360），用于对生态用地的生态服务质量进行评估。如图 9-5 所示，广州市区域生态用地面积呈现先增加后降低的趋势，等效生态面积从 1990 年的 3724.6 km^2，下降到 2015 年的 3665.2 km^2，降幅达 1.6%。分阶段来看，1990～2000 年，等效生态用地面积增加 51.9 km^2，增幅 1.4%；2000～2010 年，等效生态面积减少 77.6 km^2，降幅 2.1%；2010～2015 年，等效生态用地面积减少 33.7 km^2，降幅 0.9%。

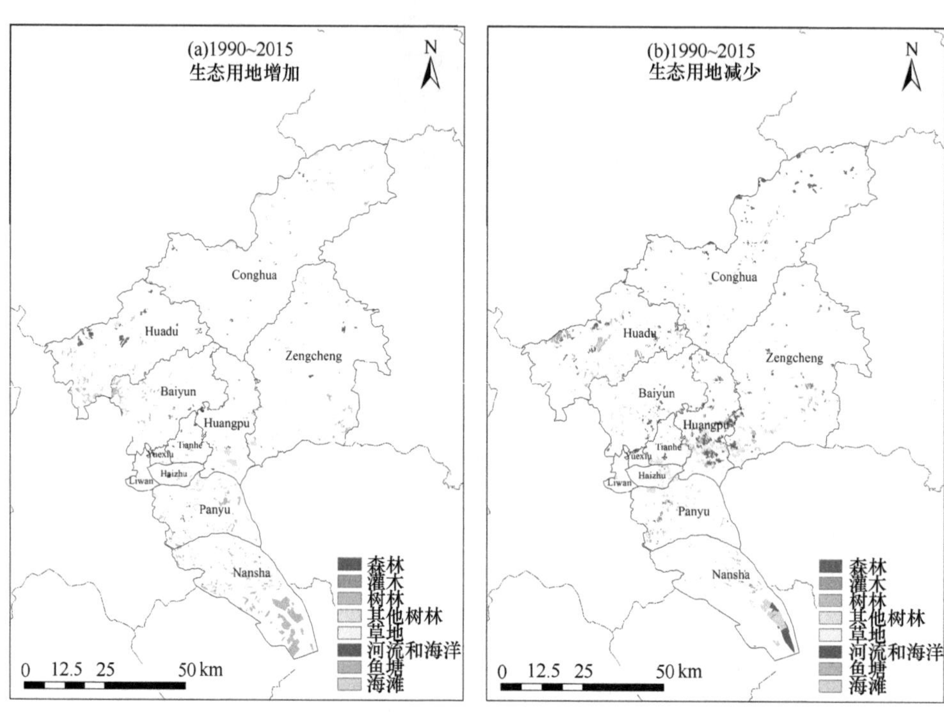

图 9-4　1990～2015 年广州市生态用地增加与减少空间分布

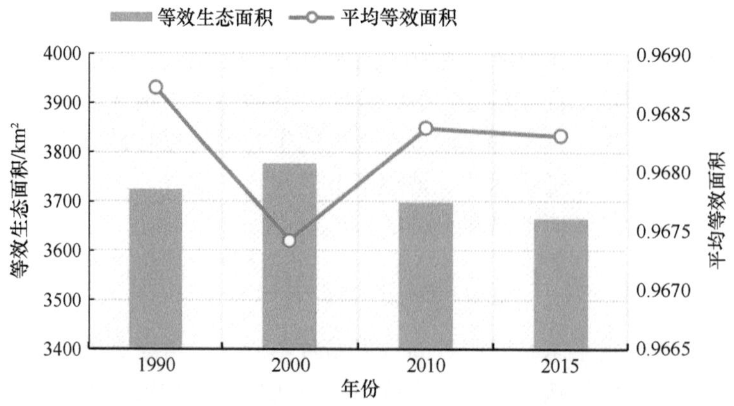

图 9-5　1990～2015 年广州市生态用地等效生态面积统计图

9.2.3　1990～2015 年广州市生态贡献率

区域生态用地的增加或减少是生态系统内部结构和类型的动态变化所致，在区域生态环境总体维系稳定的同时，区域内部生态环境质量往往同时发生着好转和恶化两种相反趋势。区域整体生态环境改善和恶化趋势可以从生态用地与非生态用地之间的相互转换及内部调整分析得出。

分析 1990～2015 年间广州市导致生态环境改善和恶化的主要土地利用变化类型的面积和贡献率，发现致使广州市生态环境质量改善的非生态用地转为生态用地面积为 278.9 km^2，生态贡献率为 3.01%，占总生态贡献率的 95.5%，主要为退耕还水、退耕还林。而生态环境质量的恶化主要为生态用地向非生态用地转换，其对生态环境质量恶化的贡献率达 3.88%，主要表现为城乡建设用地规模的扩大侵占林地、水域，毁林造田、围水造田等。区域内部生态环境质量改善的贡献率为 3.15%，略低于生态环境恶化的贡献率（4.74%），区域生态环境质量总体呈现恶化趋势。

分析生态用地变化的驱动因素，发现生态用地主要是受到城乡建设用地的扩张、城市内部生态建设的压迫以及经济发展需求而发生变化。因此，我们遴选了可能影响生态用地变化的自然地理和区域经济发展因子，即距建设用地距离、距道路距离、距河流的距离、海拔高度、坡度、人口密度、人均 GDP 等 8 个自变量开展建模。

2000～2015 年广州市生态用地到非生态用地的转换概率方程，如下：

$$P = 1 - \frac{1}{1 + e^{-(0.111\times A + 0.477\times B + 0.119\times C - 1.231\times D - 0.752\times E + 0.009\times F + 1.010\times G - 1.294\times H + 0.508)}} \tag{9-1}$$

式中，A 代表距离建设用地距离，km；B 代表距离道路距离，km；C 代表距离河流距离，km；D 和 E 分别代表坡度等级 1，3；F 代表海拔高度，m；G 代表人口密度，10^4Cap/km^2；H 代表单位面积 GDP（104￥/km^2）。模型中-2Log likelihood 为 19746.967，综合检验 χ^2（8）统计量为 197.060（P<0.005），显著高于临界值 21.955。这说明基于上述训练数据构建的模型具有较好的精度，可以用于未来预测模拟。

为了排除训练样本分布偏差的影响，我们开展了模型精度验证。在 1990 年土地利用数据中随机选择了 10000 个生态用地样本点，并观察他们在 2015 年的变化情况，从而测试模型的模拟精度。结果显示，有 7720 个样本点模拟结果与实际观察相同。模型模拟精度为 77.2%，模型具有较高的精度和鲁棒性。

9.2.4　未来广州市生态用地转移概率

基于上述模型，以海拔高度、坡度、距建设用地最小距离（2015 年）、距道路距离（2015 年）、距河流距离（2015 年），以及 2015 年的人口密度、单位面积 GDP 作为自变量输入，可以预测未来广州市生态用地向非生态用地转移的概率（图 9-6）。

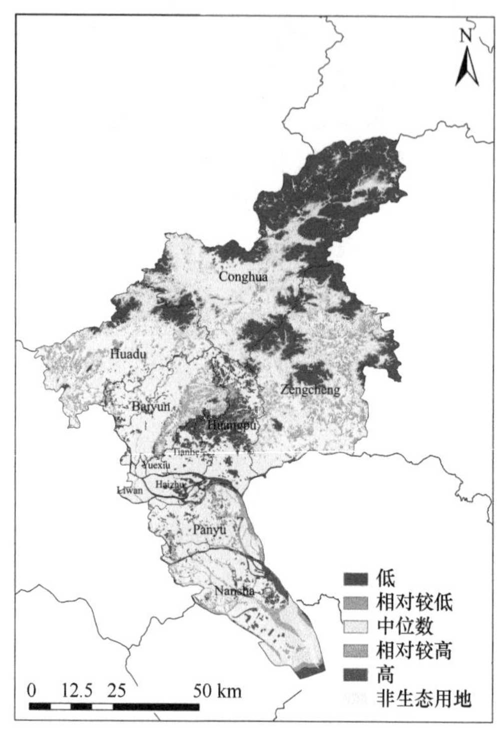

图 9-6 未来广州市生态用地转出的概率分布图

模型模拟表明：广州市生态用地的平均转移概率为 0.317。林地、草地、水体的转移概率分别为 0.250、0.282、0.633，林地、草地的转移概率低于研究区生态用地的平均转移概率，而水体的转移概率显著高于区域生态用地平均转移概率。

在空间分布方面，广州市中心城区（越秀、海珠、天河、荔湾区）生态用地转移概率最高，其次是黄浦区、番禺区、南沙区。中心城区经济发展、城市扩张突出，对土地的需求量较大，导致生态用地所面对的压力也较大。黄埔区距离广州市中心城区较近、地形平坦，地貌主要以平原和低山丘陵为主，其作为东部副城区，对公共服务设施、商业设施等民生用地需求强烈。

综合应用卫星遥感技术、GIS 空间分析技术以及生态景观指数方法、Logistic 模型构建方法、土地转移概率模拟预测方法等，构建了一套针对城市生态用地变化评估和未来预测的技术框架，实现了对城市生态用地从历史演变时空轨迹、生态服务质量到变化驱动机制、未来预测的完整的、系统的研究。

具体的案例研究表明：1990～2015 年，广州市生态用地面积呈现减少趋势；但生态用地的空间集聚性逐渐减弱、异质性增强。海拔高度、单位面积 GDP、距离道路的距离是 2000 年以来广州市生态用地变化的主要影响因素。未来，中心城区、黄浦区、南沙区将面临严峻的生态用地保护压力。研究结果揭示了我国南方典型城市生态用地演变规律，预测了未来生态用地转移的概率，可为中国广州市政府在城市规划、生态保护等方面提供科学依据。本研究提出的技术框架与具体的模型方法可以用于其他城市开展类似研究。在现有分析框架基础上，如何获取更为精细的土地利用及功能类型数据，掌握更加精细、准确生态用地变化，采用更加完善、优化的模型算法，有待于今后的深入研究。

9.3　专题案例：湖泊生态系统的空间分布和格局变化

湖泊是水生和陆地生态系统以及工农业生产重要的水资源，同时具有提供文化服务和休闲空间（旅游观光）、防洪抗旱以及调节区域气候的重要作用。作为地表水资源的重要组成部分，湖泊的时空变异性较强，表现出较强的年际和年内变化，从而对一个地区的社会经济可持续发展以及人类福祉具有重要的影响。因此，充分了解并掌握一个地区湖泊的长期变化趋势以及变化的空间格局，可为水资源管理者和决策者提供重要的信息支撑，以支持其进行科学且可持续的水资源管理和保护。卫星遥感技术的快速发展为大范围的湖泊变化监测提供了全新的技术手段。相比起传统的实地测量，卫星遥感技术可在区域甚至全球尺度上提供连续且高频率的对地观测数据，以支持科学家进行湖泊变化的连续监测。此外，遥感具有不受天气条件影响的特点，可对人类难以涉足、气候条件恶劣的地区的湖泊变化进行高精度的监测，极大节省了人力、物力和财力的消耗。

尽管之前已有大量研究利用遥感技术进行了国家和区域尺度上的湖泊变化监测，但这些研究大多是基于稀疏时间节点的湖泊变化分析，即以每三或五年为一时间段，通过选取该时间段内观测质量较好的遥感影像，分析了湖泊在这几个时期内的变化情况。如 Tao 等（2015）利用 1976～2010 年间每三或五年为一期的 Landsat 数据合成，对蒙古高原的湖泊变化进行了分析。发现蒙古高原的湖泊经历了迅速的萎缩，且中国内蒙古自治区的湖泊面积减少比蒙古国更快。Zhang 等（2017a）在上述研究数据的基础上，将研究范围又扩大到青藏高原，并将时间段向后延伸到 2013 年，分别对亚洲的两大高原——青藏高原和蒙古高原的湖泊变化进行了对比分析。研究发现，过去几十年间，青藏高原的温度和降水都在增加，其气候条件呈现出暖湿化的趋势。受降水增加和冰川消融产生的水资源补给，青藏高原的湖泊数量在持续上升，且湖泊面积在不断扩张。而临近的蒙古高原由于气温升高和降水减少，呈现出暖干化的气候特点，因此当地的湖泊在持续萎缩。随后，Zhang 等（2019）同样利用基于每五年或十年为一时间节点的分析方法，利用若干期的地形图数据和 Landsat 影像，对 20 世纪 60 年代以来整个中国的湖泊变化进行了监测。研究发现，不同地区的湖泊变化趋势不同，如中国东北地区、新疆以及青藏高原地区的湖泊呈现出上升的趋势，而内蒙古地区的湖泊数量和面积在持续下降。

鉴于湖泊表现出较强的变异性质，以往基于时间节点的湖泊变化分析难以刻画出湖泊变化的完整过程，可能会丢失掉湖泊连续变化过程中的重要信息，如湖泊年际变化的时间拐点。此外，鉴于气象数据在时间上呈现出年尺度或月尺度的连续性，以往基于时间片段的湖泊变化分析难以在时间连续性上和气象等辅助数据匹配起来进行湖泊变化驱动机制的定量化分析。再者，之前的研究大多采用了人机交互的半自动化湖泊提取方法，以至于该方法在大区域尺度上的应用有一定的限制，如需要耗费较多的人力和时间。欧盟联合研究中心（JRC）在 2016 年发布了 1984～2015 年间全球每年一期的地表水体空间分布数据。该研究是基于 GEE 云计算平台，利用所有的未经大气校正的影像数据［（Landsat top-of-atmosphere，TOA）数据］，结合专家系统的非参数化方法，生成的全球地表水体数据。尽管弥补了之前研究中的一些空白，但是该研究生成的数据在使用的时候也有一定问题。例如，该研究利用 Landsat TOA 数据而非地表反射率数据，为水体提取的精度带来了一定的影响。另外，由于该研究使用了大量的辅助数据作为输入数据，使得水体提取方法过于复杂，辅助数据的不确定性也为水体提取结果的精度带来了一定的影响。

针对以上问题，我们聚焦于亚洲的两大高原——蒙古高原和青藏高原，开展湖泊变化监测研究。青藏高原平均海拔 4000 m，面积约 250 万 km^2，高原上湖泊众多，是中国人均水资源最为丰富的地区。青藏高原有“亚洲水塔”“世界第三极”之称，是亚洲十多条大型河流的源头，为河流下游约 20 亿的人口提供淡水。此外，由于青藏高原人类活动较弱，其湖泊变化主要受当地气候变化的主导。蒙古高原是亚洲北部最大的牧区，高原上广泛分布的湖泊是当地工农业生产、农业和畜牧业可持续发展的基础资源保障。且过去几十年间，蒙古高原上的人类活动逐渐加剧，连同气候变化一起，对高原上的湖泊产生了剧烈的影响。本次研究我们将基于 GEE 遥感云计算平台，利用所有可用的 Landsat 地表反射率（surface reflectance，SR）数据以及基于水体指数与阈值的自动化水体提取算法，对青藏高原和蒙古高原的湖泊在过去几十年间的连续变化过程进行了监测。在了解研究区湖泊变化完整过程的基础之上，结合时间序列气候变化和人类活动数据，对当地湖泊变化的驱动机制进行了综合定量分析，为日后科学保护湖泊资源提供了科学的理论依据。

9.3.1　1991～2017 年蒙古高原湖泊变化的时空格局与归因分析

1. 数据与水体提取方法

1）数据来源和处理

我们利用 1991～2017 年间覆盖蒙古高原地区的所有可用的 Landsat 5 TM、Landsat 7 ETM+、Landsat 8 OLI Collection 1 Tier 1 地表反射率数据进行研究区湖泊变化监测。该数据来源于美国地质调查局（United States Geological Survey，USGS），并被发布于 GEE 数据存档中。我们基于 GEE 平台进行 Landsat 数据的下载与处理。GEE 云计算平台不仅提供高性能的计算能力，还有着来自美国宇航局（National Aeronautics and Space Administration，NASA）科研机构的丰富的地理空间数据集。Landsat Collection 1 Tier 1 数据已经过几何校正与大气校正，并且进行了不同传感器之间的交叉校正。由于研究区 1991 年之前 Landsat 数据较少（图 9-7），且质量较差，所以本次研究的时间段没有包含 1991 年之前的年份。

首先，通过质量控制图层与 CFmask 检测方法，将每景影像中的云、云影、雪等无效观测像元去除掉。CFmask 是专为土地覆盖变化监测开发出的一种控制 Landsat 数据质量的算法。此外，基于影像中所包含的太阳高度角与太阳天顶角信息，以及来自 SRTM 的数字高程模型（Digital Elevation Model，DEM），将地形阴影也进行了滤除。经过上述过滤步骤，剩余的像元将是进行水体提取的有效像元。经过统计，1984～1990 年间，平均每年有 24.49%的像元对应的有效观测次数为零。而 1991～2017 年间，所有的像元每年中都有 Landsat 有效观测。在 1991～2017 年间，研究区所有的 Landsat 像元至少都有 511 次的总观测数量和 75 次的有效观测数量。最后，基于 GEE 平台，生成了研究区每年的无云、无雪的影像数据集。

2）水体提取与精度验证

基于水体指数与植被指数之间的关系进行陆表水体提取。我们之前的研究已经利用基于水体指数与阈值的方法以及时间序列 Landsat 数据进行了地表水体变化分析（Zou et al.，2018；Zou et al.，2017；Chen et al.，2017）。本次研究所用的水体与植被指数包括修正的归一化水体指数（modified normal difference water index，mNDWI）、增强型植被指数（enhanced vegetation index，EVI）、归一化植

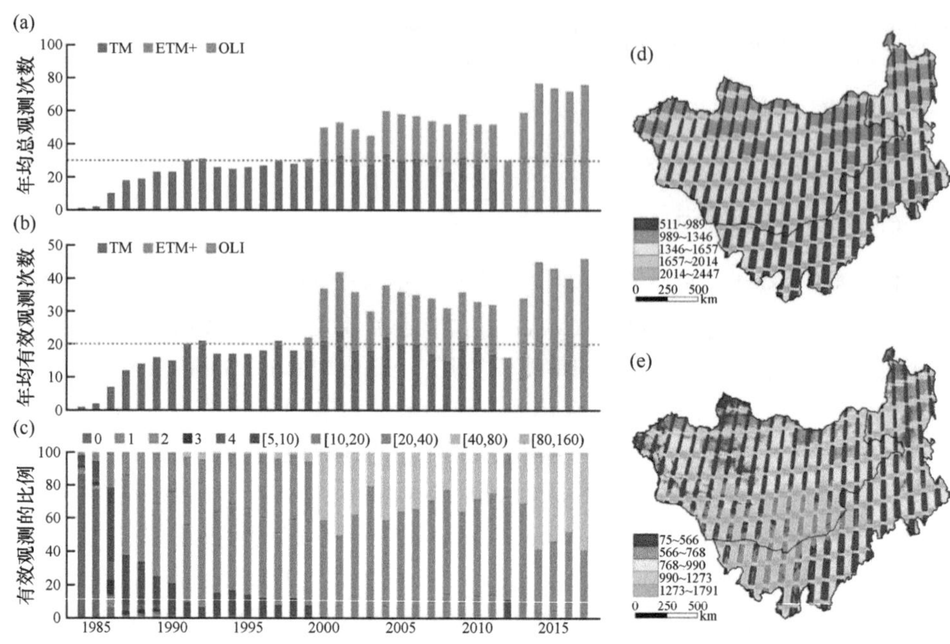

图 9-7 蒙古高原 Landsat 观测数量统计

蒙古高原 1991～2017 年间年平均总的（a）与有效观测次数（b）；1991～2017 年间蒙古高原 Landsat 像元中每年分别有 0、1、2、3、4、[5, 10)、[10, 20)、[20, 40)、[40, 80)、[80, 160) 次有效观测的比例（c）；1991～2017 年间蒙古高原总的（d）与有效（e）Landsat 观测次数的空间分布

被指数（normal difference vegetation index，NDVI）。mNDWI>EVI or mNDWI>NDVI 来筛选水体信号强于植被信号的像元，EVI<0.1 可以去除植被或植被与水体的混合物。因此，满足逻辑关系［（mNDWI>EVI or mNDWI>NDVI）and（EVI<0.1）］的像元即为水体像元，其他像元为非水体像元。对于研究区每个 Landsat 像元，我们首先计算了其一年中的水体频率，得到研究区每年的水体频率图（图 9-8）。通过设定阈值，即可从水体频率图中得到水体面积，且不同的阈值得到的水体面积也不相同。经过与 JRC 水体数据得到的结果比较，当我们水体频率阈值设置为 0.75 时，两个数据得到的永久性水体面积是一致的。因此，0.75 被用于从水体频率图中分离出永久性水体的阈值，并且该阈值和我们之前研究中所用的阈值是一致的（Zou et al.，2017；Zou et al.，2018）。

基于随机采样方法与从谷歌地球（Google Earth）中得到的地面验证点数据，我们进行了水体提取的精度验证。一共 1600 个半径为 100 m 的随机采样点，覆盖 83000 个 Landsat 像元，被用于目视解译来进行精度验证。结果表明水体提取精度为 96.41%，Kappa 系数为 0.93。

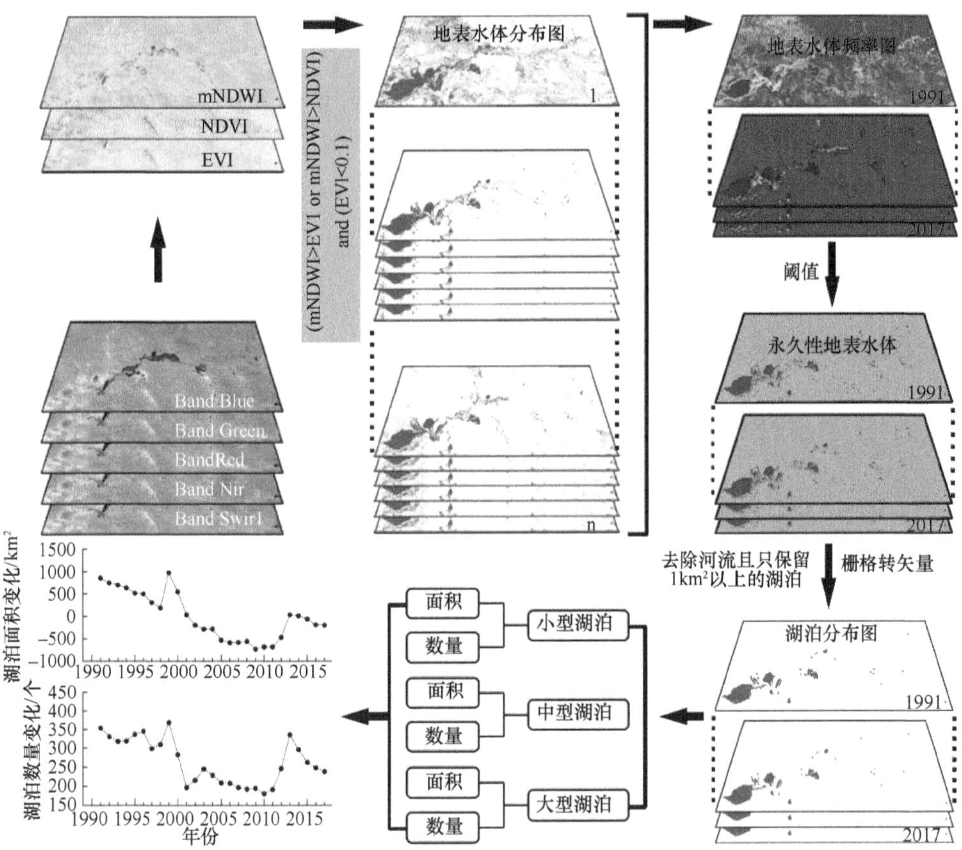

图 9-8　1991～2017 年间蒙古高原湖泊变化连续监测的研究步骤

包括水体与植被指数的计算、基于单景影像的水体提取、水体频率图的生成、永久性水体分布图的生成、湖泊分布图的生成以及湖泊面积与数量年际变化的调查

2. 湖泊变化监测

首先，将每年的永久性水体栅格数据转换为矢量数据，以便后续计算湖泊面积。然后，通过面积属性进行过滤，得到面积小于 1 km^2 的小型湖泊并将其手动删除。此外，结合 Google Earth 高分辨率影像，我们将河流也进行了剔除（图 9-8）。为了更好地理解湖泊的变化特征，通过参考前人研究中的分类方法（Tao et al.，2015），我们将蒙古高原的湖泊分为三类，即：小型湖泊（1 km^2<面积<10 km^2）、中型湖泊（10 km^2<面积<50 km^2）、大型湖泊（面积>50 km^2）。后续所有的统计分析都是基于上述分类进行的。为了进行结果比较，基于欧盟联合研究中心（Joint Research Center，JRC）研究组发布的全球水体数据集（Pekel et al.，2016），我们进行了同样的分析。

1）1991～2017 年间内蒙古自治区与蒙古国面积大于 1 km² 湖泊的变化

统计结果表明，蒙古高原在 1991～2017 年间湖泊经历了先减少（1991～2009 年）后增加（2009 年之后）的变化过程（图 9-9）。内蒙古自治区与蒙古国的湖泊变化趋势大致相同，但内蒙古自治区湖泊变化更为剧烈。研究所生成的水体数据与来自 JRC 的水体数据均证实了这点。由于 2000 年以前 JRC 数据集的数据质量较差，所以 2000 年以前没有用到 JRC 水体数据。具体来说，1991～2017 年间，内蒙古自治区的湖泊面积在低于多年面积均值的 20%与高于均值的 30%区间内变化，而蒙古国湖泊变化较为平稳，在低于均值的 10%与高于均值的 10%区间内变化。此外，研究区湖泊年际变化的聚类分析同样表明，内蒙古地区的湖泊变化较蒙古国剧烈。值得注意的是，2013 年后，研究区的湖泊面积与数量再次有减少的趋势。

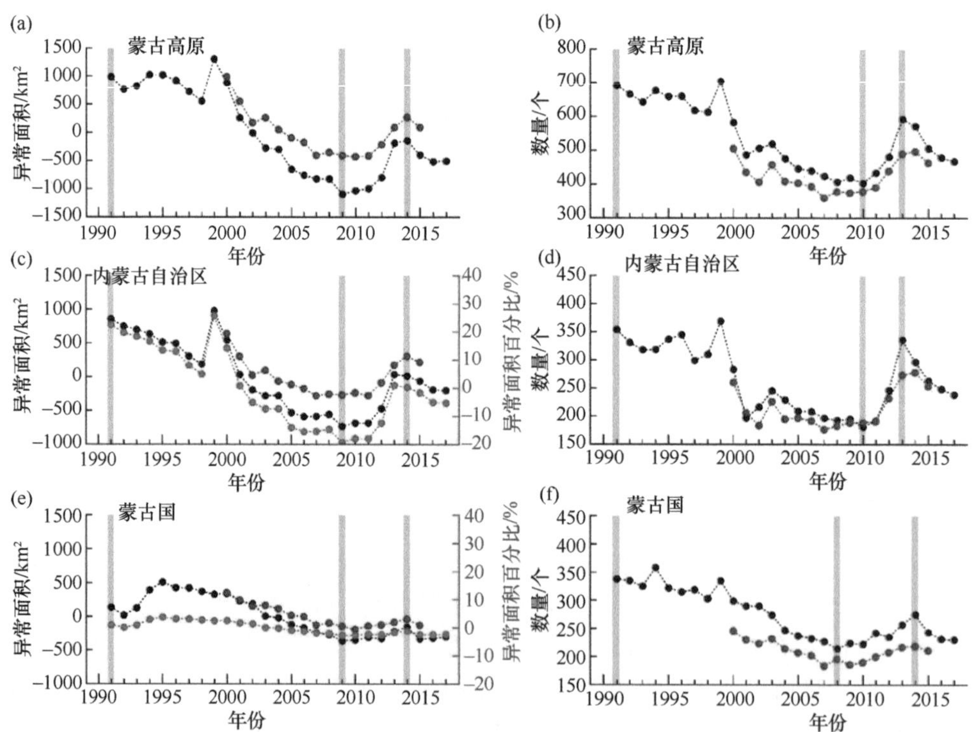

图 9-9 1991～2017 年间蒙古高原［(a) 和 (b)］、内蒙古自治区［(c) 和 (d)］与蒙古国［(e) 和 (f)］的湖泊面积与数量年际变化曲线

黑色曲线代表基于本研究得到的水体分布图的结果，红色曲线代表基于 JRC 水体分布图的结果，灰色阴影代表湖泊变化研究时段的起始点与拐点

根据研究区湖泊的变化趋势，选取 2009 年与 2013 年两个拐点年份来进行不同时段内湖泊变化分析（图 9-10）。1991～2009 年间，内蒙古自治区大于 1 km^2 湖泊的总面积由 4660.6 km^2 减少为 3071.4 km^2，减少了 1589.2 km^2（34.1%），从高于多年平均值（3802.8 km^2）的 22.6%减少为低于均值的 19.2%。然而，1998～1999 年间内蒙古的湖泊面积与数量有一次突增的过程，这主要是由于呼伦贝尔市与锡林郭勒盟的湖泊增加导致的。在减少的湖泊面积中，小型、中型、大型湖泊分别占 21.1%、11.2%、67.7%。2009～2013 年间，湖泊面积增长了 766.2 km^2，从 2009 年的 3071.4 km^2 增加为 2013 年的 3837.6 km^2，即由低于多年平均值的 19.2%增加为高于均值的 0.9%，其中小型、中型、大型湖泊对总湖泊面积增长分别贡献了 33.6%、34.8%、31.6%。

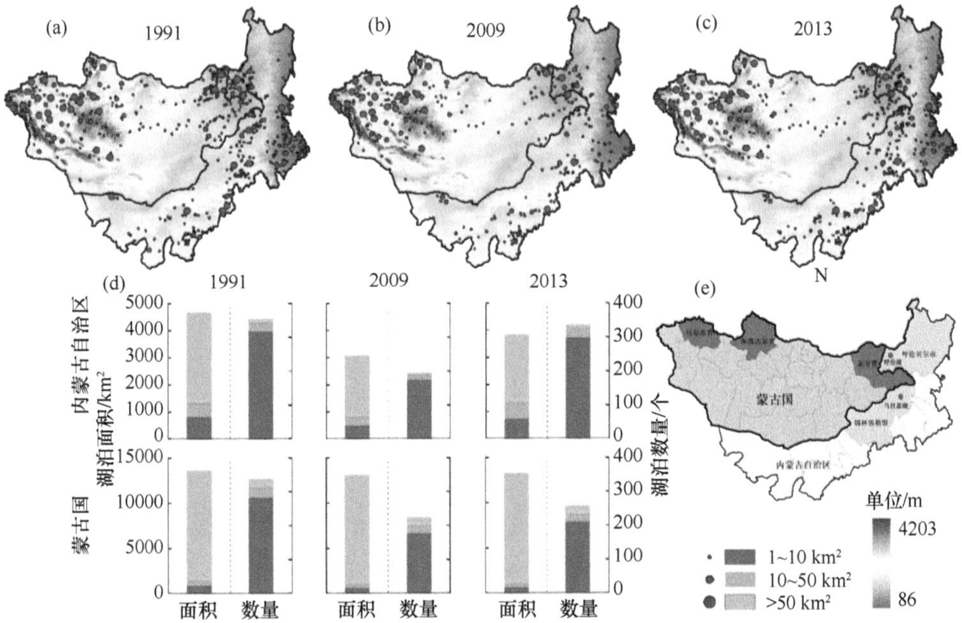

图 9-10　蒙古高原 1991 年（a）、2009 年（b）、2013 年（c）的湖泊分布图

（d）表示在这三年中，内蒙古自治区与蒙古国大、中、小型湖泊的面积与数量；（e）表示内蒙古自治区呼伦贝尔市与锡林郭勒盟的地理位置、蒙古国乌布苏省、库苏古尔省、东方省的地理位置以及呼伦贝尔市的呼伦湖与锡林郭勒盟的乌拉盖湖的地理位置

对于蒙古国来说，1991～2009 年间，内蒙古自治区大于 1 km^2 湖泊的总面积由 13606.0 km^2 减少为 13108.6km^2，减少了 497.4 km^2（3.7%），即从高于多年平均值（13470.3 km^2）的 1.0%减少为低于均值的 2.7%。值得注意的是蒙古国的湖泊总面积比内蒙古大得多，因此蒙古国的湖泊变化相比起内蒙古来说要平缓。在减

少的湖泊面积中，小型、中型、大型湖泊分别占 53.6%、22.6%、23.8%。2009～2013 年间，湖泊面积增长了 142.1 km^2（1.1%）。1991～2009 年间内蒙古自治区的湖泊减少速率为 88.3 km^2/年（9 个/年），而蒙古国同期的减少速率为 27.6 km^2/年（6 个/年），表明蒙古高原减少的湖泊大部分都发生在内蒙古自治区，与前人的研究结论一致（Tao et al.，2015）。就湖泊数量变化来说，两个地区的变化趋势相同。具体来说，内蒙古地区由 1991 年的 354 个湖泊减少为 2009 年的 195 个，蒙古国同期由 338 个减少为 224 个。在内蒙古（蒙古国）减少的 159（114）个湖泊中，有 143（105）个小型湖泊、11（7）个中型湖泊、5（2）个大型湖泊。而后，内蒙古（蒙古国）的湖泊数量由 2009 年的 195（224）个增长为 2013 年的 336（257）个，在增多的 143（33）个湖泊中，分别有 124（32）个小型湖泊、15（0）个中型湖泊、2（1）个大型湖泊。

2）内蒙古自治区与蒙古国不同行政区的湖泊变化

鉴于内蒙古地区湖泊的剧烈变化，分析了不同行政区的湖泊时空变化情况（图 9-11）。我们发现，在所有的行政区中，呼伦贝尔市与锡林郭勒盟两个地区的湖泊变化最大。呼伦贝尔市与锡林郭勒盟的湖泊变化趋势与整个内蒙古地区的湖泊变化趋势一致。这两个地区主导了内蒙古地区湖泊面积变化的 60.0%和数量变化的 57.6%。在内蒙古自治区 1991～2009 年间减少的 1589.2 km^2 湖面中，呼伦贝尔市与锡林郭勒盟分别占据了 452.4 km^2（28.5%）与 540.0 km^2（34.0%）。在 2009～2013 年间增加的 766.2 km^2 湖面中，呼伦贝尔市与锡林郭勒盟分别占据了 169.4 km^2（22.1%）与 270.2 km^2（35.3%）。对于这两个地区的湖泊数量变化，在内蒙古自治区 1991～2009 年间减少的 159 个湖泊中，呼伦贝尔市与锡林郭勒盟分别占据了 33（20.8%）与 53（33.3%）个。在 2009～2013 年间增加的 141 个湖泊中，呼伦贝尔市与锡林郭勒盟分别占据了 33 个（23.4%）与 53 个（37.6%）。

相比起内蒙古，蒙古国的湖泊变化较为平缓。然而，我们同样发现蒙古国的湖泊变化同样是受一两个省份主导的。具体来说，由于乌布苏省的湖泊面积在蒙古国全境中所占的比例最高，主导着全国的湖泊面积变化趋势。值得注意的是在 1995 年之前，蒙古国湖泊面积呈现出上升的趋势，而湖泊数量在减少。这主要是由乌布苏省的湖泊面积上升导致的。另外，东方省与库苏古尔省拥有大量的小型湖泊，这两个地区主导着蒙古国湖泊的数量变化趋势。很显然，这两个地区的湖泊数量变化趋势与全国的趋势一致。

3）内蒙古自治区呼伦湖与乌拉盖湖的变化

呼伦湖是中国东北地区第一大湖、中国第五大淡水湖，坐落于内蒙古自治区东北部的半干旱地带，毗邻俄罗斯与蒙古国（Cai et al.，2016；Lü et al.，2016）。

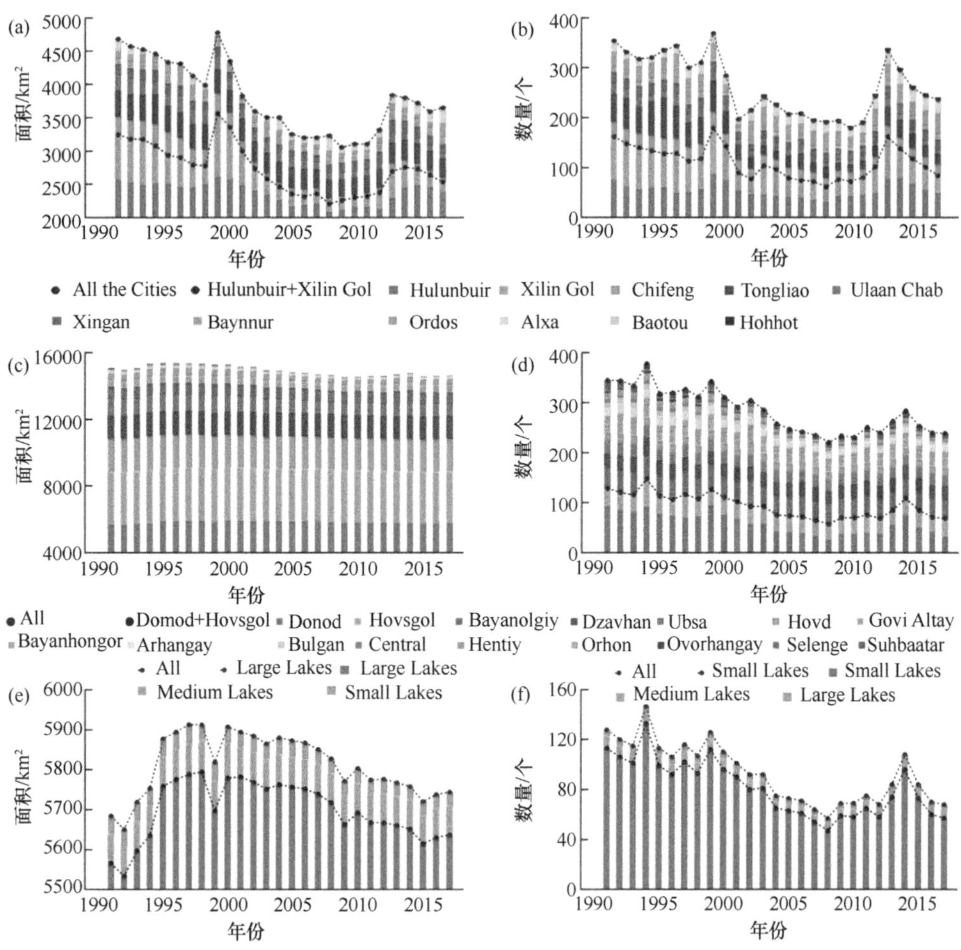

图 9-11　1991～2017 年间内蒙古自治区与蒙古国不同行政单元的湖泊面积与数量的年际变化

该湖泊拥有广阔的湿地资源，是大量珍贵的鱼类和鸟类等野生动物的栖息地（Gao et al.，2017；Cai et al.，2016；Ke，2016）。然而，自 2000 年来该湖泊面积持续减少，由 2000 年的 2282 km^2 减少到 2012 的 1747 km^2，年均减少量 44.6 km^2。其中，湖体的东北部与南部水域面积减少最为明显，且其东北部水域在 2005 年完全消失，该片水域在 1991 年的面积为 171 km^2。其南部水域自 2006 年起开始逐渐减少，2008 年起与呼伦湖湖体分离，于 2012 年完全消失，自 2014 年起开始恢复（图 9-12）。1993～2017 年间呼伦湖面积的变化与湖面高程的变化是一致的，尽管缺少 1993 年之前的湖面高程数据，这些为验证本次研究水体图的精度提供了额外的证据。

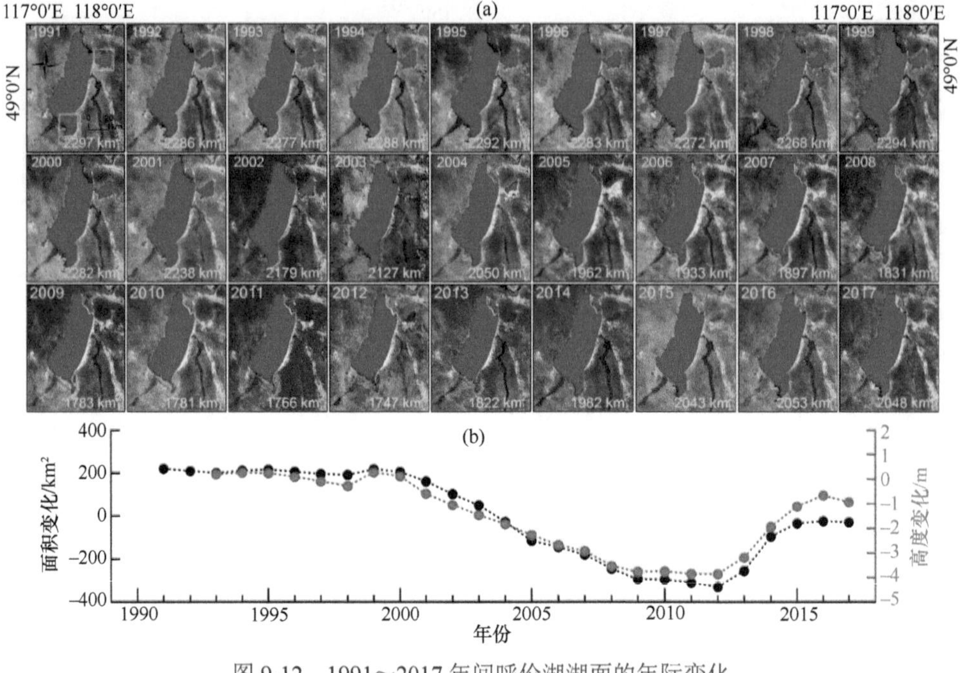

图 9-12　1991～2017 年间呼伦湖湖面的年际变化

（a）对于每一个子图，底图是基于当年 Landsat 遥感观测、利用近红外、红光波段与绿光波段的 RGB 合成，并叠加了该湖当年的永久性水面图；（b）呼伦湖 1991～2017 年间的湖面变化与 1993～2017 年间的湖面高程变化

乌拉盖湖，坐落于内蒙古锡林郭勒盟，是一个大的盐湖，对全区的生态环境至关重要（Yu et al.，2014；Li et al.，2013）。连同周边的乌拉盖河，组成了广阔的乌拉盖湿地，为多种珍贵的候鸟与鱼类提供了栖息地。然而，自 1991 年以来，湖水持续减少，到 1998 年几乎枯竭。1999 年起，湖水有了较大的恢复，而后又于 2004 年完全干涸（图 9-13）。之前的湿地现在变成了戈壁盐碱地，当地的生态环境遭到了严重的破坏（Zhang et al.，2013）。在锡林郭勒盟于 1991～2009 年间消失的 540 km^2 水域中，乌拉盖湖占据了 266 km^2（49.3%）。湖水在 2012 年又有所恢复，于 2014 年达到最大面积，之后湖面又继续减少。

3. 蒙古高原湖泊变化驱动力分析

湖泊变化的驱动力包括气候变化与人类活动两个方面的因素（Yigzaw and Hossain，2016；Tao et al.，2015；Chen et al.，2014）。我们利用年降水量与年均温度作为气候变化的因子，煤炭产量、放牧强度与灌溉作为衡量人类活动强度的指标（Tao et al.，2015）。统计分析了这些因子在 1991～2017 年间的变化趋势。结果表明，内蒙古（1991～2007 年：Slope=–4.83 mm/a，R^2=0.32，P=0.018；2007～2015 年：Slope=5.95 mm/a，R^2=0.15，P=0.312）与蒙古国（1991～2004 年：Slope=

–4.77 mm/a，R^2=0.28，P=0.013；2004～2015：Slope=3.61 mm/a，R^2=0.27，P=0.050）的降水在 2005 年以前呈现出下降的趋势，之后呈现上升的趋势（图 9-14）。对于温度来说，这两个地区（内蒙古：Slope=0.06℃/a，R^2=0.35，P=0.197；蒙古国：Slope=0.06℃/a，R^2=0.20，P=0.013）在 2007 年之前的温度都呈现上升的趋势，之后的变化波动较大。自 2000 年起，内蒙古自治区的煤炭产量持续迅猛增加，由 2000 年 $72×10^6$t 上升到 2012 年的 $1066×10^6$t（图 9-15），相比起来，蒙古国的煤炭产量要低很多。这两个地区的放牧强度在 1991～2017 年间都呈现出上升的趋势，相比之下内蒙古的放牧强度更高。在内蒙古自治区的农业区域，抽取地表水或地下水进行农业灌溉也是导致湖泊水量减少的原因（Tao et al.，2015；Blanc et al.，2014）。经过调查，内蒙古地区的灌溉性农田面积由 132 万亩[①]增加到 2016 年的 313 万亩。

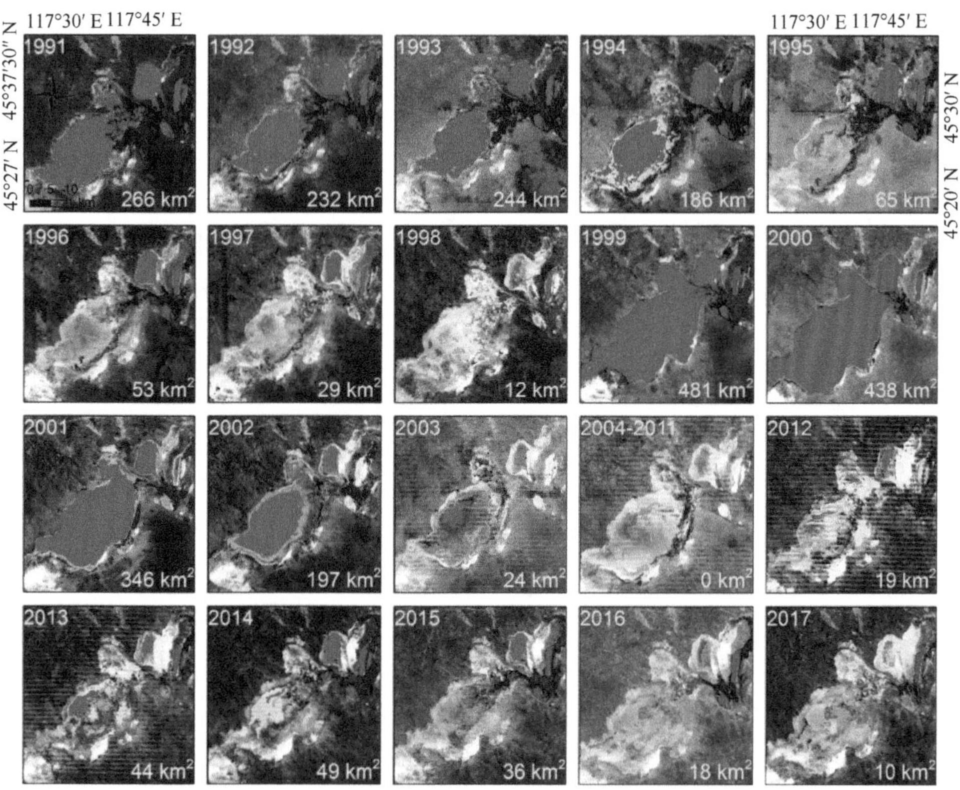

图 9-13　1991～2017 年间乌拉盖湖湖面的年际变化

对于每一个子图，底图是基于当年 Landsat 遥感观测、利用近红外、红光波段与绿光波段的 RGB 合成，并叠加了该湖当年的永久性水面图

① 1 亩≈666.7 m²。

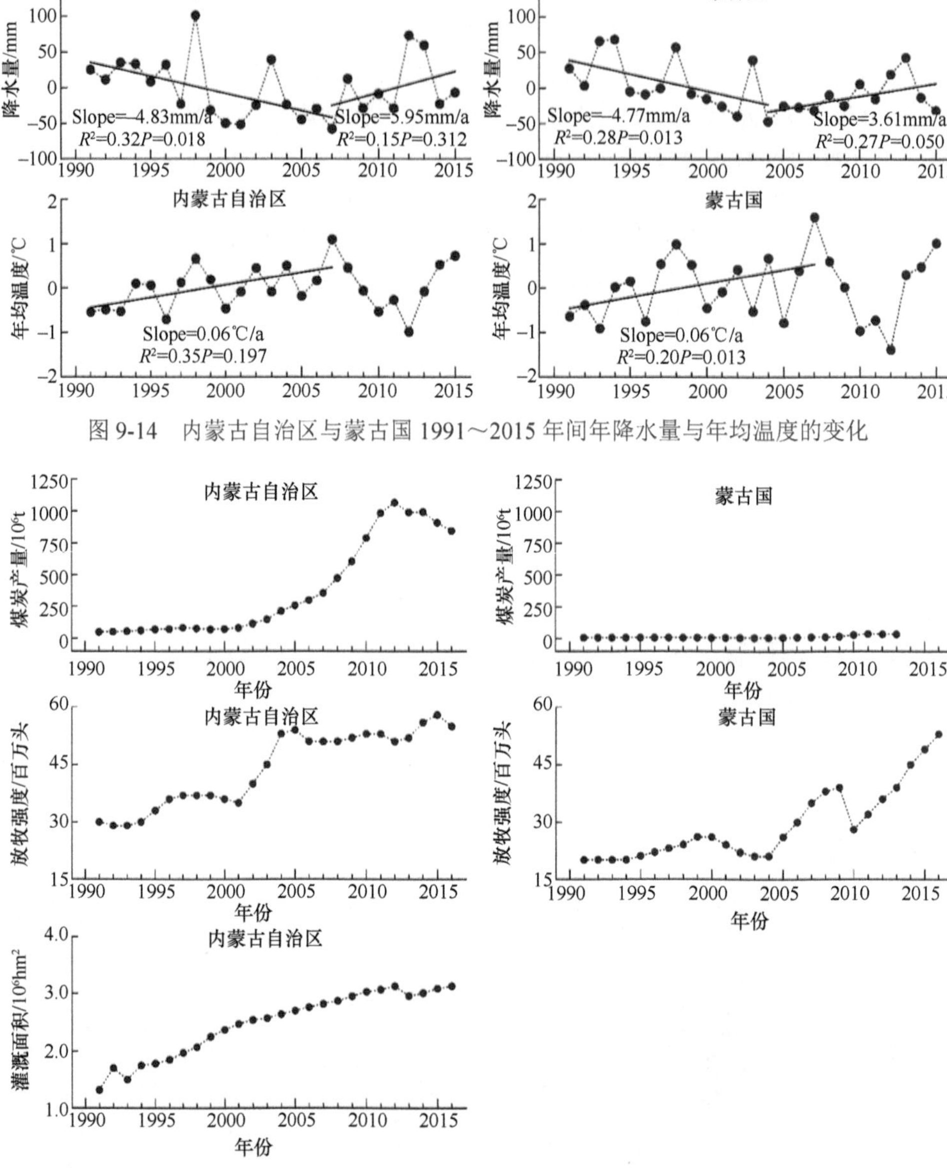

图 9-14　内蒙古自治区与蒙古国 1991～2015 年间年降水量与年均温度的变化

图 9-15　内蒙古自治区与蒙古国 1991～2016 年间煤炭产量、放牧强度以及灌溉面积的年际变化

在内蒙古的东南部，大面积的草地被开垦为农田（Dong et al.，2011），农业灌溉导致了地表水与地下水的严重枯竭。

鉴于内蒙古自治区与蒙古国的湖泊在 1991～2017 年间都有两段不同的变化过程（即 1991～2009 年间的湖面减少与 2009 年之后的湖面恢复），分别为各时间段两个地区的湖泊变化做了归因分析。由于 2009 年之后气象数据与社会经济数据的短缺，为了确保统计分析的可行性，将第二段时期的时间向前延伸到 2005 年，即：选取 1991～2009 年与 2006～2015 年两段时期分别做驱动力分析。结果表明，这两个地区在相同时段内湖泊变化的驱动机制不同，且同一地区在不同的时段内驱动力也不相同（表 9-3）。

表 9-3 湖泊面积和数量与多因子的多元线性回归分析表

变量	呼伦贝尔				锡林郭勒			
	1991～2009 年		2006～2015 年		1991～2009 年		2006～2015 年	
	面积	数量	面积	数量	面积	数量	面积	数量
	Coef.	Coef.	Coef.	Coef.	Coef.	Coef.	Coef.	Coef.
AP		0.40	0.65	0.81	0.61	0.64	0.78	0.78
AMT	–0.16	–0.33						
Mining	–0.46					–0.39		
Grazing	–0.57	–0.52						
Constant	2765	83	1776		–314	–2	–149	–21
Model summary								
R^2	0.93	0.67	0.36	0.61	0.33	0.62	0.56	0.57
SEE	43	8	110	11	205	13	64	12
F	79.43	12.61	5.97	15.34	9.29	15.02	12.22	12.79
Sig.	0.000	0.000	0.04	0.004	0.008	0.000	0.008	0.007

注：对于内蒙古来说，有年降水、年均温度、煤炭产量、放牧强度与灌溉面积等五个独立变量。对于蒙古国来说，有年降水、年均温度、煤炭产量与放牧强度等四个独立变量。

对于内蒙古自治区来说，1991～2009 年间，放牧与农业灌溉分别对湖泊的面积与数量变化有显著的负面作用，而降水对湖泊的面积与数量都有显著的积极作用。2006～2015 年间，降雨对湖泊的面积与数量都有显著的积极作用，而人类活动与内蒙古的湖泊变化并没有显著的关系。对于蒙古国来说，1991～2009 年间，放牧对湖泊的面积与数量变化有显著的负面作用，而降雨对湖泊的数量有显著的正面作用。2006～2015 年间，降雨对湖泊的面积与数量都有显著的积极作用，而人类活动与该地区的湖泊变化也没有显著的关系，这与内蒙古的归因分析结果相同。

9.3.2 气候变化下 1991～2018 年青藏高原湖泊变化的时空格局

青藏高原的湖泊变化分析方法与上述蒙古高原的变化分析方法一样。2018 年，青藏高原共有 454 个 10 km^2 以上的湖泊，总面积为 47106 km^2，青藏高原湖泊的空间分布十分不均，内流域的湖泊比例最高，约占 70%，其次是柴达木流域、黄河流域和雅鲁藏布江流域。塔里木盆地、长江流域和怒江流域的湖泊最少，湄公河流域没有超过 10 km^2 的湖泊，因此上述地区的湖泊变化没有进一步的分析（图 9-16）。

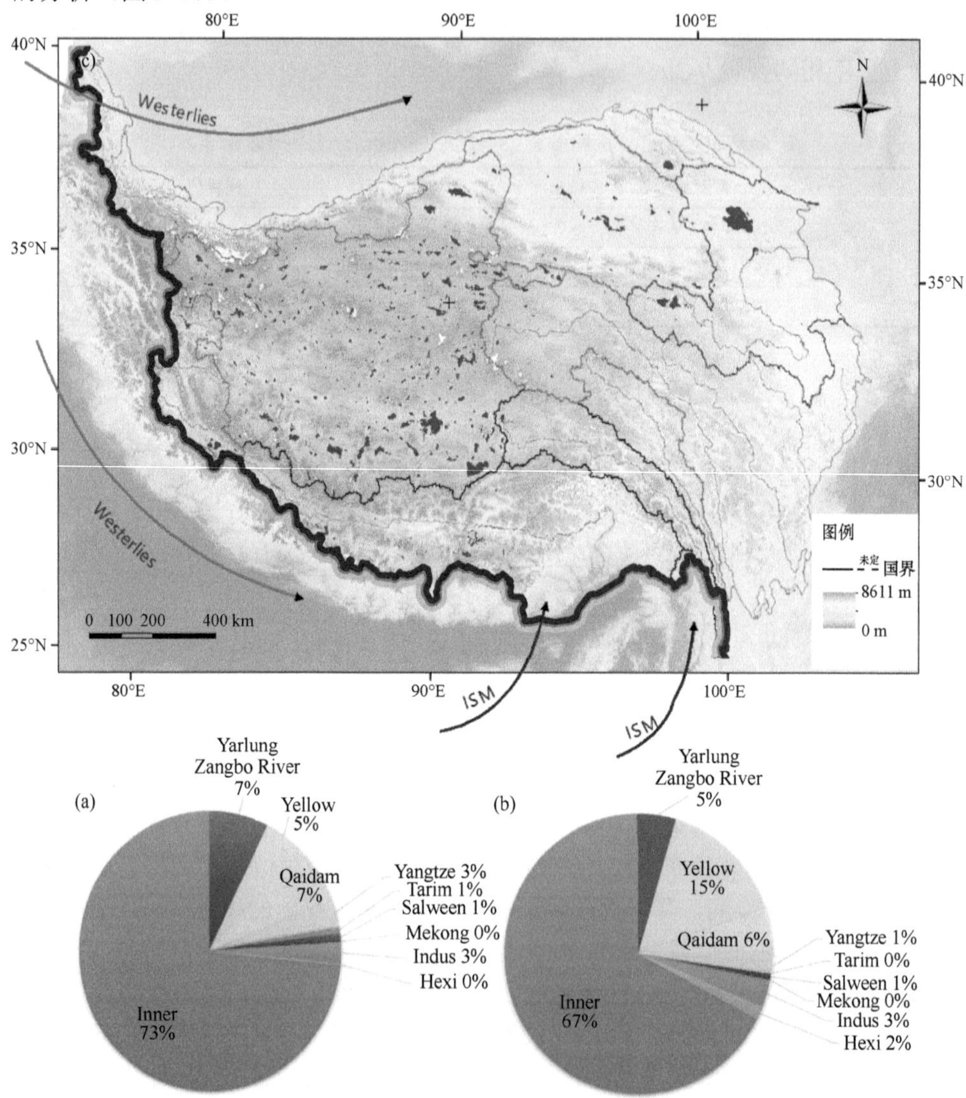

图 9-16　青藏高原十个主要流域的位置和水文特征（a）；1991～2018 年青藏高原地区湖泊数量分布情况（b）；1991～2018 年青藏高原地区湖泊面积分布情况（c）

统计分析表明，青藏高原湖泊在 1991～2018 年期间显著扩张（图 9-17），湖泊面积增加了 11729 km^2（33.2%）。分阶段来看，1991 年到 1992 年间湖泊略有增加，紧接着急剧减少，1995 年开始湖泊持续增长。湖泊面积变化以大湖为主（>50 km^2），1991～2018 年，大型湖泊面积大幅增长 10727 km^2（35.3%），中型湖泊面积增长较小，为 1003 km^2（20.1%）。同期，大湖数量从 129 个增加到 180 个，中型湖泊数量从 221 个增加到 274 个。值得注意的是，中型湖泊数量的波动大于大湖泊，尤其是 1995 年和 2015 年。

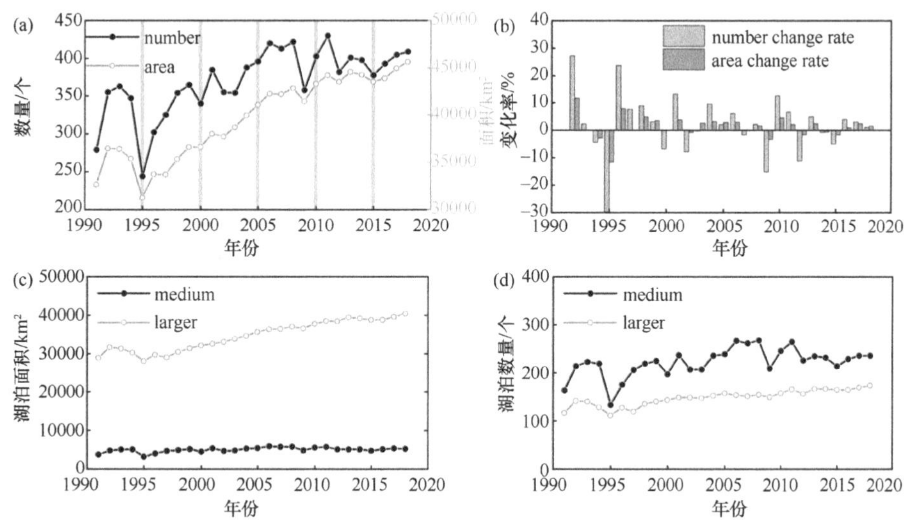

图 9-17　1991～2018 年青藏高原大于 10 km^2 湖泊的总数和面积（灰色柱表示湖泊面积和数量明显下降的年份）(a)；湖泊数量和面积变化率（b）；中等湖泊（10～50 km^2）和大型湖泊（>50 km^2）湖泊面积（c）和湖泊数量变化（d）

柴达木、黄河、内流域和长江流域的湖泊占了高原湖泊总面积的 88%。与内流域和长江流域相比，柴达木盆地和黄河流域从前期减少阶段到后期恢复所需的时间更长，前者的湖泊面积和数量分别在 2001 年和 2003 年前后达到最小值（图 9-18）。塔里木盆地、印度河流域和怒江流域自 1995 年以来湖泊数量和面积呈相似的上升趋势，在 2015 年出现了一个显著的峰值，但塔里木盆地的湖泊面积总体上呈现下降趋势。雅鲁藏布江流域在 2001 年湖泊面积达到峰值，之后呈现下降趋势，湖泊面积和数量分别减少 8%和 11%。大湖泊数量最少的河西流域湖泊保持相对稳定，面积略有增加。内流域的湖泊呈现出最平稳的上升趋势，小湖泊扩张明显，并且有新湖泊出现。湖泊面积和数量增幅最大，占高原所有大湖面积和数量增幅的 89.8%和 91.3%。

过去几十年间，大型湖泊面积普遍增加，如色林措（图 9-19）。然而，一些湖泊却在显著萎缩，如卓乃湖。黄河流域的湖泊数量排名第三，湖泊数量增加了 25%，面积增加了 8%。青海湖是该流域最大的湖泊，1991～2018 年间该湖的面积增长幅度较小。

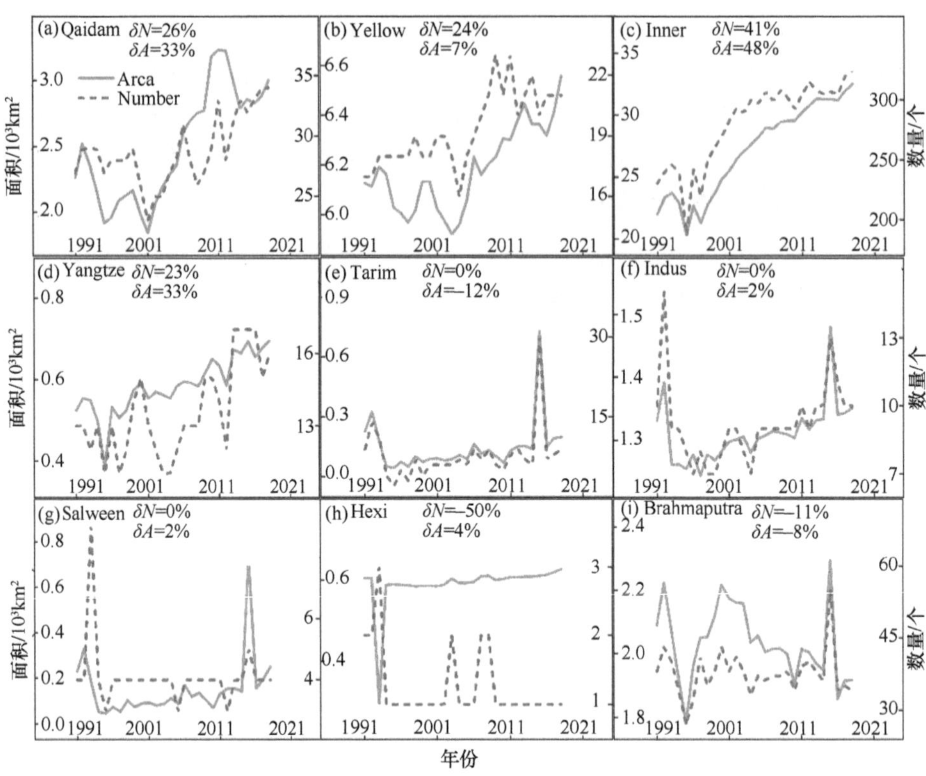

图 9-18　1991～2018 年各流域湖泊数量（绿虚线）和面积（蓝实线）[（a）～（i）]

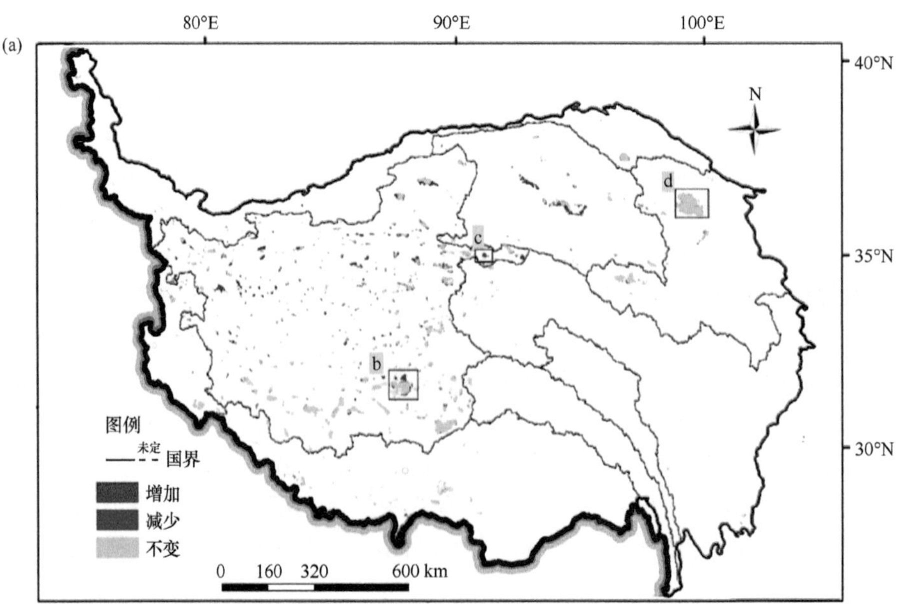

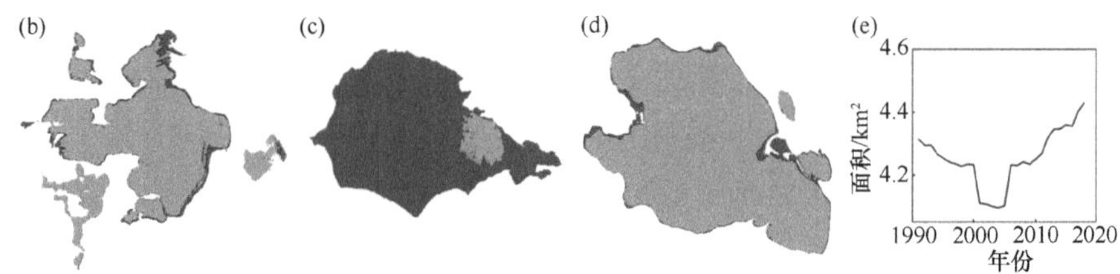

图 9-19　整个高原的湖泊大小变化（a）；色林措（b）和卓乃湖（c）面积变化；1991～2018 年青海湖面积变化 [（d）和（e）]

9.4　专题案例：农业生态系统亚类信息的监测与提取

农用地占全球土地面积的 40%，农业土地利用变化深刻影响到粮食、水与生态安全（Foley et al.，2005）。随着气候变化以及人类活动的加剧，农业土地利用呈现出前所未有的变化。一方面，当前气候变化带来的耕地适宜度的变化，如高纬度地区气候变暖带来的作物种植界线的北移，影响到粮食产量和格局。另一方面，人类活动的影响更为显著，如我国改革开放以来快速城市化对高质量耕地的占用，2000 年以来生态恢复项目带来的大量低质量耕地向自然植被的转换。因此，如何科学、及时、准确地提取和刻画农业土地利用信息，对于评估全球和我国粮食安全和指导农业生态系统可持续发展具有重要作用。

9.4.1　东北农业混杂种植区的多种作物精准识别

基于农田生态系统信息的提取，农田生态系统不同作物类型精确识别更是成为掌握国家粮食安全，缓冲国际粮食贸易的数据基础。其主要包括粮食作物（例如水稻、玉米、大豆、小麦），以及不同区域典型作物（如青稞燕麦、杂豆、油菜、蔬菜大棚等）的识别和提取。我国主要农田分布区主要集中在东北平原、华北平原、长江中下游平原等，而对于农田生态系统不同作物类型的识别工作需要针对不同的作物类型、不同的研究区进行方法的选择。

例如，基于物候和基于像素的水稻测绘（PPPM）算法将用于水稻测绘制图，灌水和水稻移栽信号是识别稻田的关键特征，因为水稻是唯一需要在水—土壤混合物环境中移植的作物。对来自东北亚不同国家/地区的随机水稻地点进行时间剖面分析后发现研究区内的所有水稻农业系统在生长早期都有灌水和移植信号，可以用植被指数捕获其所在；因此，可以使用 LSWI>EVI 或 LSWI>NDVI 的标准来识别灌水信号（Dong et al.，2015；Dong et al.，2016）。

此外，大部分工作都是利用整个生长期的遥感观测，通过物候特征加以区分不同作物类型之间的差别，在农田分布数据的基础之上进行不同作物类型的精确识别。在东北平原地区，采用前一年的地面调查数据和相应年份的 Sentinel-2 和 Sentinel-1 影像以及随机森林算法，从生长季开始依次向后移动一定间隔的时间步长来确定最早达到预定分类精度的时间节点（最早作物可识别时间，earliest identification timing），进而将得到的分类器迁移到后一年同一时期的作物面积监测，这一方法在黑龙江地区取得了满意的效果（图 9-20），在全国范围内的推广应用尚待进一步考证（You and Dong，2020）。

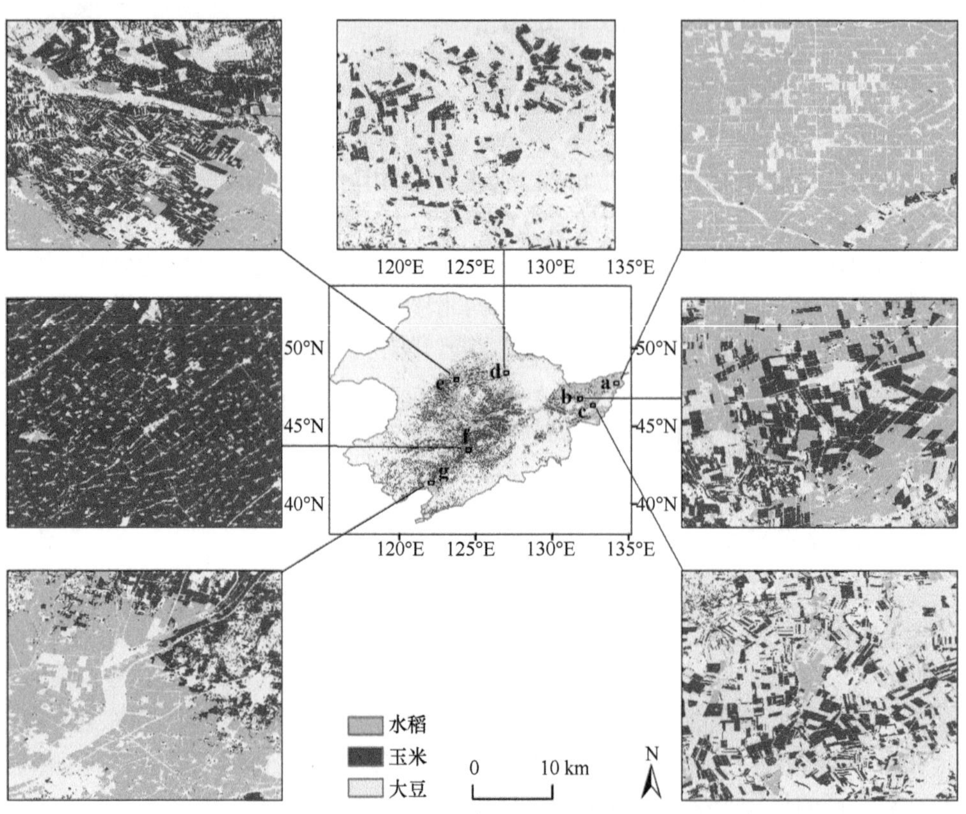

图 9-20　东北地区主要农作物空间分布图

9.4.2　南方典型多云多雨区的水稻熟制信息提取

水稻是一种重要的粮食作物，占据世界上 12%的耕地面积，养活了 50%的全球人口（Kuenzer and Knauer，2013）。作为我国的主要粮食，水稻生产关乎粮食安全的民生问题。目前，我国南方是中国重要的水稻主产区，近年来由于经济发展和重金属污染等问题，水稻生产格局发生了重要变化，准确刻画该地区水稻种植面积和空间分布对于区域可持续发展具有重要意义。

此前，尽管研究学者已经做了大量的水稻提取工作，无论从研究方法上，从利用原始反射率发展到构建特征参数进行分类提取，从基于单时相（如，移栽期水淹信号）发展到利用时间序列分析方法（利用物候信息）进行识别（Dong et al.，2016；Torbick et al.，2017；Dong and Xiao，2016；Chen and Mcnairn，2006）还是在数据处理方面已经从下载数据处理的传统模式发展到基于云平台进行处理的模式，如 Dong 等（2016）已经利用了 Google Earth Engine 云计算处理平台高效、快速、精确地得到了东北亚地区的水稻分布图。然而对于南方典型多云多雨多熟制地区水稻信息提取，一方面，受云雨影响，南方地区实际可用光学数据的数量少，难以支撑水稻制图；另一方面，区别于中国北方的集约、规整的地块特征，南方地块呈现出的小而破碎的空间景观格局使得对空间分辨率的要求更高。

针对云雨问题，当前研究主要通过两方面解决：一是利用高时间分辨率数据，如 MODIS 数据，来平衡数据匮乏的问题，但粗空间分辨率对于当前研究区地块破碎特征并不适用；二是利用雷达数据穿云透雾的特性，运用到研究中。因此为解决以上问题，利用光学和遥感数据结合的方法被提出。例如，He 等（2021）基于十分精确、准确的地面数据，通过 Sentinel-1 和 Sentinel-2 数据结合实现典型农业景观破碎地区的水稻种植面积的信息提取，结果表明，Sentinel-1/2 组合数据总体上优于仅使用单个传感器（Sentinel-1/2）的分类，但不同传感器对某些水稻类型的贡献存在差异。不同的早、中、晚稻的总体精度分别为 85%、95% 和 95%（F1=0.55、0.85 和 0.85）。水稻熟制结果图的总体精度为 81%，完成了在南方典型多云多雨多熟制地区的 10 m 分辨率的水稻种植强度（图 9-21）。

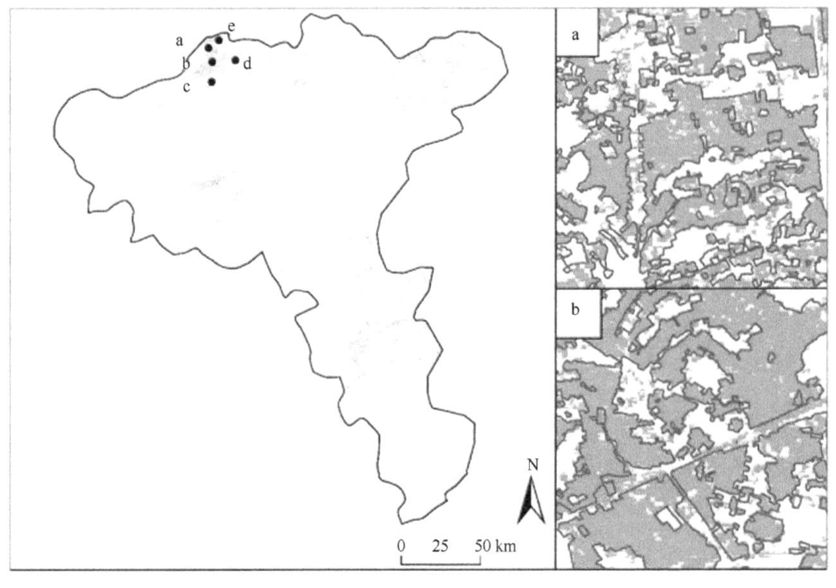

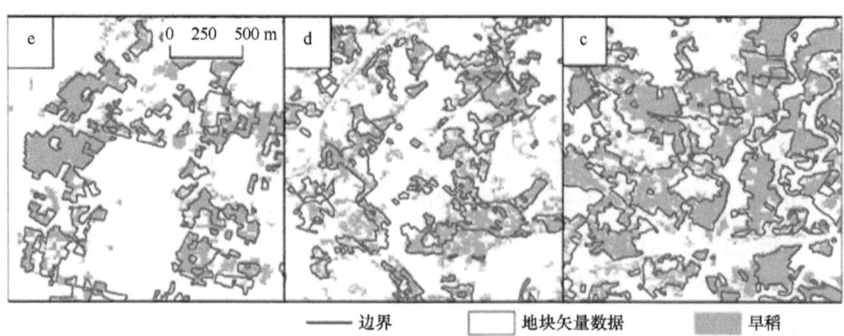

图 9-21 南方典型多云多雨多熟制地区水稻信息空间分布图

参 考 文 献

葛全胜, 戴君虎, 何凡能, 等. 2008. 过去 300 年中国土地利用、土地覆被变化与碳循环研究. 中国科学(D 辑: 地球科学), (2): 197-210.

刘继来, 刘彦随, 李裕瑞. 2017. 中国“三生空间”分类评价与时空格局分析. 地理学报, 72(7): 1290-1304.

刘纪远, 宁佳, 匡文慧, 等. 2018. 2010-2015 年中国土地利用变化的时空格局与新特征. 地理学报, 73(5): 789-802.

刘纪远, 张增祥, 庄大方, 等. 2003. 20 世纪 90 年代中国土地利用变化时空特征及其成因分析. 地理研究, (1): 1-12.

孙东琪, 张京祥, 朱传耿, 等. 2012. 中国生态环境质量变化态势及其空间分异分析. 地理学报, 67(12): 1599-1610.

许尔琪, 张红旗. 2015. 中国核心生态空间的现状、变化及其保护研究. 资源科学, 37(7): 1322-1331.

俞孔坚, 李海龙, 李迪华, 等. 2009. 国土尺度生态安全格局. 生态学报, 29(10): 5163-5175.

张红旗, 许尔琪, 朱会义. 2015. 中国“三生用地”分类及其空间格局. 资源科学, 37(7): 1332-1338.

赵景柱. 1990. 景观生态空间格局动态度量指标体系. 生态学报, (2): 182-186.

Blanc E, Strzepek K, Schlosser A, et al. 2014. Modeling U.S. water resources under climate change. Earth's Future, 2(4): 197-224.

Bryan B A, Gao L, Ye Y, et al. 2018. China's response to a national land-system sustainability emergency. Nature, 559(7713): 193-204.

Cai Z, Jin T, Li C, et al. 2016. Is China's fifth-largest inland lake to dry-up? Incorporated hydrological and satellite-based methods for forecasting Hulun lake water levels. Advances in Water Resources, 94: 185-199.

Chen C, Mcnairn H. 2006. A neural network integrated approach for rice crop monitoring. International Journal of Remote Sensing, Vol.27(No.7): 1367-1393.

Chen F, Zhang M M, Tian B S, et al. 2017. Extraction of glacial lake outlines in Tibetan Plateau using landsat 8 imagery and Google Earth Engine. IEEE Journal of Selected Topics in Applied Earth Observations and Remote Sensing, 10(9): 4002-4009.

Chen L, Michishita R, Xu B. 2014. Abrupt spatiotemporal land and water changes and their potential drivers in Poyang Lake, 2000-2012. ISPRS Journal of Photogrammetry and Remote Sensing, 98: 85-93.

Dong J, Liu J, Yan H, et al. 2011. Spatio-temporal pattern and rationality of land reclamation and cropland abandonment in mid-eastern Inner Mongolia of China in 1990-2005. Environmental Monitoring and Assessment, 179(1-4): 137.

Dong J, Xiao X. 2016. Evolution of regional to global paddy rice mapping methods: A review. Isprs Journal of Photogrammetry and Remote Sensing, 119: 214-227.

Dong J, Xiao X, Kou W, et al. 2015. Tracking the dynamics of paddy rice planting area in 1986-2010 through time series Landsat images and phenology-based algorithms. Remote Sensing of Environment, 160: 99-113.

Dong J, Xiao X, Menarguez M A, et al. 2016. Mapping paddy rice planting area in northeastern Asia with Landsat 8 images, phenology-based algorithm and Google Earth Engine. Remote Sensing of Environment, 185: 142-154.

Ellis E C, Kaplan J O, Fuller D Q, et al. 2013. Used planet: A global history. Proceedings of the National Academy of Sciences, 110(20): 7978-7985.

Feng S, Fu Q. 2013. Expansion of global drylands under a warming climate. Atmospheric Chemistry and Physics, 13(19): 10081-10094.

Foley J A, Defries R, Asner G P, et al. 2005. Global consequences of land use. Science, 309(5734): 570-574.

Gao H B, Ryan M C, Li C Y, et al. 2017. Understanding the role of groundwater in a remote transboundary lake (Hulun Lake, China). Water, 9(5): 363.

Gupta K, Kumar P, Pathan S K, et al. 2012. Urban Neighborhood Green Index–A measure of green spaces in urban areas. Landscape and Urban Planning, 105(3): 325-335.

He Y, Dong J, Liao X, et al. 2021. Examining rice distribution and cropping intensity in a mixed single- and double-cropping region in South China using all available Sentinel 1/2 images. International journal of applied earth observation and geoinformation, Vol.101(No.0): 102351.

Jiang P, Cheng L, Li M, et al. 2014. Analysis of landscape fragmentation processes and driving forces in wetlands in arid areas: A case study of the middle reaches of the Heihe River, China. Ecological Indicators, 46: 240-252.

Ke C Q. 2016. Monitoring changes in the water volume of Hulun Lake by integrating satellite altimetry data and Landsat images between 1992 and 2010. Journal of Applied Remote Sensing, 10(1): 016029.

Kuenzer C, Knauer K. 2013. Remote sensing of rice crop areas. International Journal of Remote Sensing, Vol.34(No.6): 2101-2139.

Li S, Ferguson D K, Wang Y, et al. 2013. Climate reconstruction based on pollen analysis in Inner Mongolia, North China from 51.9 to 30.6 kaBP. Acta Geologica Sinica, 87(5): 1444-1459.

Liu J, Kuang W, Zhang Z, et al. 2014. Spatiotemporal characteristics, patterns, and causes of land-use changes in China since the late 1980s. Journal of Geographical Sciences, 24(2): 195-210.

Lü C, Bing W, Jiang H, et al. 2016. Responses of organic phosphorus fractionation to environmental conditions and lake evolution. Environmental Science & Technology, 50(10): 5007-5016.

Pekel J F, Cottam A, Gorelick N, et al. 2016. High-resolution mapping of global surface water and its long-term changes. Nature, 540(7633): 418-422.

Sanderson E W, Jaiteh M, Levy M A, et al. 2002. The human footprint and the last of the wild: the human footprint is a global map of human influence on the land surface, which suggests that human beings are stewards of nature, whether we like it or not. Bioscience, 52(10): 891-904.

Schäffler A, Swilling M. 2013. Valuing green infrastructure in an urban environment under pressure—The Johannesburg case. Ecological Economics, 86: 246-257.

Tao S, Fang J, Zhao X, et al. 2015. Rapid loss of lakes on the Mongolian Plateau. Proceedings of the National Academy of Sciences of the United States of America, 112(7): 2281-2286.

Torbick N, Chowdhury D, Salas W, et al. 2017. Monitoring rice agriculture across myanmar using Time Series Sentinel-1 Assisted by Landsat-8 and PALSAR-2. Remote Sensing, 9(2): 119.

Venter O, Sanderson E W, Magrach A, et al. 2016. Sixteen years of change in the global terrestrial human footprint and implications for biodiversity conservation. Nature Communications, 7(1): 1-11.

Wolch J R, Byrne J, Newell J P. 2014. Urban green space, public health, and environmental justice: The challenge of making cities 'just green enough'. Landscape and Urban Planning, 125: 234-244.

Yigzaw W, Hossain F. 2016. Water sustainability of large cities in the United States from the perspectives of population increase, anthropogenic activities, and climate change. Earth's Future, 4(12): 603-617.

You N, Dong J. 2020. Examining earliest identifiable timing of crops using all available Sentinel 1/2 imagery and Google Earth Engine. ISPRS Journal of Photogrammetry and Remote Sensing, 161: 109-123.

Yu Z, Liu X, Wang Y, et al. 2014. A 48.5-ka climate record from Wulagai Lake in Inner Mongolia, Northeast China. Quaternary International, 333(3): 13-19.

Zhang B, Song X, Ying M A, et al. 2013. Impact of coal power base constructions on the environment around the Wulagai water reservoir, Xilinguole, Inner Mongolia. Journal of Arid Land Resources & Environment, 719-720: 924-928.

Zhang G, Yao T, Chen W, et al. 2019. Regional differences of lake evolution across China during 1960s–2015 and its natural and anthropogenic causes. Remote Sensing of Environment, Vol.221: 386-404.

Zhang G, Yao T, Piao S, et al. 2017a. Extensive and drastically different alpine lake changes on Asia's high plateaus during the past four decades. Geophysical Research Letters, 44(1): 252-260.

Zhang H, Xu E, Zhu H. 2017b. Ecological-living-productive land classification system in China. J. Resource Ecology, 8: 121-128.

Zhang Y, Hu Y, Zhuang D. 2020. A highly integrated, expansible, and comprehensive analytical framework for urban ecological land: A case study in Guangzhou, China. Journal of Cleaner Production, Vol.268(No.0): 122360.

Zhao G, Liu J, Kuang W, et al. 2015. Disturbance impacts of land use change on biodiversity conservation priority areas across China: 1990-2010. Journal of Geographical Sciences, 25(5): 515-529.

Zou Z, Dong J, Menarguez M A, et al. 2017. Continued decrease of open surface water body area in Oklahoma during 1984-2015. Science of the Total Environment, 595: 451-460.

Zou Z, Xiao X, Dong J, et al. 2018. Divergent trends of open-surface water body area in the contiguous United States from 1984 to 2016. PNAS, 115(15): 3810-3815.

第 10 章

生态功能保障实践

导读　本章首先在时间和空间上对 2000～2018 年中国陆地生态系统及不同气候区的生产力、固碳、水文调节、淡水保持和土壤保持五种重要的生态功能进行了宏观的评估，接着以固碳功能为例，对中国典型区域森林生态系统的固碳功能进行了评估。在此基础上，以京津冀地区和秦岭—巴山地区为典型案例，分别对生态系统功能和气候条件下大熊猫的生长环境进行了深入的剖析。通过本章的介绍，读者将会对中国陆地生态系统的功能的宏观格局、生态系统功能的评估流程和方法等形成宏观上的认识与理解。

10.1　案例研究：中国陆地生态系统重要功能时空动态评估

10.1.1　重要生态系统功能空间格局

陆地生态系统功能是生态环境稳定的基础，在社会的可持续发展中具有不可替代的作用，研究评估陆地生态系统的功能是十分重要的。本小节量化了 2000～2018 年中国陆地生态系统及不同气候区重要生态功能的多年平均值（表 10-1）。结果显示，生产力的全国总量为 3.26 Pg C/a；针对不同气候区，热带—亚热带季风区生产力最高（1.82 Pg C/a），约占全国总量的 56%，其次为温带季风区（0.97 Pg C/a），约占全国总量的 30%，温带大陆性气候区及青藏高寒区生产力较低，分别仅为 0.27 Pg C/a、0.19 Pg C/a。固碳全国总量为 0.35 Pg C/a；不同气候区空间分布与生产力相一致，即热带—亚热带季风区生产力最高（0.21 Pg C/a），约占全国总量的 60%，温带大陆性气候区及青藏高寒区生产力较低，分别仅为 0.02 Pg C/a、0.03 Pg C/a。水文调节服务的全国均值约为 56%/a；针对不同气候区，热带—亚热带季风区水文调节服务最高，约为 60%/a，温带季风区及温带大陆性气候区水文调节的均值也在 50%/a 以上，但青藏高寒区仅为 30%/a。淡水保持服务全国总量为 835.66 km^3/a，热带—亚热带季风区最高（447.32 km^3/a），约占全国淡水保持量的 54%，其次为青藏高寒区（189.59 km^3/a），约占全国淡水保持量的 23%，温带大陆性气候区淡水保持最低，仅为 26.16 km^3/a，仅占全国淡水保持量的 2%。土壤保持的全国总量约为 222.68 Gt/a，不同气候区的分布与淡水保持基本一致，即热带—亚热带季风区土壤保持服务最高（155.59 Gt/a），约占全国总量的 70%，其次为青藏高寒区（34.75 Gt/a），约占全国总量的 16%，温带大陆性气候区土壤保持最低（5.72 Gt/a），仅占全国水土保持量的 3%。

表 10-1　2000～2018 年中国生态系统重要功能多年平均值分区统计

区域		生产力/（Pg C/a）	固碳/（Pg C/a）	水文调节/（%/a）	淡水保持/（km^3/a）	土壤保持/（Gt/a）
不同气候区	青藏高寒区	0.19	0.03	30	189.59	34.75
	温带大陆性气候区	0.27	0.02	52	26.16	5.72
	温带季风区	0.97	0.10	58	172.59	26.62
	热带-亚热带季风区	1.82	0.21	60	447.32	155.59
中国陆地生态系统		3.26	0.35	56	835.66	222.68

从空间分布来看，CEVSA-ES 模拟的五种生态系统服务均呈由东南沿海到西北内陆逐渐递减的空间格局（图 10-1）。与空间统计结果相一致，生产力、固碳及水文调节服务在东部季风显著高于青藏高寒区及温带大陆性气候区。淡水保持服务集中分布在热带—亚热带季风区及青藏高寒区中南部，其次为青藏高寒区；中国北方，特别是西北地区，淡水保持能力较弱。热带—亚热带季风及青藏高原东部山地地区、黄土高原地区及东北部分地区土壤保持服务较强较高，华北平原、东北平原等平坦地区及温带大陆性气候区等少雨地区，土壤保持服务较弱。

10.1.2　重要生态功能时间变化趋势

2000～2018 年，中国陆地生态系统五种重要生态功能均呈增加趋势（图 10-2），其中生产力、固碳、水文调节及淡水保持呈显著上升趋势，年变化速率分别为 42.80 Tg C/a（$p<0.01$）、13.42 Tg C/a（$p<0.01$）、4.85%/a（$p<0.01$）及 11.90 km^3/a（$p<0.05$）；土壤保持呈不显著增加趋势，年均变化速率为 1.11 Gt/a（$p=0.21$）。

进一步分析了不同气候区五种重要服务功能在 2000～2018 年的变化趋势（表 10-2）。生产力在不同气候区均呈显著增加趋势（$p<0.01$），其中热带—亚热带

季风区增加最快（13.54 Tg C/a），贡献了全国变化趋势 55%，其次分别为温带季风区（13.54 Tg C/a）、温带大陆性气候区（3.76 Tg C/a）及青藏高寒区（1.92 Tg C/a）。固碳在青藏高寒区呈不显著下降趋势，在其他气候区均呈显著增加趋势（$p<0.01$），其中热带—亚热带季风区增速最快（8.95 Tg C/a），解释了 67%全国固碳增加量。

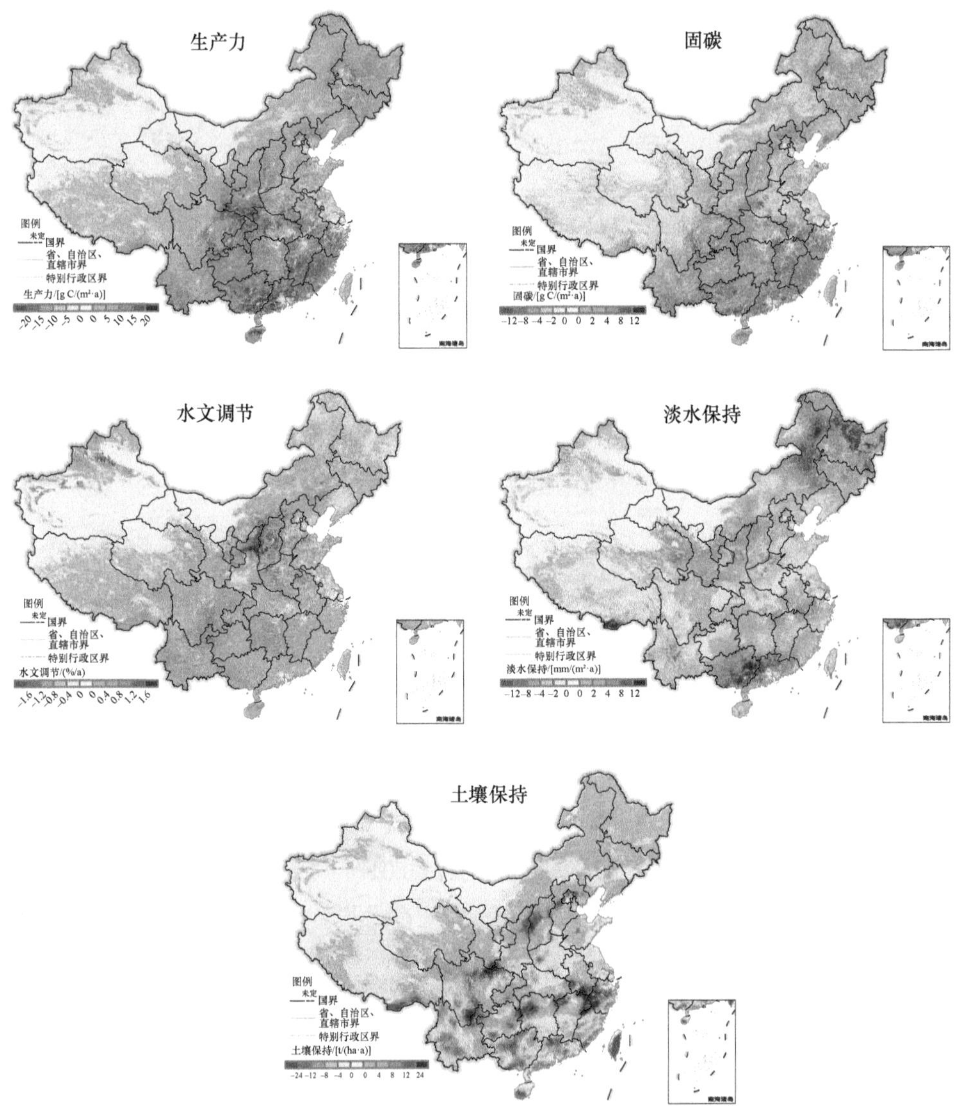

图 10-1　2000～2018 年中国重要生态功能多年平均值空间格局

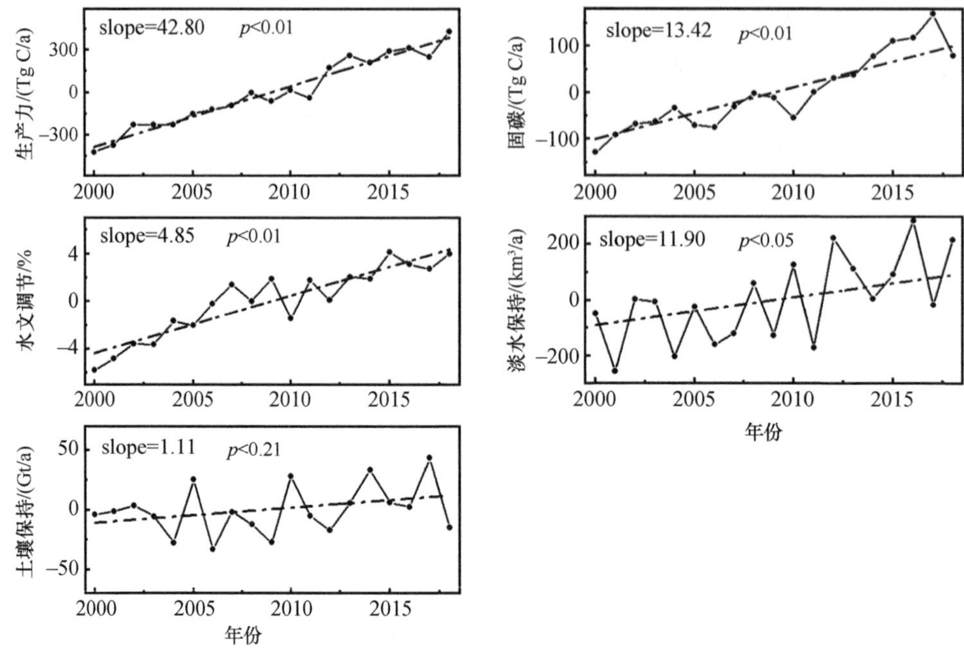

图 10-2 2000～2018 年中国重要生态功能的变化趋势

表 10-2 2000～2018 年不同气候区重要生态系统服务功能变化趋势

区域	生产力/(Tg C/a)	固碳/(Tg C/a)	水文调节/(%/a)	淡水保持/(km³/a)	土壤保持/(Gt/a)
青藏高寒区	1.92**	–0.15	3.58**	0.31	0.24
温带大陆性气候区	3.76**	1.36**	4.85**	2.94	0.08*
温带季风区	13.54**	3.26**	3.71**	5.90	0.43
热带-亚热带季风区	23.59**	8.95**	5.64**	2.75	0.36

* $p<0.01$；** $p<0.05$。

水文调节在不同生态区均呈显著增加趋势（$p<0.01$），其中热带—亚热带季风区增速最快（5.64%/a），其次分别为温带大陆性气候区（4.85%/a）、青藏高寒区（3.58%/a）及温带季风区（3.71%/a）。淡水保持在不同气候区均呈增加趋势，但变化趋势不显著。土壤保持仅在温带大陆性气候区呈显著增加趋势（$p<0.05$），但其增加速率最慢，仅为 0.08 Gt/a，在其他气候区，土壤保持呈不显著增加趋势。

从空间格局看，生产力及水文调节均在超过 90%植被覆盖的地区呈上升趋势，其中超过 70%的地区呈显著上升趋势（$p<0.05$），生产力在南方地区增加速率最快，水文调节在南方及黄土高原地区增加速率较快。固碳在 72%的植被覆盖地区呈上升趋势，其中 31%地区呈显著上升趋势，主要分布在东部季风区；同时约 28%植

被覆盖地区生产力呈下降趋势，主要分布在青藏高寒地区。淡水保持及土壤保持呈显著变化的面积较小，零散分布在中国北方地区；淡水保持及土壤保护在中国西南部及黄淮海地区呈不显著下降趋势（图 10-3）。

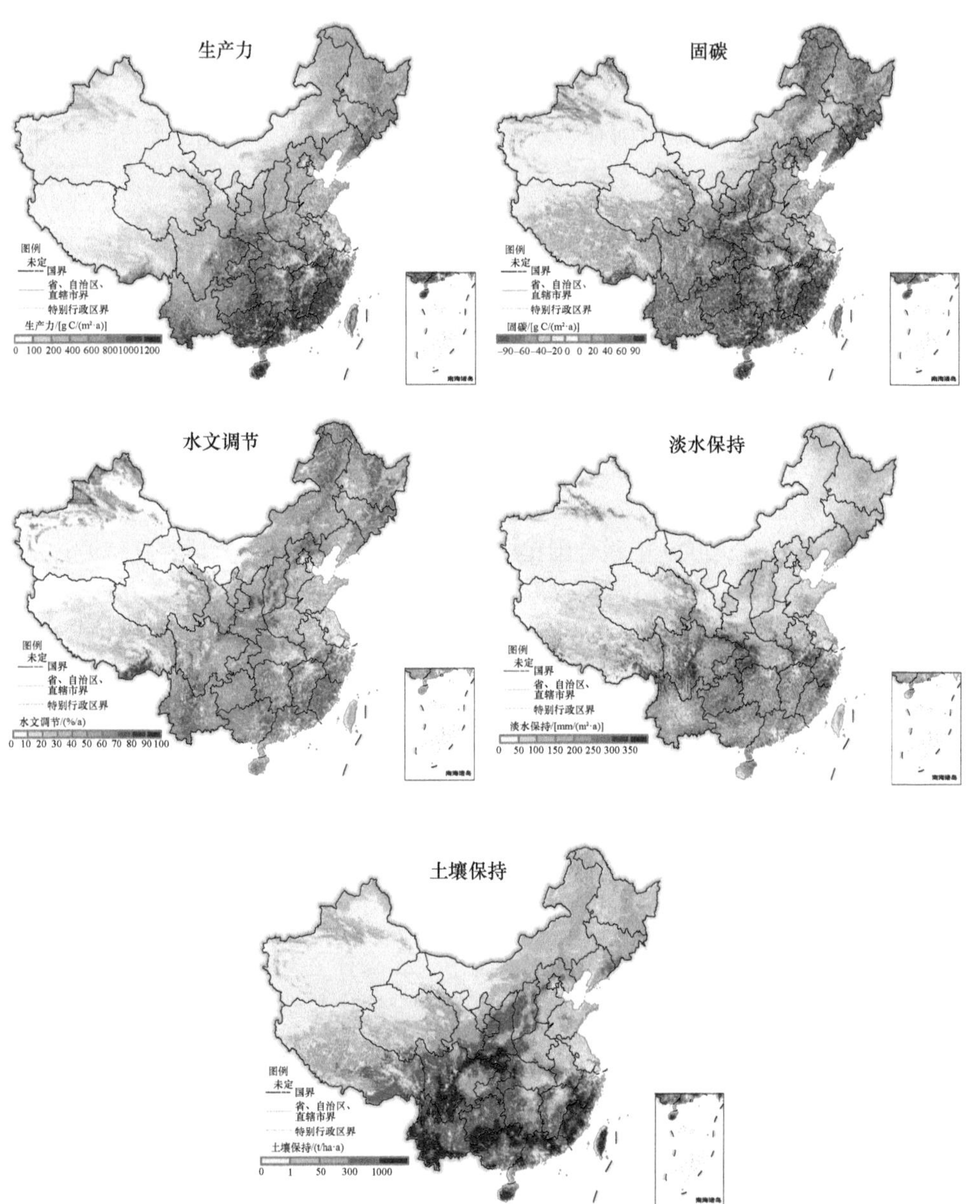

图 10-3　2000～2018 年中国重要生态功能变化趋势空间格局

10.2 专题案例：典型区域森林生态系统固碳能力评估

我国制定的“碳中和”的宏伟目标，需要通过能源结构优化、发展碳捕集利用封存、修复生态系统、植树造林等方式，将直接或间接产生的CO_2等温室气体排放总量相抵消，以此实现CO_2的“零排放”。因此，除了直接减排，还可通过增加温室气体吸收汇，即碳固存、碳增汇等手段人为移除大气中的CO_2。碳固定是捕获、收集碳并封存至安全碳库的过程，其可分为自然植被固碳与人工固碳两种方式。陆地自然植被具有强大的固碳功能，根据植被光合作用可知，生态系统每生产1g干物质就能够吸收1.63g CO_2，这就是陆地生态系统的碳固定功能。因此，陆地生态系统的质量越好、生物量越高，则其碳固定功能越强。陆地生态系统的碳固定功能与人工固碳相比，不需提纯CO_2从而可节省分离、捕获、压缩CO_2气体的成本。同时，自然植被固碳还能产生水源涵养、水土保持等其他生态效益。

森林生态系统生物量约占全球陆地植被总生物量的85%，作为陆地上最大的碳库，其植被碳储量占全球陆地生态系统碳储量的57%，每年的碳交换量约占整个陆地生态系统碳交换量的70%，可吸收固定全球每年大约25%的化石燃料燃烧所排放的CO_2。根据2020年联合国粮农组织（FAO）发布的《全球森林资源评估》报告显示，从1990～2020年，全球森林面积在不断缩小，损失的森林面积高达1.78亿hm^2，大部分国家都存在不合理开发森林资源的情况，导致毁林状况严重、森林的固碳能力下降。政府间气候变化专门委员会（IPCC）提出了土地利用、土地利用变化及森林（LULUCF）、在发展中国家通过减少森林砍伐和减缓森林退化而降低温室气体排放并增加碳汇（REDD+）、木质林产品（HWP）等可持续性的管理和行动，为减少毁林、森林保护和修复、维持和提升森林增汇能力发挥作用，可以成为实现“碳中和”目标的一个主要途径。

10.2.1 森林生态系统碳固定功能估算

基于IPCC的LULUCF方法框架构建了中国森林生态系统碳固定功能定量评估技术体系，在掌握我国森林生态系统亚类时空变化数据的基础上，充分利用近些年我国科学家在森林碳循环方面的最新资料和研究成果，采用文献参数整理和类型赋值等方法确定森林亚类的碳固定估算参数，估算2000年国家尺度森林生态系统的植被和土壤有机碳的固定量以及过去30年（1990～2000年、2000～2010年、2010～2018年）的碳固定变化量，并预测未来30年（至2050年）三种不同情景下森林生态系统碳固定量变化趋势量，评估60年间我国森林生态系统碳固定功能过去、现在、未来的时空变化格局及碳固定潜力。

森林生态系统精细分类。基于中国科学院 1990 年、2000 年、2010 年、2018 年全国 1km 百分比栅格土地利用现状数据集，提取林地一级类型下的有林地、灌木林和疏林地作为森林生态系统的外边界范围，依据国际地圈生物圈计划（IGBP）分类系统采用遥感自动分类方法，将森林生态系统分为常绿针叶林、常绿阔叶林、落叶针叶林、落叶阔叶林、混交林、灌木林等 6 个森林亚类。进一步，获取得到 1990～2000 年、2000～2010 年、2010～2018 年森林亚类变化数据集。

2050 年森林生态系统未来情景。基于对未来 30 年全国土地利用时空格局变化情景的设计与分析，结合地面观测数据、社会经济统计和历史调查数据，遴选全国土地利用宏观结构变化的驱动因子，利用土地动态变化模拟（DLS）模型预测了 10km 栅格土地利用时空格局的变化特征。进而得到 2050 年基准情景、环境持续发展情景、经济快速增长情景等 3 种情景方案下的森林生态系统变化空间分布数据集。

文献参数整合（meta-analysis）方法。整合得到森林生态系统碳固定估算的相关参数。文献资料遴选标准：①所有文献均是关于森林生态系统的碳库现状及变化的正式发表研究论文（含专著等）；②包含中国不同区域、不同优势树种和森林类型的生物量碳密度、表层土壤（0～30 cm）碳含量，如果某一研究结果的土层厚度低于或高于 30cm，则通过公式进行转换后开展分析；③采用的研究结果必须是在地面进行实地调查得到的，不包括通过模型模拟得到的结果；④研究报道数据需为具体数值，若是以图表方式表征的数据，则需要对图表进行转化，能得到具体的研究数字，数据应包含平均值和标准差（或标准误、变异系数等）。目标变量包括地理位置（经纬度、地名），森林类型，优势树种及比例，林分起源，林龄或龄级，土壤类型、土壤厚度，林分（包括干、枝、叶、根）、枯落物和 0～30cm 土壤的碳密度与储量，生物量分配比例，不同器官的碳含量，生物量转换因子，木材密度等。

森林资源清查数据。收集了第一次至第七次（1973～1976 年、1977～1983 年、1984～1988 年、1989～1993 年、1994～1998 年、1999～2003 年、2004～2008 年）国家森林资源清查统计数据，包括优势树种、龄级、蓄积量、面积等。同时，收集了国家森林资源清查的 9078 个地面样方数据，包括位置、起源、立地条件、土壤类型、土壤深度、优势树种、林龄、蓄积量等。

碳固定量估算。森林生态系统碳库主要包括植被（包括干、枝、叶、根）和 0～30cm 土壤有机碳（SOC）。

（1）森林植被碳固定量估算：

$$C_{veg}=A\times V\times \mathrm{WD}\times \mathrm{BEF}\times \mathrm{CF} \tag{10-1}$$

式中，C_{veg} 为森林植被碳固定量，MgC；A 为林分面积，hm^2；V 是单位面积森林蓄积量，m^3/hm^2；WD 为木材密度，Mg/m^3；BEF 为生物量扩展因子；CF 为碳含量，MgC/Mg。

（2）土壤有机碳固定量。采用中国土壤有机碳密度作为初始值。

碳固定变化量估算：

（1）森林生长的植被碳固定增量，以全国森林资源清查样方数据为数据源，选择几类广泛使用的理论生长方程 Richards（1959）、Logistic（1838）、Korf（1988）、Gompertz（1825）和 Mitscherlich（1919），利用空间代替时间方法分别拟合我国不同区域的亚类森林生长曲线，选定合适的生长曲线，依据生长曲线和估算时长确定植被生长的碳固定增量。

（2）造林导致的森林植被碳库变化表示为：

$$\Delta C_a = \sum \Delta C_i = \sum_{i=1}^{n} \left[C_i(t+1) -_i (t) \right] \tag{10-2}$$

$$C_i(t) = \sum_{i=1}^{n} \sum_{j=1}^{m} \sum_{k=1}^{p} A_{ijk} V_{ijk} \mathrm{WD}_j \mathrm{BEF}_j \mathrm{CF}_j \tag{10-3}$$

式中，ΔC_i 为区域 i 的森林植被碳固定变化量，MgC；$C_i(t)$是第 t 时段的森林植被碳固定量，A_{ijk} 是已造林或规划造林的树种 j 的面积，hm^2；V_{ijk} 是树种 j 龄级 k 的单位面积森林蓄积量，m^3/hm^2，其余参数同上。

（3）毁林导致森林植被碳固定量变化一般发生在毁林初年。假设毁林后森林植被碳固定量即为零，则毁林导致的森林植被碳库变化可表示为：

$$\Delta C_d = \sum_{i=1}^{n} C_i(t) = \sum_{i=1}^{n} \sum_{j=1}^{m} \sum_{k=1}^{p} A_{ijk} V_i \mathrm{WD}_j \mathrm{BEF}_j \mathrm{CF}_j \tag{10-4}$$

式中，ΔC_d 表示毁林对森林植被碳固定量的影响；A_{ijk} 是区域 i 的毁林面积；V_i 表示区域 i 的单位面积森林蓄积量，m^3/hm^2；其余参数同上。

（4）土壤有机碳固定变化量估算

造林导致土壤有机碳库的变化与造林前土地利用类型及当地环境条件有关，其变化通常是非线性的。土壤有机碳库的先减少随后增加趋势可表示为：

$$y = ax + b \tag{10-5}$$

$$y = ax^b \mathrm{e}^{cx^d} + e \tag{10-6}$$

式中，x 表示土地利用变化时间，y 表示土壤有机碳含量，Mg/hm^2；a、b、c、d、e 是拟合系数。

造林/毁林导致的土壤有机碳固定量变化可以表示为：

$$\Delta C_{\mathrm{S}} = A_i R_i B_{\mathrm{density}} \tag{10-7}$$

式中，ΔC_{S} 是土壤有机碳固定量变化，MgC；R_i 表示土壤有机碳的变化率，$MgC/hm^2 \cdot a$；

$B_{density}$ 为土地利用变化前的土壤有机碳密度。

造林导致的土壤有机碳的变化率可以通过拟合表示为：

$$R_i = a \times \ln(\text{age}) - b \tag{10-8}$$

毁林导致的土壤有机碳变化率可以通过拟合表示为：

$$R_i = -30.7\left(1 - e^{(-0.41\text{age})}\right) \tag{10-9}$$

10.2.2　森林生态系统碳固定功能评估

2000 年，中国森林生态系统碳固定总量达 12.67 PgC，其中植被碳固定量 7.73PgC，0～30cm 深度土壤有机碳固定量 4.94PgC。西南地区森林碳固定总量 3.77 PgC，约占全国森林碳固定总量的 29.8%。西北地区森林碳固定总量 0.96 PgC，约占全国森林碳固定总量的 7.6%。东北地区森林碳固定总量 2.14 PgC，约占全国森林碳固定总量的 16.9%。华北地区森林碳固定总量 1.47PgC，约占全国森林碳固定总量的 11.6%。华南地区森林碳固定总量 1.49 PgC，约占全国森林碳固定总量的 11.8%。华东地区森林碳固定总量 1.48 PgC，约占全国森林碳固定总量的 11.7%。华中地区森林碳固定总量 1.35 PgC，约占全国森林碳固定总量的 10.7%（图 10-4）。

10.2.3　过去 30 年森林生态系统碳固定功能变化

1990～2000 年，我国森林碳固定功能轻微下降，碳固定量减少了 1.12%。其中，华北、西南、西北和东北地区的森林碳固定轻微下降，碳固定量分别减少了 1.63%、1.04%、1.54%和 2.38%。华东、华中、华南地区的森林碳固定量基本持衡。2000～2010 年，我国森林碳固定功能轻微上升，碳固定量增加了 3.72%。西北地区森林碳固定较明显上升，碳固定量增加了 5.52%。其余 6 个区域的森林碳固定皆处于轻微上升态势。2010～2018 年，我国森林碳固定功能轻微上升，碳固定量增加了 4.87%。西南地区森林碳固定轻微上升，碳固定量增加了 3.94%，其余 6 个区域的森林碳固定皆处于轻微上升或持衡态势。三个 10 年相比，我国森林碳固定功能从下降或基本持衡趋势转变为持续地轻微上升趋势（图 10-5）。

10.2.4　未来 30 年森林生态系统碳固定功能变化情景

至 2050 年，基准、环境持续发展、经济快速增长 3 种社会经济发展情景下，我国森林碳固定功能都将呈现较明显上升的态势，环境持续发展情景下森林碳固定量增加最多（增加 7.32%），其次是基准情景（增加 6.23%），经济快速增长情景的增量最小，约为 5.85%（图 10-6）。

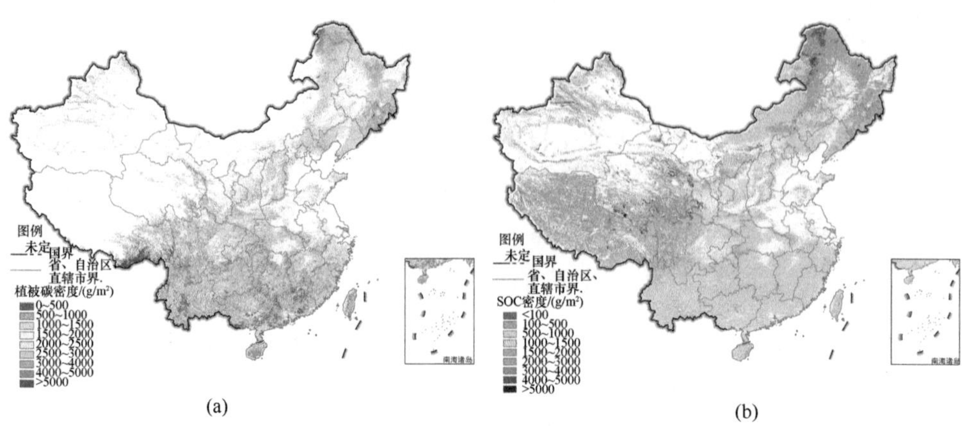

(a) (b)

图 10-4 中国森林生态系统植被碳固定量与土壤有机碳固定量

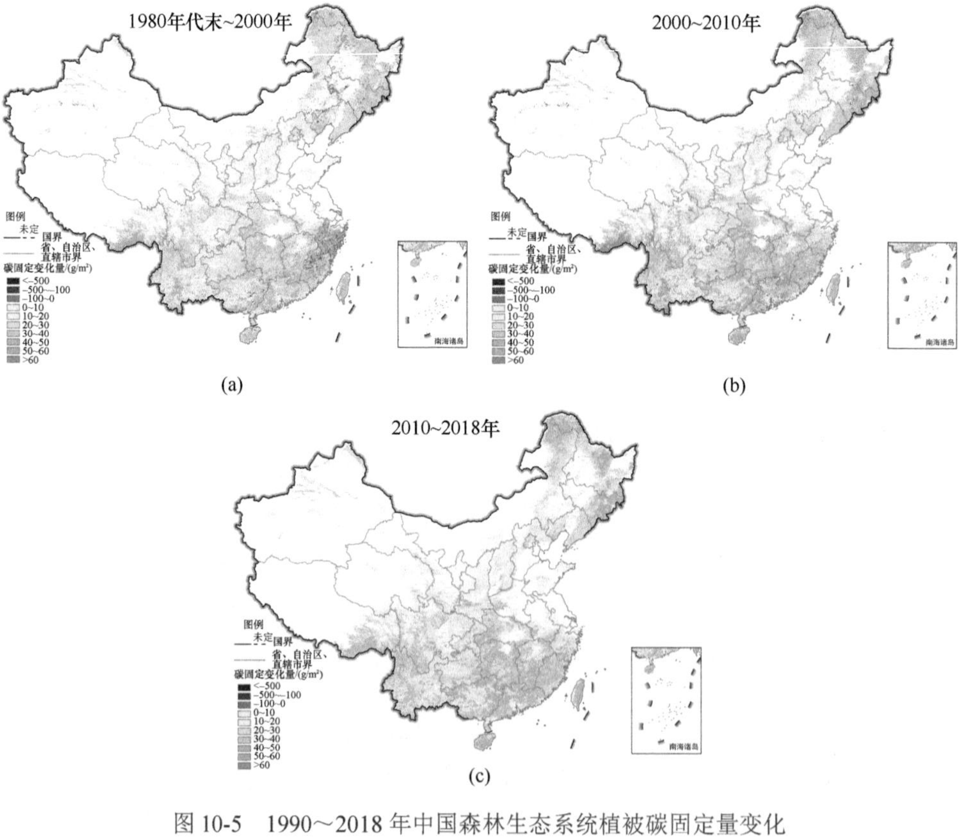

1980年代末~2000年

2000~2010年

(a) (b)

2010~2018年

(c)

图 10-5 1990～2018 年中国森林生态系统植被碳固定量变化

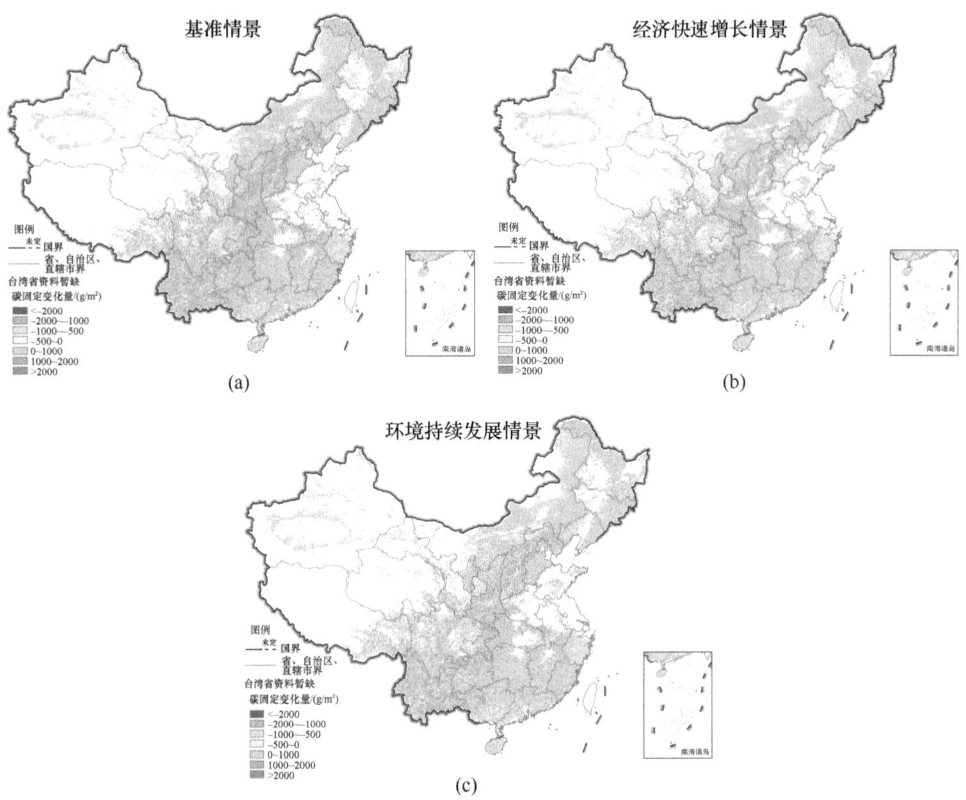

图 10-6　2050 年中国森林生态系统植被碳固定量变化

10.3　专题案例：京津冀地区生态系统服务变化评估

京津冀地区是华北平原的重要生态屏障，同时也是我国首都经济圈。然而，由于森林生态系统的质量不高，北部土地的草地生态系统退化和沙化现象严重，导致生态系统服务和承载力偏低。因此，如何有效地展开生态保护和修复，已成为京津冀协同发展的核心问题（邓越等，2018；王喆和周凌一，2015）。2000 年以后，该地区不断加强生态保护和修复，实施了平原绿化、太行山绿化、三北防护林、京津风沙源治理、退耕还林还草工程、沿海防护林、天然林保护等多个重大生态修复工程，还确立了“两屏两带”生态保护红线的空间分布格局，即以太行山生态屏障、燕山生态屏障、沿海生态防护带以及坝上高原防风固沙带为主体。虽然通过实施各项生态措施，生态系统的功能得到了修复和提升，但生态安全形势仍然十分严峻（刘军会等，2018）。

许多学者在多个领域进行研究，以评估京津冀地区的生态环境状况，这些领域包括生态空间、生态安全格局（迟妍妍等，2018；王振波等，2018；陈利顶等，2016），景观格局与土地利用/覆被变化（胡乔利等，2011；吕金霞等，2018），生态系统服务、生态与生境质量评价（梁龙武等，2019；吴健生等，2015）、价值评估（吴健生等，2015；张彪等，2015；刘金雅等，2018）、生态补偿（年蔚等，2017；文一惠等，2015；苑清敏等，2017）、生态承载力（封志明和刘登伟，2006；徐卫华等，2017；俞会新和李玉欣，2017）、京津风沙源治理工程的生态效果（贾晓红等，2016；冯长红，2006）等。许多研究使用单一年份或几个时间段的数据来评估生态系统指标，如土地覆盖、水源涵养量和固碳释氧净生产服务能力等，这些研究分析了生态系统指标的变化及其重要驱动因素。武爱彬等基于1990年、2015年2期土地覆被数据，分析京津冀地区的生态系统服务供需格局的变化（武爱彬等，2018）；张彪等基于物质—价值量法评估了2010年首都生态圈生态系统服务价值（张彪等，2015）；翟月鹏等利用气象、植被覆盖度等数据，分析京津冀地区水源涵养量空间分布格局（翟月鹏等，2019）；年蔚等利用碳排放、氧消耗等数据，评估京津冀地区的固碳释氧净生产服务能力（王晓学等，2013；年蔚等，2017）；刘金雅等基于多边界改进的方法评估2015年京津冀地区的生态系统服务等（刘金雅等，2018）。然而，大量研究分析了生态系统指标变化的重要驱动因素，比如徐志涛等以土地覆被变化驱动力分析京津冀地区生态服务的变化（徐志涛等，2018），由于外部因素如降水周期等的影响，仅依靠单一或片段的评估结果难以真实反映生态状况的变化，存在很大的不确定性。李孝永等采用社会经济要素和规划纲要等数据分析京津冀地区土地利用的变化（李孝永和匡文慧，2019），孟丹等结合降水、气温数据分析京津冀地区NDVI的变化特征（孟丹等，2015），Jiali Wang等、Da Zhang等、Yushuo Zhang等从城市化的角度分析生态系统服务的变化等（Wang等，2019；Zhang等，2017；Zhang等，2018），张晓艺等结合气温、日照、降水和相对湿度等数据分析京津冀地区森林植被净初级生产力的变化（张晓艺等，2018）。但是，这些研究多从某类因素开展驱动因素分析，缺少生态修复工程和气候变化对生态系统指标变化叠加影响的分析。

深入开展京津冀地区的生态保护和修复工作，以及推进未来该地区的生态系统管理工作，定量分析长时间序列生态系统结构及其服务的基本状况和时空变化特征，具有重要的科学和现实意义。本章节利用长时间序列的遥感监测数据和气象观测资料，结合模型模拟和GIS空间分析等手段，构建了京津冀地区生态系统结构和关键服务的生态本底图谱。同时，考虑气候变化、植被覆盖状况和生态工程实施情况等自然和人为驱动因素，对过去15年京津冀地区生态系统服务的时空变化态势进行了分析。本研究同时也阐述了这些驱动因素对生态系统服务时空变化的影响，为未来京津冀地区生态系统评估、生态状况监测、生态红线监管和生态绩效考核提供了数据基础和科学依据。

10.3.1　京津冀地区概况

京津冀地区，包括首都北京、直辖市天津以及河北省的 11 个地级市，陆地面积约为 21.6×10^4 km^2，占全国总面积的 2.25%，是国内北方经济规模最大、创新活力最强的地区。该地区地处华北平原北部，蒙古高原南部，渤海湾西部和太行山丘陵东部。地势由西北向东南逐渐降低，地貌类型多样，北部、西北部以高原草地、山地、盆地等为主，中部和南部以平原为主。太行山的黄土丘陵和土石山区由于地势陡峭，水土流失问题比较严重，属于国家水土流失的重点治理区域，需要加强水土保持等环境保护措施；燕山-太行山山地是京津冀地区重要的水源涵养地，为海河流域的发源地，具有重要的生态和环境保护作用。此外，河北省西北部的坝上高原地区，林草覆盖面积广，森林郁闭度高，一定程度上起到了防治风沙入侵京津冀城市群的作用。气候类型以暖温带大陆性季风型气候为主，夏季高温多雨，冬季寒冷干燥，春秋季节干旱多风。根据中国生态区的分类标准，京津冀地区由南向北依次划分为 4 个生态区：华北平原农业生态区（简称“华北农业生态区”），是我国重要的粮食生产区之一；京津唐城镇与城郊农业生态区（简称“京津唐农业生态区”），是我国城市和农业发展较为集中的区域；燕山-太行山山地落叶阔叶林生态区（简称“森林生态区”），为津冀地区的森林资源重要组成部分；内蒙古高原中东部典型草原生态区（简称“草原生态区”），是我国草原资源丰富的地区之一。这些生态区各具特点，面临不同的生态和环境保护挑战，需要采取有效措施进行管理和保护，以促进地区的可持续发展（图 10-7）。

10.3.2　生态系统类型及其时空格局演变特征

京津冀地区的生态系统类型以森林、草地、农田和聚落为主。2015 年，农田面积占研究区面积的 49.7%，为 10.74×10^4 km^2，主要分布于东南部平原地区；森林面积约占研究区面积 20.7%，为 4.46×10^4 km^2，主要分布于北部和西部的山地区域；草地面积约占研究区面积 16.2%，为 3.50×10^4 km^2，主要分布在北部山地和西部丘陵狭长地带；水体和湿地约占研究区面积 3.4%，为 0.72×10^4 km^2，大体分布于渤海湾沿岸；聚落面积约占研究区面积 9.6%，为 2.05×10^4 km^2，是京津冀城市群的主体，主要分布在中部、南部以及渤海湾平原（图 10-8）。2000～2015 年，京津冀地区的生态系统面积变化具有明显的时空分异特征。其中，水体与湿地减少了 3.45%（305.46 km^2）；森林减少了 0.08%（34.43 km^2）；草地减少了 0.79%（279.15 km^2）；农田面积减少了 0.21×10^4 km^2（降幅为 1.88%）；聚落增加了 16.24%（0.27×10^4 km^2）（图 10-8，表 10-3）。

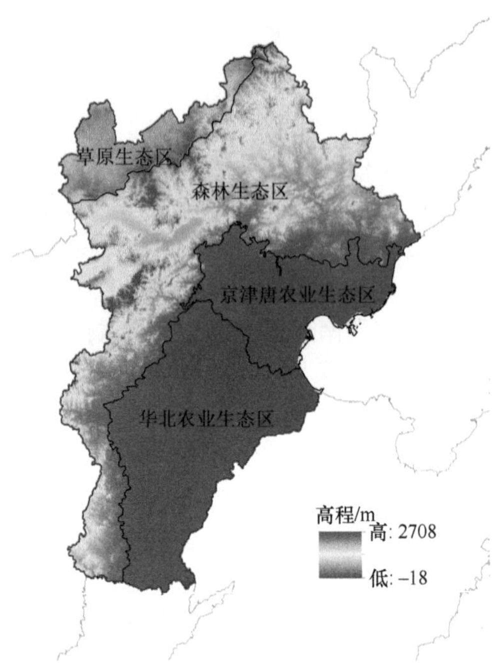

图 10-7　京津冀地区的生态区划和数字高程模型

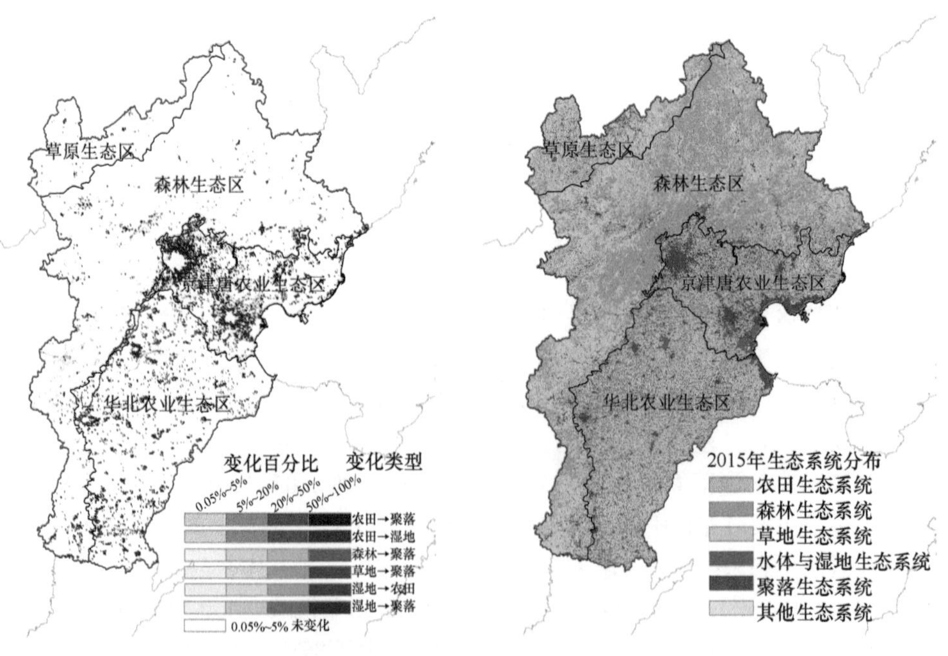

图 10-8　京津冀地区生态系统类型分布及其变化

表 10-3　2000～2015 年京津冀地区生态系统转移矩阵　（单位：hm^2）

年份	生态系统类型	2015 年						
		农田	森林	草地	水体与湿地	聚落	其他	总计
2000	农田	106941.61	63.26	9.46	171.11	2224.74	0.56	109410.74
	森林	18.37	44493.96	4.99	10.83	122.73	0.00	44650.88
	草地	81.33	33.41	34968.03	43.06	156.10	0.45	35282.38
	水体与湿地	266.73	20.86	13.13	6933.12	252.24	0.67	7486.75
	聚落	25.16	2.37	5.00	20.85	17681.15	0.12	17734.65
	其他	23.21	2.59	2.62	2.32	25.01	865.77	921.52
	总计	107356.41	44616.45	35003.23	7181.29	20461.97	867.57	215486.92

在过去 15 年里，京津冀地区的生态系统类型发生了转换，主要是从森林、草地、水体与湿地向农田、聚落的转变。主要表现为：①其中水体与湿地、森林、草地以及其他生态系统都出现了不同程度的减少。草地向聚落、农田、森林、水体与湿地分别净转出了 151.1 km^2、71.87 km^2、28.42 km^2 和 29.93 km^2；森林面积变动相对较小；水体与湿地的生态系统面积减少较为明显，有 231.39 km^2 转化为聚落，95.62 km^2 转化为农田。②城镇、农村和建设用地的扩张迅速，尤其是北京、天津和唐山的城镇扩张速度最快。聚落生态系统面积明显增加，其中大部分面积来自于农田、森林、草地和水体与湿地转换而来。其中有 76.35%、8.03%、5.25% 和 4.18%的面积分别来源于农田、水体与湿地、草地以及森林的转入。③农田面积的变化在过去 15 年中非常剧烈，发生了显著的变化。水体与湿地、草地转入农田的面积分别为 95.62 km^2 和 71.87 km^2，农田转为森林和聚落的面积分别为 44.89 km^2、7457 km^2。

10.3.3　生态系统防风固沙功能时空格局演变特征

2000～2015 年期间，京津冀地区单位面积防风固沙量为 26.16 t/hm^2，平均防风固沙量为 5.61×10^8 t。从空间分布来看，草原生态区平均单位面积防风固沙量为 60.11 t/hm^2，平均防风固沙量为 1.12×10^8 t，其南部地区单位面积防风固沙量为 30～50 t/hm^2，北部和中部为 50～180 t/hm^2；森林生态区平均单位面积防风固沙量为 36.10 t/hm^2，平均防风固沙量为 3.81×10^8 t，该南部和东部单位面积防风固沙量为 0～40 t/hm^2，中部地区为 40～360 t/hm^2；华北农业生态区和京津唐农业生态区平均单位面积防风固沙量分别为 5.03 t/hm^2、12.27 t/hm^2，平均防风固沙量分别为 0.30×10^8 t、0.37×10^8 t，其西部滨海区防风固沙量比其他农业区高，为 10～30 t/hm^2（图 10-9）。

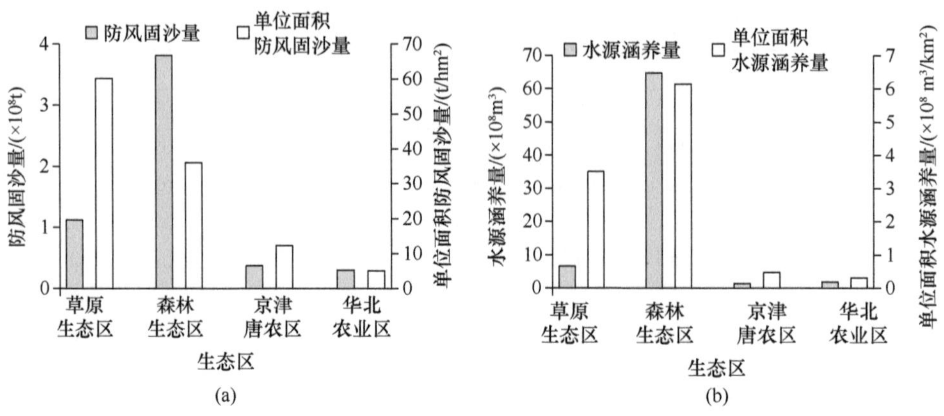

图 10-9　2000～2015 年生态系统防风固沙服务和水源涵养服务空间分布和各生态区防风固沙量和水源涵养量及单位面积

2000～2015 年，从变化趋势的时间特征来看，京津冀地区生态系统防风固沙量呈上升趋势，增幅为 0.11 t/（$hm^2 \cdot a$），但不显著（P>0.05）。每 5 年的变化趋势为“先减少，后增加，再减少”（图 10-10）。空间上，草原生态区防风固沙量下降趋势不显著，整体减幅小于–1 t/（$hm^2 \cdot a$）；森林生态区南部变化幅度较小，北部以显著上升趋势为主，增幅为大于 3 t/（$hm^2 \cdot a$），这可能是与该地区位于京津风沙源治理、太行山绿化等工程实施的重要区域有关，说明森林生态区北部的防风固沙工作效果较好；京津唐农业生态区和华北农业生态区东部整体极为明显地出现了下降趋势，而这一趋势在西部地区只有少量变化。此外，西部部分地区的防风固沙量相对较为稳定（图 10-11）。

10.3.4　生态系统水源涵养功能时空格局演变特征

2000～2015 年，京津冀地区平均单位面积水源涵养量为 3.49×10^4 m^3/km^2，平均水源涵养量为 74.58×10^8 m^3。在空间分布上，草原生态区平均单位面积水源涵养量为 3.50×10^4 m^3/km^2，平均水源涵养量为 6.54×10^8 m^3，而南部和中部单位面积水源涵养量为 0～5.0×10^4 m^3/km^2，北部为 5.0×10^4～12.5×10^4 m^3/km^2；森林生态区平均单位面积水源涵养量为 6.14×10^4 m^3/km^2，平均水源涵养量为 64.76×10^8 m^3，其西部永定河上游间山盆地林农草地区的单位面积水源涵养量较低，为 0～5.0×10^4 m^3/km^2；华北农业生态区和京津唐农业生态区平均水源涵养量分别为 1.86×10^8 t、1.42×10^8 m^3，平均单位面积水源涵养量分别为 0.31×10^4 m^3/km^2、0.47×10^4 m^3/km^2，其水源涵养量空间分布差异较小，区域内白洋淀湿地的水源涵养量较高，单位面积水源涵养量最高达到 83×10^4 m^3/km^2［图 10-12（a）］。

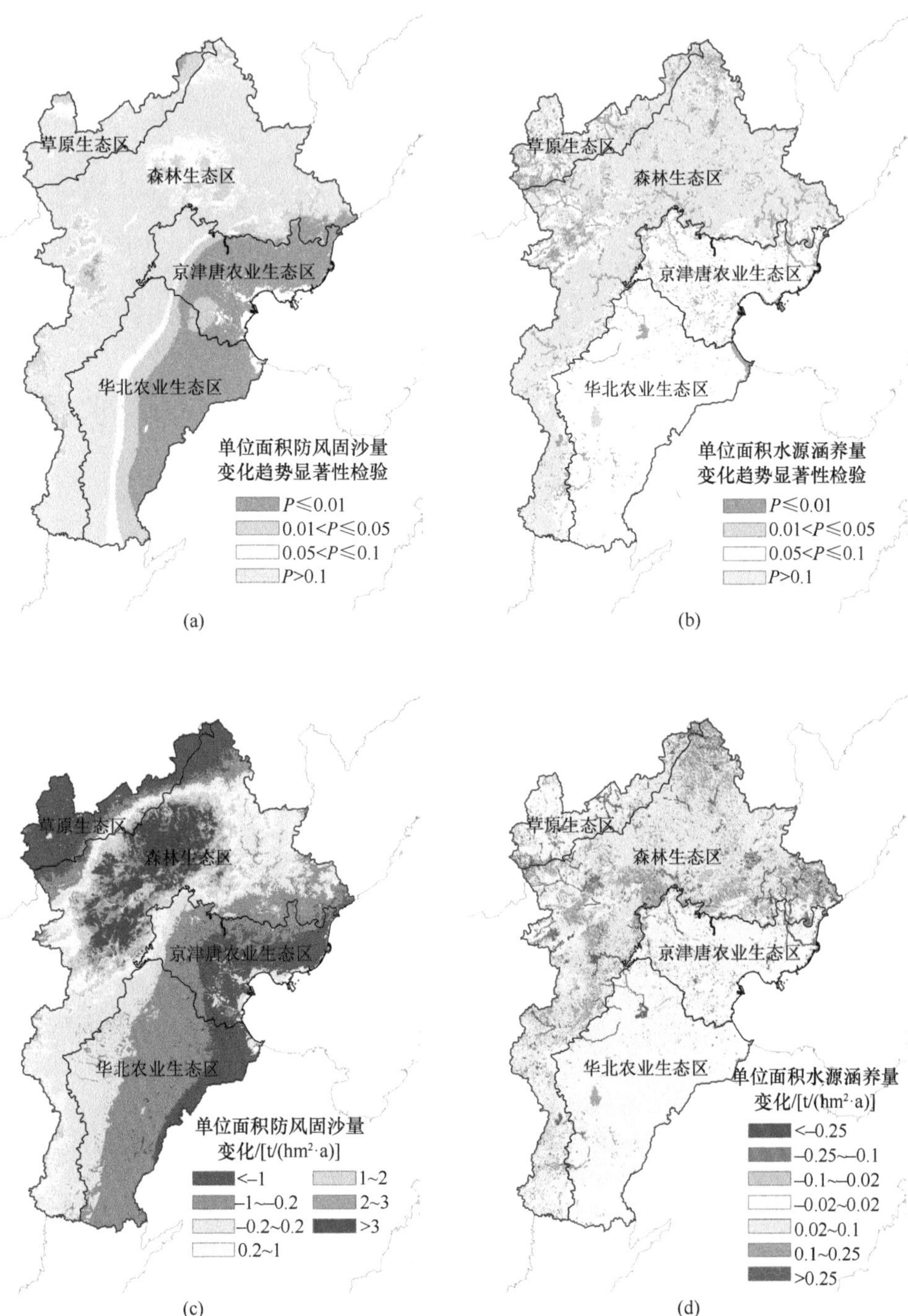

图 10-10　2000～2015 年单位面积防风固沙量和水源涵养量变化趋势显著性检验及变化

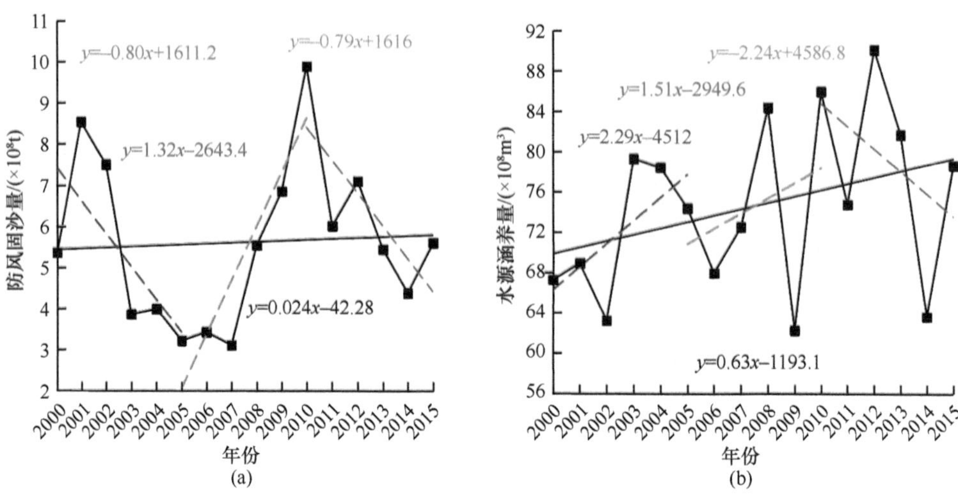

图 10-11 生态系统防风固沙量和水源涵养量变化态势及显著性检验

2000～2015 年，从京津冀地区生态系统水源涵养量的年际变化趋势情况来看，该地区生态系统水源涵养量呈上升趋势，增幅为 0.03×10^4 m^3/（$km^2\cdot a$），但不显著（$P>0.05$）。在每 5 年的变化中，水源涵养量在前 10 年呈增加趋势，后 5 年呈下降趋势。空间上，作为京津水源地和水源涵养重要区，森林生态区水源涵养量整体呈上升的趋势但不显著，增幅在 0.02×10^4～4×10^4 m^3/（$km^2\cdot a$）之间，局部

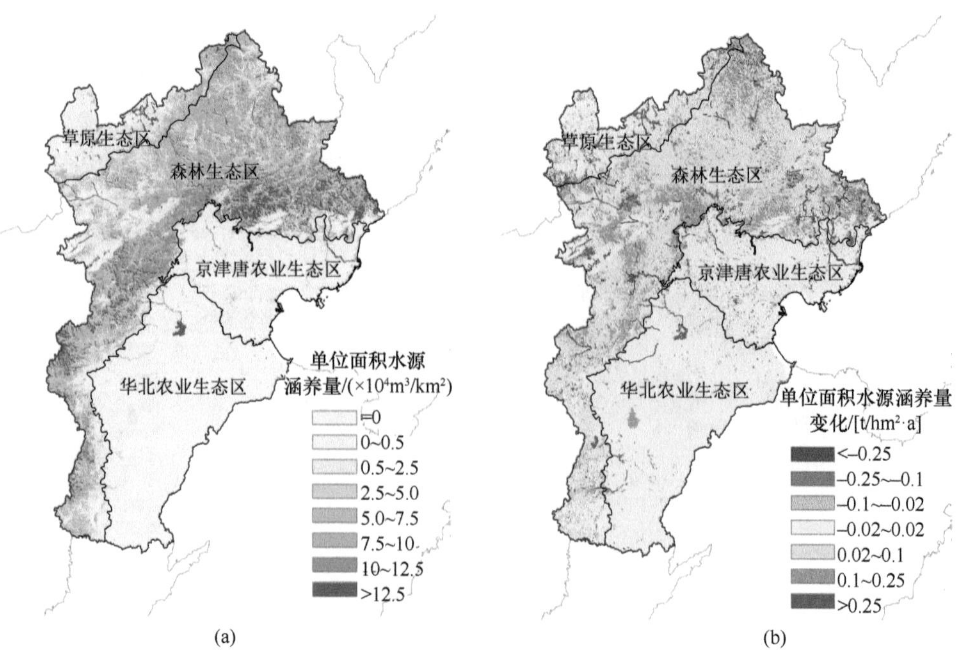

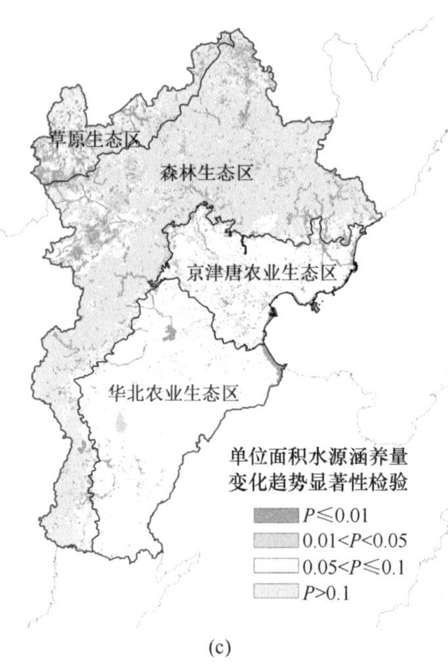

(c)

图 10-12　2000～2015 年京津冀地区生态系统水源涵养量的平均值、变化趋势及其显著性检验 P 值（a）平均（b）变化趋势（c）显著性检验 P 值

地区水源涵养量变化幅度小或呈下降趋势；草原生态区水源涵养量整体增幅也不大，在 0.02×10^4～0.1×10^4 $m^3/(km^2\cdot a)$ 之间，局部地区呈不显著上升趋势；京津唐农业生态区和华北农业生态区的水源涵养量幅度小，白洋淀湿地水源涵养量呈极显著上升趋势（$P<0.01$），增幅大于 0.25×10^4 $m^3/(km^2\cdot a)$［图 10-12（b）和（c）］。

10.3.5　生态系统土壤保持功能时空格局演变特征

2000～2015 年，京津冀地区平均单位面积土壤保持量为 37.23 t/hm^2，平均土壤保持量为 7.98×10^8 t。在空间分布上，草原生态区、森林生态区、西部永定河上游间山盆地林农草地区、华北农业生态区和京津唐农业生态区的平均单位面积土壤保持量分别为 12.86t/hm^2、71.61t/hm^2、0～10t/hm^2、1.62t/hm^2、2.63t/hm^2；草原生态区、森林生态区、华北农业生态区和京津唐农业生态区平均土壤保持量分别为 0.24×10^8t、7.56×10^8t、0.10×10^8t、0.08×10^8t，后两者土壤保持量空间分布差异较小（图 10-13）。

2000～2015 年京津冀地区生态系统土壤保持量呈显著上升的趋势（$P<0.05$），平均每年增加 1.08 t/hm^2。在过去的 15 年，前 10 年土壤保持量呈现缓慢上升趋势，后 5 年呈现下降趋势，且下降的幅度逐渐增大。空间上，草原生态区土壤保持量整体变化幅度较小，增长速度为 0.1～0.4 $t/(hm^2\cdot a)$，其中部部分地区呈不显著上升

趋势；森林生态区土壤保持量整体呈上升趋势，其中，局部地区上升的趋势较为显著，增长速度大于 0.4 t/（hm^2·a），局部地区土壤保持量变化幅度较小；华北农业生态区南部局部地区呈不显著下降趋势，京津唐农业生态区和华北农业生态区的土壤保持量整体呈不显著上升趋势，增长速度为 0.02～0.3 t/（hm^2·a）（图 10-14）。

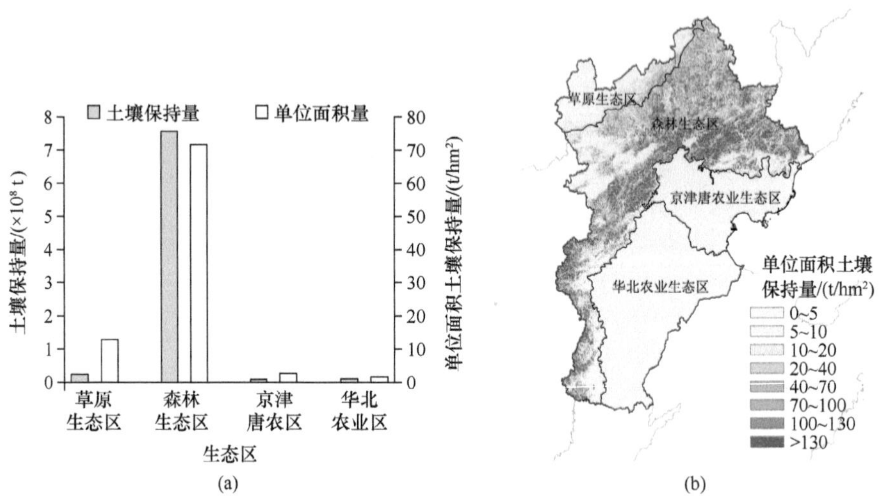

图 10-13　2000～2015 年生态系统土壤保持功能空间分布和各生态区土壤保持量及单位面积量

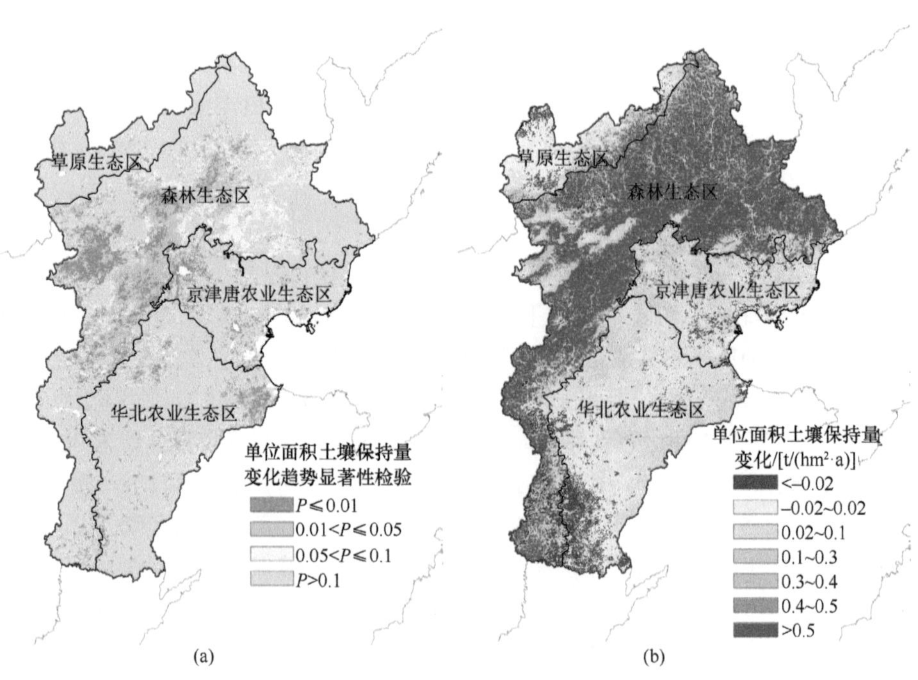

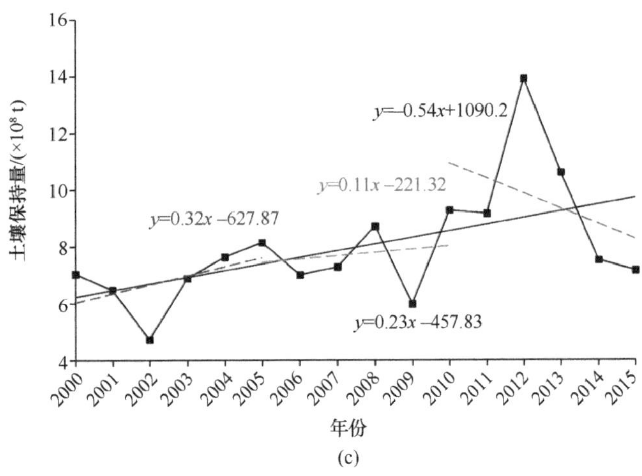

(c)

图 10-14　生态系统土壤保持量变化态势时空分布及显著性检验

10.3.6　生态系统核心功能变化的驱动因素分析

1）气候变化和人类活动的驱动分析

由图 10-15 和图 10-16 气候因子的时空分布变化图可知，2000～2015 年，京津冀地区多年平均降雨量为 497.85 mm，降雨量变化整体以 4.84 mm/a 呈上升趋势（局部地区 $P<0.05$）；多年平均气温为 9.87℃，各生态区整体气温变化幅度较小或以–3.05%℃/a 呈不显著下降趋势；多年平均风速为 2.39 m/s，以 0.75%m/s·a 增幅上升，其中北部风速呈显著或极显著上升趋势，东南部呈极显著下降趋势。根据生长季期间降雨量和气温的增幅分别为 2.37 mm/a 和 0.068℃/a，其中，6%的地区趋于暖干；以草原生态区、冀南部平原为主的温度明显升高区约占 28%；以京津唐农业生态区为主的趋于暖湿区约占 63%。基于以上分析发现，研究区的生长季气候整体呈现出暖湿趋势，这种气候趋势为植被的生长和发育提供了较好的水热环境，同时也有利于生态系统的健康发展。

从京津冀地区各县生态工程数量统计的空间分布图中可以看出，大多数县级行政区域都实施了 2 项及以上的生态工程。而生态工程的集中实施区域主要分布在华北平原地区、太行山丘陵和燕山山地。2000～2015 年，京津冀地区累计完成造林面积 599.26×10^4 hm^2。其中，人工造林面、积达 308.89×10^4 hm^2，无疏林地和疏林地新封面积达 97.25×10^4 hm^2，飞播造林面积达 67.18×10^4 hm^2，小流域治理面积达 55.43×10^4 hm^2，草地治理面积达 74.95×10^4 hm^2，工程投资总计达 378.45 亿元（图 10-17）。

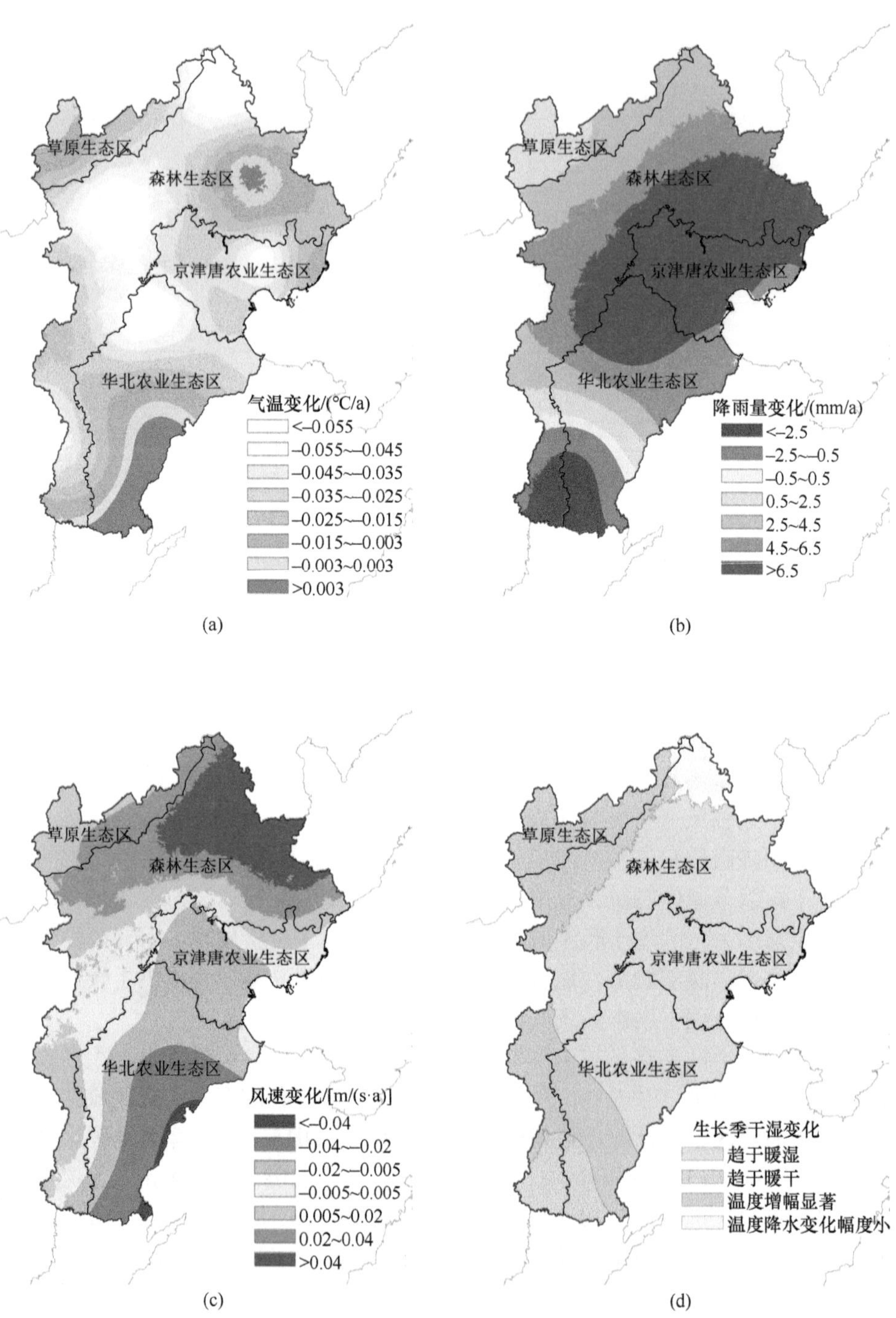

图 10-15　生态系统各气候因子变化态势时空分布和生长季干湿变化

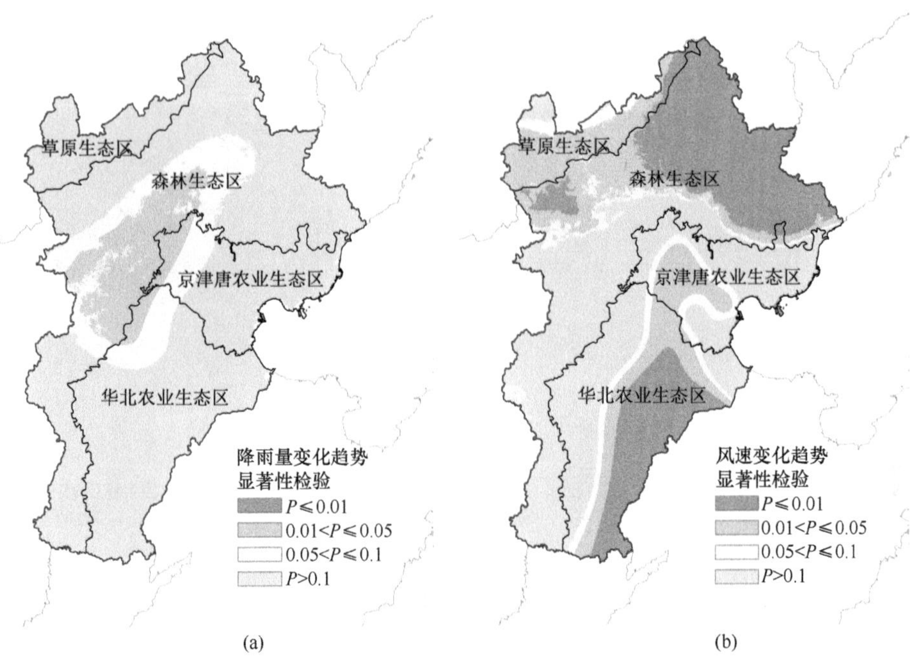

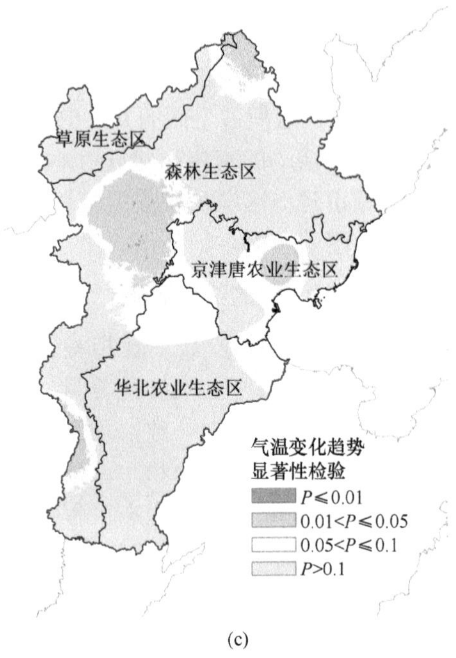

图 10-16　各气候因子变化趋势显著性检验

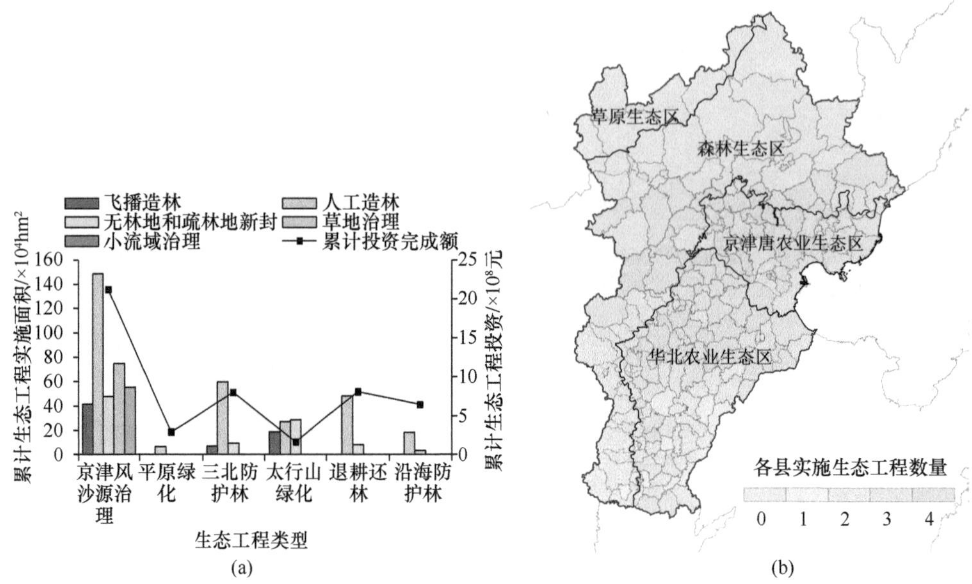

图 10-17　2000～2015 年京津冀地区生态工程数量及各生态工程实施面积和投资额

2000～2015 年，在气候和生态工程共同作用下，多年平均最大植被覆盖度为 69.66%，变化趋势呈极显著上升趋势，年增幅为 0.63%。整体来看，植被覆盖度有所改善，但在某些地区出现了植被退化的现象。从空间上看，各生态区的植被覆盖度整体呈明显的上升趋势，其面积占全区的 61.96%，而呈明显下降趋势的地区只占全区的 4.02%。由于人类活动的密集和建设用地的扩张，华北农业生态区和京津唐农业生态区周边的城市建成区植被覆盖度整体呈下降趋势，但同时也有部分地区出现了好转的趋势（图 10-18）。

2）驱动因子对生态系统功能变化的综合影响

结合气候变化以及生态工程实施情况，对比植被覆盖度变化和生态功能量变化的空间格局可以发现，森林生态区的水源涵养量、防风固沙量、土壤保持量的变化趋势和植被覆盖度变化趋势较为一致，均呈上升的趋势。这一现象是由于森林生态区的降雨量相对较多，林草面积广，加上良好的水热环境和大量的草地治理、退耕还林还草、小流域治理等生态工程措施的实施，共同促进了京津冀地区植被的恢复和增长，提高了该地区植被覆盖度，以及生态系统服务量。

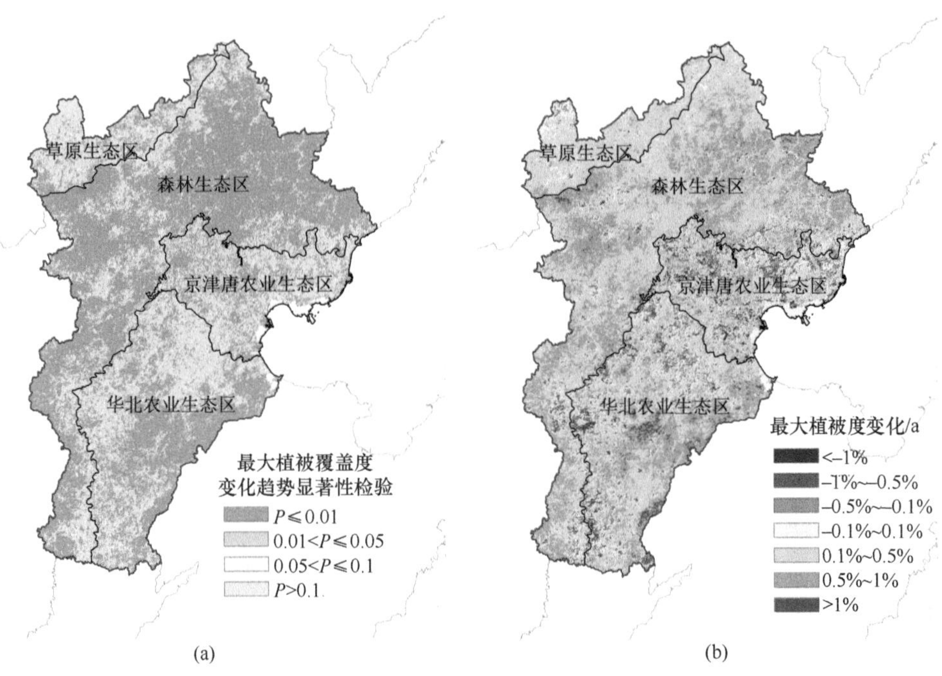

图 10-18　最大植被覆盖度变化态势时空分布及显著性检验

京津唐农业生态区的土壤保持量整体呈现不显著上升的趋势，防风固沙量以极显著下降为主。随着城市建设用地的不断扩张，该区域大量的生态系统由农田向聚落转变，造成区域植被覆盖度整体有所下降，一些生态系统服务量也出现下降情况。该区属于首都经济圈主要城市建成区，尽管多项生态工程在实施过程中已取得了一定进展，但天津滨海区化工工业和渔业用地面积较大，自然植被相对较少，因此该地区的防风固沙能力大幅下降，抗风蚀能力极弱。

尽管草原生态区的植被覆盖度整体有所好转，但当降雨量增幅较小、气温增幅较大时，土壤的黏结性下降，当风速增大时，风力携土能力增强，风蚀作用增加，最终造成该区防风固沙量整体呈不显著下降趋势，防风固沙量减少。土壤保持量和水源涵养量方面，生态区的西部温带干旱干草原区的水源涵养量和土壤保持量与植被覆盖度的变化趋势相反，中部和东部温带半湿润森林草原区的服务量变化趋势与植被覆盖度较为一致，均呈上升趋势，但不显著，该区域以农业生态系统为主，故植被根系固土持水能力相对弱于林草地区，与此同时降雨量有所增加，故土壤保持量和水源涵养量变化幅度较小或呈不显著下降趋势。

华北农业生态区的水源涵养量较少，森林草地覆盖面积小且年际变化不明显。

土壤保持量与植被覆盖度趋势相符，在中部和东部区域有所改善，这可能与该地区处于暖湿的气候区有关，且在平原绿化、沿海防护林等多种生态工程的实施下，共同作用导致该区植被覆盖度明显好转，土壤保持量增加。防风固沙量受多种因素影响，大部分地区出现显著下降趋势，反映了该区域生态过程的复杂性和综合性。

本章节通过定量评估京津冀地区生态系统结构与水源涵养、土壤保持、防风固沙等关键生态功能的时空格局演变特征，构建了一套京津冀地区生态系统关键服务的生态本底图谱，并对生态工程和气候变化等驱动因素进行了讨论，得到几点结论：

（1）2000～2015 年，京津冀地区的生态系统主要以农田为主，其分布格局基本保持不变。然而，近 15 年来，农田的面积大量减少，城镇的面积明显增加，这表现为一种相反的趋势。同时，水体、湿地、草地和森林的面积均出现不同程度的减少。

（2）京津冀地区生态系统平均防风固沙量为 5.61×10^8 t，增幅为 0.11 t/（$hm^2\cdot a$）（$P>0.05$）。草原生态区区域整体呈不显著下降趋势，减幅小于–0.5 t/（$hm^2\cdot a$），其单位面积防风固沙量最高，为 60.11 t/hm^2；森林生态区次之，区域整体呈不显著上升趋势，增幅为 0.5～6 t/（$hm^2\cdot a$），单位面积防风固沙量为 36.10 t/hm^2；对于华北农业生态区和京津唐农业生态区，它们的单位面积防风固沙量相对较低，，分别为 5.05 t/hm^2、12.27 t/hm^2，防风固沙量较低，东部呈显著或极显著下降趋势，减幅为小于–0.5 t/（$hm^2\cdot a$），西部防风固沙量变化不明显。

（3）生态系统平均水源涵养量为 74.58×10^8 m^3，增幅为 0.03×10^4 m^3/（$hm^2\cdot a$）（$P>0.05$）。其中，各生态区水源涵养功能存在差异，森林生态区区域整体呈不显著上升趋势，增幅为 0.05×10^4～0.25×10^4 m^3/（$hm^2\cdot a$）；整体水源涵养量变化不明显的为草原生态区，单位面积水源涵养量为 3.50×10^4 m^3/hm^2；对于单位面积水源涵养量，森林生态区的最高，大于草原生态区大于京津唐农业生态区大于华北农业生态区，分别为 6.14×104 m^3/hm^2、0.31×10^4 m^3/hm^2、0.47×10^4 m^3/hm^2。

（4）生态系统平均土壤保持量为 7.98×10^8 t，增长速度为 1.08 t/（$hm^2\cdot a$）（$P<0.05$）。其中，森林生态区区域整体呈显著上升趋势，增幅为 0.25～6 t/（$hm^2\cdot a$），单位面积土壤保持量最高，为 71.61 t/hm^2；草原生态区整体变化幅度较小，单位面积土壤保持量为 12.86 t/hm^2；华北农业生态区的单位面积土壤保持量为 1.62 t/hm^2，其南部地区土壤保持量有所下降但不显著；京津唐农业生态区的单位面积土壤保持量为 2.63 t/hm^2，呈不显著上升趋势，保持相对较为稳定的状态。

（5）近 15 年来，京津冀地区的生长季气候趋于暖湿，为植被生长提供了良好的水热环境。尽管该地区的湿地、草地和森林面积有所减少，但通过实施大量的生态修复工程，植被覆盖得到有效提高，从而极大地改善了整个地区的生态环境。

然而，仍有一些局部地区的生态质量出现了退化现象，因此需要继续加强生态保护和建设工作。

10.4 专题案例：秦岭-巴山地区大熊猫生境变化评估

大熊猫（*Ailuropoda melanoleuca*）被誉为“国宝”“活化石”，为我国特有孑遗、珍稀濒危物种，是全球最为古老的动物物种之一，已经在地球存活了 800 多万年（胡锦矗，1990）。根据化石考证，大熊猫曾广泛分布于我国西南、华南、华中、华北和西北等区域（王将克，1974）。这些区域在远古时代气候温暖潮湿，是大熊猫赖以生存的竹类分布中心。距今 50～70 万年的更新世是中晚期，是大熊猫的鼎盛时期。北至中国北京周口店，南至中国台湾及缅甸、越南、泰国北部，都有化石亚种大熊猫的广泛分布。其后，随着秦岭及其以南山脉出现大面积冰川等自然环境的剧烈变化，特别是在距今约 18000 年的第四纪冰期后，大熊猫种群开始衰落，分布区骤然缩小至我国南方地区。根据古籍和地方志记载，在近 2000 年前，我国的湖南、山西、甘肃、陕西、四川、云南、贵州、广西等地区均有大熊猫分布。对历史资料的考证说明大熊猫在长期进化竞争中处于一定优势地位。大熊猫栖息地的逐渐退缩虽然发生在近一两千年内，但急剧退缩主要还是发生在近一二百年（朱靖和龙志，1983）。剧增的人口和高强度的人类生产活动是导致大熊猫栖息地缩减和破碎化的主要原因。目前，我国的大熊猫主要分布在我国长江上游向青藏高原过渡的高山深谷地带，包括秦岭、岷山、邛崃山、大小相岭和大小凉山等山系。根据全国第三次大熊猫分布与数量调查，野生大熊猫种群数量约 1600 只，栖息地总面积约为 2304991 km^2（温战强，2006）。大熊猫种群数量的减少和栖息地之间的彼此隔离，导致种群灭绝风险大大增加，这也是大熊猫保护研究重点关注的内容。

气候变化是潜在影响大熊猫栖息地分布的一个重要因素。气候变化已经对全球许多物种产生显著影响，但目前，尚无确切研究表明气候变化将对大熊猫分布产生哪些具体的影响。近年来，通过研究气候变化对大熊猫主食竹分布以及栖息地质量的影响，可以间接推测气候变化对于大熊猫种群可能发生的影响。Tuanmu 等（2013）利用生物气候模型对秦岭大熊猫主食竹的分布进行了预测，研究表明在未来气候情景下，秦岭大熊猫主食竹的范围将扩展至目前保护区分布以外的区域，研究结论为未来大熊猫保护网络的建设规划提供了一定参考。刘艳萍（2012）就气候变化对岷山大熊猫及其栖息地的影响进行了研究，结果表明在综合考虑到地形、植被、人类干扰等环境变量的条件下，岷山大熊猫的适宜栖息地范围将大大减少，大熊猫将向高海拔、高纬度方向迁徙，未来大熊猫栖息地保护与恢复工作将面临巨大挑战。采用空间分析技术对大熊猫栖息地适宜性的评价也是近年来大熊猫种群生存研究的一个热点（周世强和黄金燕，2005；张爽，2004）。通过对未来气候变化情景下物种分布格局模型模拟大熊猫的潜在栖息地范围，将有助于识别大熊猫种群在未来时段的潜在生存空间，以及在迁徙过程中可能会遇到的空间障碍，从而在土地利用管理时预留好一定的空间和廊道。

近年来，随着遥感、GIS 等空间技术的迅速发展，采用环境因子和物种分布数据，通过物种模型来预测和模拟环境因子对物种的影响已经成为一种主要的分析手段。本研究关注大熊猫现状分布区以及在气候变化影响下的潜在分布区，主要包括秦岭、岷山、邛崃山、大小相岭和大小凉山等地区。基于气候、地形、物种实际分布等多种数据来源开展分析研究，拟通过对历史气候的分析和未来气候情景的预测，主要在 GEE 平台上进行，探讨目前大熊猫分布区及其周边范围的气候变化趋势，以及将对大熊猫种群、栖息地环境及其食物来源产生何种影响，识别哪些将是威胁大熊猫种群生存的环境要素；同时，结合目前大熊猫分布区内的栖息地现状以及在气候变化下哪些要素将对大熊猫种群的生存共同作用，提出针对大熊猫潜在分布区保护及应对气候变化的策略。预期的研究结果可为环境保护部门、自然保护区管理部门、当地政府等提供秦岭大熊猫应对气候变化的策略提供系统的参考依据，并且为秦岭及其周边区域的生物多样性保护网络建设和区域开发提供技术支持。

10.4.1 气候变化对大熊猫种群数量影响模拟

1）ENFA 模型结果分析

通过采用 bootstrap 和主成分分析法，筛选出 8 个主要的环境因子（表 10-4），对于大熊猫适生区分布的解释率约为 98.9%，选用这 8 个主要的环境因子重新模拟。

表 10-4 PCA 分析结果 （单位：%）

环境因子	贡献率	累计贡献率
年均温（bio1）	69.0	69.0
年平均降水（bio12）	10.4	79.4
降水变化方差（bio15）	3.0	82.4
昼夜温差月均温（bio2）	6.9	89.3
昼夜温差与年温差的比值（bio3）	4.7	94.0
温度变化方差（bio4）	2.3	96.3
最热月份最高温（bio5）	1.7	98.0
最湿季度平均温度（bio8）	0.9	98.9

通过 MacArthur's broken stick 方法，确定使用 8 个（≥5%）因子（包括 1 个 marginality 因子和 7 个 specialization 因子），建立 HS model，得到大熊猫适生区分布图（图 10-19）。

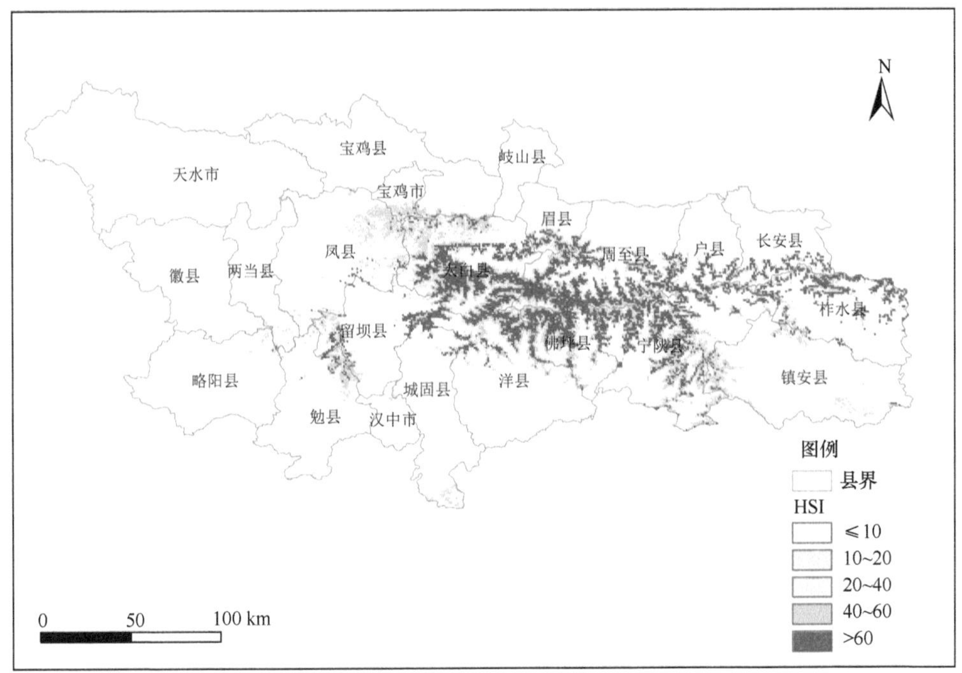

图 10-19　大熊猫的适生分布区

总的来说，大熊猫的分布适生区与整体环境不同，且特化于局部稳定环境中，对环境变化的忍受程度低（marginality=1.484，tolerance=1/specialization=0.148）。

结合识别出的影响大熊猫适生区分布的 8 个主要环境因子（年均温、年平均降水、降水变化方差、昼夜温差月均温、昼夜温差与年温差的比值、温度变化方差、最热月份最高温、最湿季度平均温度），得出大熊猫适生区分布范围的主要环境因子状况为：年均温 6.5～8.9℃、年平均降水 530～1115 mm、降水变化方差 6～7.9、昼夜温差月均温 6.7～9.9℃、昼夜温差与年温差的比值 0.2～0.3、温度变化方差小于 81、最热月份最高温度小于 25℃、最湿季度平均温度 15～18℃。

由图 10-19 和表 10-5 可知，大熊猫的适生区主要分布在太白县、周至县、佛坪县和宁陕县的大部分，勉县的北部，凤县、户县和长安县的南部，留坝县的西部；此外，天水市大部分以及宝鸡县[①]的小部分也分布着大熊猫的适生区。经统计，

① 2003 年 3 月，撤销宝鸡县，设立宝鸡市陈仓区。

研究区内大熊猫的高适生区和适生区总面积为 11143 km^2。秦岭大熊猫边缘适生区主要沿适生区边缘分布，边缘适生区主要分布在太白县、周至县、洋县、佛坪县、宁陕县和镇安县的交界处，面积约为 1485 km^2。

表 10-5　大熊猫不同适生区类型面积　　（单位：km^2）

适生区类型	面积
非适生区	29987
低适生区	8258
边缘适生区	1485
适生区	5717
高适生区	5426

2）MAXENT 模型结果分析——2030s 大熊猫分布范围预测

从图 10-20 可知，2030 年西部凤县大熊猫小种群会向南部留坝县和勉县迁移，北部太白山大熊猫种群有向宝鸡县、凤县山区迁移趋势。东部大熊猫种群有向户县、长安县迁移趋势。南部地区由于是平原，人口密集耕地分布，大熊猫迁移趋势不明显。

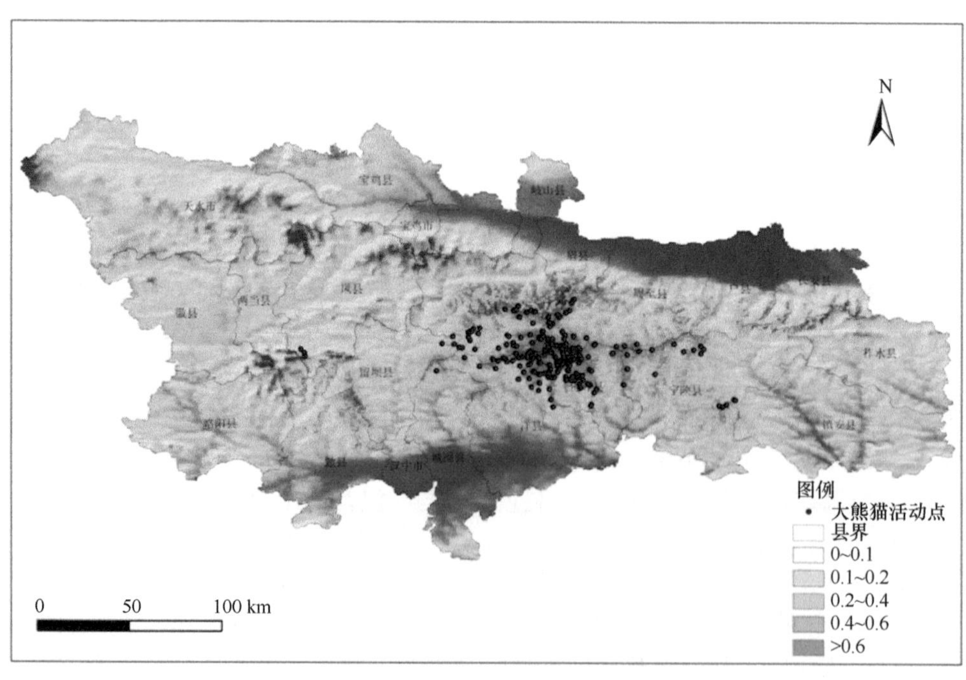

图 10-20　2030s 大熊猫分布预测

由图 10-21 和表 10-6 可知，训练集 AUC 值为 0.953，表明 MAXENT 模型预测结果好。大熊猫适生区主要分布在秦岭地区的西部，其中，太白县、眉县、周至县、留坝县、城固县、洋县、佛坪县、宁陕县 8 个县区是秦岭大熊猫分布的高适生区，面积约为 1095 km^2。

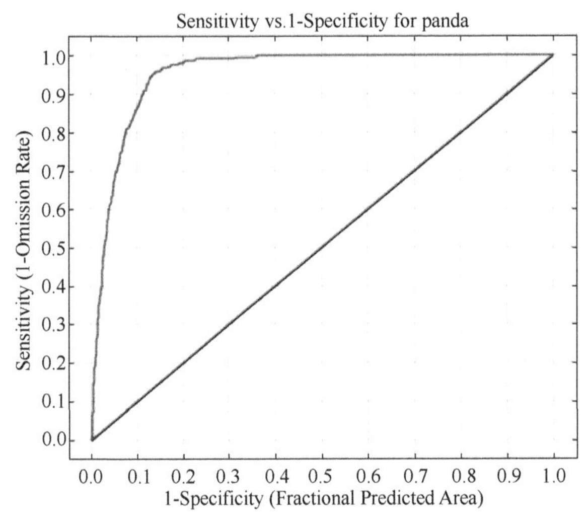

图 10-21　2030s 大熊猫分布预测 AUC 值

表 10-6　2030s 大熊猫各适生区类型面积　　（单位：km^2）

适生区类型	面积
非适生区	41825
低适生区	1804
边缘适生区	3329
适生区	2820
高适生区	1095

最湿润月降水量、年降水量、1 月最高温度分别贡献 32.9%、27.8%、13.5%，其余环境因子对大熊猫分布影响较小。Jackknife 检验结果显示：最湿润月降水量、年降水量、1 月最高温度是影响大熊猫分布的主要环境因子（表 10-7）。

表 10-7　环境因子贡献程度

变量	贡献率/%	重要值排列
mp45bi5013	32.9	36
mp45bi5012	27.8	0
mp45tx501	13.5	33
zhibeixing	6.1	0.5

续表

变量	贡献率/%	重要值排列
mp45bi5014	5.7	1.8
dem	4.5	0.4
mp45tn507	2.6	7
mp45tx507	2.2	0.2
mp45bi506	2.1	0.2
mp45bi501	0.8	10.5
mp45bi505	0.7	3.7
mp45pr501	0.5	5.9
mp45pr507	0.4	0.3
lucc	0.2	0.4
mp45tn501	0.1	0

10.4.2 气候变化条件下大熊猫保护措施建议

1）保护与利用潜在分布区域

经模型预测，秦岭大熊猫未来潜在的最适宜栖息地，主要分布于西北部的留坝县、勉县、凤县、宝鸡县、户县、长安县，建议将潜在最适宜栖息地与已有的保护区范围进行整合，并对整合和完善后的自然保护区进行监测和评价，观察和记录大熊猫在新增最适宜栖息地出现的频率，及时将新增栖息地范围内的人类活动（如耕地、居民点等）撤出。此外，在这些县区做经济发展规划时，应充分考虑经济发展工程对大熊猫栖息地的影响，尽量避免重点工程项目建设如工矿区开发、水电开发、道路建设等。

2）开展大熊猫自然保护区适应气候变化研究

研究表明，气候变化下，秦岭大熊猫适宜生境将向西北部发生迁移和变化，这就意味着应对现有大熊猫栖息地进行适应性调整（包括水平和垂直调整），面积和位置应随之变动，在西北部建立相应大熊猫自然保护区，及时将新的大熊猫适宜生境纳入到临近保护区内。或依托已有的大熊猫保护网络，在保护区之间建立大熊猫廊道，将面积较小或孤立的保护区连在一起，形成大的保护网络体系，以满足大熊猫为适应气候变化进行的长距离迁徙、觅食、繁殖等活动需要，增强大熊猫自然保护区适应气候变化的灵活性。

此外，还应积极建立非保护区类型的保护地适应气候变化技术对策，包括森林公园、风景名胜区等监测、预报预警技术对策等。

3）加强大熊猫气候变化避难所的选址与建设研究

近年来，随着洪涝、干旱等极端气候事件出现频率增加，尤其是极端气候所带来的次生灾害，如山体滑坡、泥石流、竹子大面积死亡等自然灾害短时间内对大熊猫生境的破坏力极大，所以一方面相关部门应加强对极端气候的预警预测，另一方面还应及早开展对大熊猫气候变化避难所的选址和建设研究，以便一旦突发重大灾害时，可以及时将大熊猫进行迁地保护。对于大熊猫气候变化避难所的选址应符合一定的标准或环境条件，例如大熊猫气候变化避难所应优先选择在大熊猫自然分布区域内，如临近的四川省、甘肃省相关大熊猫分布区；其次避难所内及周边是否有充足的大熊猫食物来源，若没有，则应采取相应措施，如人工培育箭竹等大熊猫主食竹；此外，还应用长远和发展的眼光看待避难所，如避难所是否具备人工繁殖和促进大熊猫演化的能力等等。但真正建立大熊猫气候变化避难所还需我们进行充分地现场调研和调查工作。

4）控制人为活动对大熊猫栖息地的干预

人为干扰导致的栖息地退缩，通常被认为是许多物种分布区减小及数量下降的关键原因。据统计，2000～2010 年，秦岭地区总人口增加了 1.82 倍，人均 GDP 增长了 151.91%。秦岭地区长期的森林砍伐与乱捕滥猎，以及当前经济高速发展形势下的土地开发与道路建设等人类活动，严重影响了大熊猫的生存与繁衍。已有研究表明洋太公路的建设及沿线人居活动的增加已导致周边大熊猫栖息地破碎化加剧，甚至有可能造成栖息地斑块的完全隔离，严重影响大熊猫的迁移和交流。所以，在未来大熊猫分布区进行道路设计时，应充分考虑道路线路与景观斑块的位置关系，选线时应避免直接穿越较大的森林斑块，在磨房沟、大岭子等大熊猫出没较多的路段，可以考虑补充设立桥涵构筑物以及专门动物通道降低公路的阻隔效应。

在进行秦岭的其他开发活动时，尤其是开发区临近大熊猫栖息地时，应当考虑大熊猫栖息地保护的需求，进行科学合理规划，尽量避免在大熊猫重点分布区和大熊猫的栖息地开展旅游活动以及进行公路、水电开发等重点建设项目，减少对大熊猫及其栖息地的干扰和破坏。

此外，严格控制大熊猫栖息地周边森林砍伐、耕种、放牧和割竹挖笋等人类活动，实施天然林保护工程和退耕还林工程，减少碳源的排放，增强碳汇，以减缓。

参 考 文 献

陈利顶, 周伟奇, 韩立建, 等. 2016. 京津冀城市群地区生态安全格局构建与保障对策. 生态学报, 36(22): 7125-7129.
迟妍妍, 许开鹏, 王晶晶, 等. 2018. 京津冀地区生态空间识别研究. 生态学报, 38(23): 8555-8563.
邓越, 蒋卫国, 王文杰, 等. 2018. 城市扩张导致京津冀区域生境质量下降. 生态学报, 38(12): 4516-4525.
冯长红. 2006. 京津风沙源治理工程区建设成效及可持续发展策略. 林业经济, (6): 61-65.
封志明, 刘登伟. 2006. 京津冀地区水资源供需平衡及其水资源承载力. 自然资源学报, (5): 689-699.
胡锦矗. 1990. 大熊猫的研究史略与分类地位. 生物学通报, (5): 3-6.
胡乔利, 齐永青, 胡引翠, 等. 2011. 京津冀地区土地利用/覆被与景观格局变化及驱动力分析. 中国生态农业学报, 19(5): 1182-1189.
贾晓红, 吴波, 余新晓, 等. 2016. 京津冀风沙源区沙化土地治理关键技术研究与示范. 生态学报, 36(22): 7040-7044.
李孝永, 匡文慧. 2019. 京津冀 1980—2015 年城市土地利用变化时空轨迹及未来情景模拟, 经济地理, 39(3): 187-194+200.
梁龙武, 王振波, 方创琳, 等. 2019. 京津冀城市群城市化与生态环境时空分异及协同发展格局. 生态学报, 39(4): 1212-1225.
刘金雅, 汪东川, 张利辉, 等. 2018. 基于多边界改进的京津冀城市群生态系统服务价值估算. 生态学报, 38(12): 4192-4204.
刘军会, 马苏, 高吉喜, 等. 2018. 区域尺度生态保护红线划定——以京津冀地区为例. 中国环境科学, 38(7): 2652-2657.
刘艳萍. 2012. 气候变化对岷山大熊猫及栖息地的影响. 北京: 北京林业大学.
吕金霞, 蒋卫国, 王文杰, 等. 2018. 近 30 年来京津冀地区湿地景观变化及其驱动因素. 生态学报, 38(12): 4492-4503.
孟丹, 李小娟, 宫辉力, 等. 2015. 京津冀地区 NDVI 变化及气候因子驱动分析. 地球信息科学学报, 17(8): 1001-1007.
年蔚, 陈艳梅, 高吉喜, 等. 2017. 京津冀固碳释氧生态服务供-受关系分析. 生态与农村环境学报, 33(9): 783-791.
王将克. 1974. 关于大熊猫种的划分、地史分布及其演化历史的探讨. 动物学报, (2): 85-95.
王晓学, 沈会涛, 李叙勇, 等. 2013. 森林水源涵养功能的多尺度内涵、过程及计量方法. 生态学报, 33(4): 1019-1030.
王喆, 周凌一. 2015. 京津冀生态环境协同治理研究——基于体制机制视角探讨. 经济与管理研究, 36(7): 68-75.
王振波, 梁龙武, 方创琳, 等. 2018. 京津冀特大城市群生态安全格局时空演变特征及其影响因素. 生态学报, 38(12): 4132-4144.
文一惠, 刘桂环, 谢婧, 等. 2015. 京津冀地区生态补偿框架研究. 环境保护科学, 41(5): 82-85+136.
温战强. 2006. 全国第三次大熊猫调查报告: 全国第三次大熊猫调查报告.
吴健生, 曹祺文, 石淑芹, 等. 2015. 基于土地利用变化的京津冀生境质量时空演变. 应用生态学报, 26(11): 3457-3466.

武爱彬, 赵艳霞, 沈会涛, 等. 2018. 京津冀区域生态系统服务供需格局时空演变研究. 生态与农村环境学报, 34(11): 968-975.

徐卫华, 杨琰瑛, 张路, 等. 2017. 区域生态承载力预警评估方法及案例研究. 地理科学进展, 36(3): 306-312.

徐志涛, 陈鹏飞, 周世健. 2018. 近 10a 京津冀地区生态服务功能变化. 水土保持通报, 38(5): 220-226+233.

俞会新, 李玉欣. 2017. 京津冀生态环境承载力对比研究. 工业技术经济, 36(8): 20-25.

苑清敏, 张枭, 李健. 2017. 京津冀协同发展背景下合作生态补偿量化研究. 干旱区资源与环境, 31(8): 50-55.

翟月鹏, 陈艳梅, 高吉喜, 等. 2019. 京津冀水源涵养生态服务供体区与受体区范围的划分. 环境科学研究, 32(7): 1099-1107.

张彪, 徐洁, 王硕, 等. 2015. 首都生态圈土地覆被及其生态服务功能特征. 资源科学, 37(8): 1513-1519.

张爽. 2004. 秦岭中段南坡景观格局与大熊猫栖息地的关系. 生态学报, (9): 1950-1957.

张晓艺, 冯仲科, 张晓丽, 等. 2018. 森林植被净初级生产力与气候因子关系研究——以京津冀地区为例. 中南林业科技大学学报, 38(8): 97-102.

周世强, 黄金燕. 2005. 大熊猫主食竹种的研究与进展. 世界竹藤通讯, 3(1): DOI: 10.3969.

朱靖, 龙志. 1983. 大熊猫的兴衰. 动物学报, (1): 96-107.

Tuanmu M N, Vina A, Winkler J A, et al. 2013. Climate-change impacts on understorey bamboo species and giant pandas in China's Qinling Mountains. Nature Climate Change, 3(3): 249-253.

Wang J, Zhou W, Pickett S T A, et al. 2019. A multiscale analysis of urbanization effects on ecosystem services supply in an urban megaregion. Science of the Total Environment, 662-663.

Zhang D, Huang Q, He C, et al. 2017. Impacts of urban expansion on ecosystem services in the Beijing-Tianjin-Hebei urban agglomeration, China: A scenario analysis based on the Shared Socioeconomic Pathways. Resources, Conservation & Recycling. 125-133.

Zhang Y, Lu X, Liu B, et al. 2018. Impacts of urbanization and associated factors on ecosystem services in the Beijing-Tianjin-Hebei urban agglomeration, China: implications for land use policy. Sustainability, 10(11): 1-17.

第 11 章

生态安全胁迫实践

导读 本章在第 8 章生态安全胁迫相关概念和数据的基础上，结合水分限制条件下陆地生态系统碳水通量的影响、自然保护区生态管控与干扰压力评估以及剧烈城市扩张对华北平原水生态安全的影响，通过分析不同生态系统中现实存在的胁迫因子和生态系统变化的关联程度，分别阐述了不同的生态系统类型及干旱、自然保护区、人类生产生活等胁迫因子对不同生态系统生态安全的影响。

11.1 专题案例：水分限制条件下陆地生态系统碳水通量响应

在过去的五十年里，陆地生态系统吸收了 25%～30%来自人类活动引起的温室气体排放的二氧化碳（CO_2），这一数量表现为总初级生产力（GPP）的增长，是陆地生态系统中最大的碳通量。对比以往全球 GPP 增加，GPP 的年际变化（IAV）和季节变化是对量化大通量（以及相关敏感性反馈）时的不确定性程度的提醒，进一步分析其变化细节，可以促进对陆地碳循环和气候—碳反馈的更多理解。

GPP 和净初级生产力（NPP）主要受到温度、水、二氧化碳和营养物质供应的影响。考察温度对 GPP IAV 的影响主要是依据空气温度或地表温度进行量化和模拟的。另外，相关研究还有基于大气水分（绝对湿度）、土壤水分和植物含水量，测量和模拟水分对 GPP IAV 的影响。目前，这种水分驱动的 GPP 响应模式通常在碳模型中使用三个水分变量之一的胁迫函数进行模拟。

水汽压亏缺（VPD）是大气水分的一种度量。高 VPD 可能会促使植物叶片关闭气孔，以尽量减少叶片范围内的水分损失，从而减少进入叶片的 CO_2 通量和 GPP。最近的一些研究强调了 VPD 的重要性，认为它在决定生态系统水和碳通量方面的影响可能比土壤水分更强。Yuan 等（2019）报告说，由于 VPD 的增加，来自两个基于卫星的模型（修订的 EC-LUE 和 MODIS）的陆地 GPP 在 20 世纪 90 年代末后表现出持续和广泛的下降。He 等（2022）报告了 VPD 对生态系统净生产力 IAV 的显著影响，并建议应充分考虑 VPD，以量化气候变化在全球碳循环中的作用。最近的一项研究也显示了 VPD 在导致干旱对 GPP 限制方面的主导作用，该研究基于全球涡度协方差观测数据，采用来自于线性模型、非线性（人工神经网络，ANNs）模型和 Liu 等（2020）方法的三重证据。

土壤水分可用性被定义为植物根系吸收和异养细菌可获得的水量；此外，土壤含水量（SWC）被广泛用于评估水分对 GPP 的影响。例如，Stocker 等（2019）报告说，在研究全球植被模式（即 GPP IAV）时，土壤水分是一个重要的强制变量；此外，土壤水分被确定为生态系统健康和 GPP 模型架构的一个敏感、速率有限但重要的组成部分，即土壤水分动态不能用大气需水量（即干燥度）替代。由此可见，这些生产力模型应该考虑并说明这些敏感性，这些敏感性通常是由遥感技术和数据驱动的模型来缩放和量化的。Liu 等（2020）等分解了土壤水分和 VPD 的相对作用，发现在有有效数据的 70%以上的植被地区，土壤水分对 GPP 的影响占主导地位，特别是在半干旱的生态系统。Humphrey 等（2021）还表明，由于土地—大气反馈放大了由土壤水分控制的间接温度和湿度异常，土壤水分变化驱动了生物群落净生产力中 90%的 IAV。

植物水分直接控制气孔导度（开放或关闭），并受大气水分（VPD）或土壤水分的影响。一些研究使用蒸发分数（evaporative fraction，EF：定义为潜热与潜热和显热之和的比率）作为植物分数指标。Zhang 等（2015）证明了 EF 对 LUE 的响应比 VPD 或 SWC 更高。值得注意的是，EF 是一个通量变量，但 VPD 和 SWC 是状态变量。地表水分指数（LSWI）是另一个植物水分指标，是一个状态变量（与 VPD 或 SWC 相同），已经被广泛用于卫星模型中，作为水分胁迫的代理变量。然而，GPP 与 LSWI、VPD 和 SWC 之间关系的差异几乎没有被探讨过，它们对 GPP、ET 和 WUE 的 IAV 和季节性变化的影响也还没有被记录。

由于不同模型对于水分对 GPP 影响的表述不同，有必要量化其对 GPP 估算的影响。我们探讨了不同生态系统站点的 GPP、蒸散量（ET）和水分利用效率（WUE）对大气（VPD）、土壤（SWC）和植物（LSWI）水分指标在其 IAV 和季节性变化方面的敏感性。我们使用来自全球 FLUXNET 站点的 GPP、ET、VPD、SWC 和 LSWI 数据和遥感数据。本研究目的是：①量化比例 GPP、ET、WUE、VPD、SWC 和 LSWI 的时间变化；②评估基于物理学的数据驱动水分指标之间的反馈机制（即 VPD、SWC 和 LSWI 对 GPP、ET 和 WUE 的影响），在基于空间明确的个体多时空分辨率的通量塔站点（每天、8 天和每月的数据产品）；③评估水

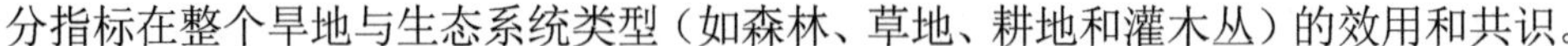

分指标在整个旱地与生态系统类型（如森林、草地、耕地和灌木丛）的效用和共识。

11.1.1 数据与方法

1）FLUXNET 站点和数据

这项研究的最初范围是由128个FLUXNET站点组成的网络在空间上界定的，这些站点在北半球有涡度协方差（EC）通量塔。这些站点测量和量化地球系统的水分、养分和能量通量；更具体地说，这些历史上的、土地–大气成分（环境协变量）是从 FLUXNET 2015 年 Tier 1 节点获得的。具体来讲，本研究中提取和实施的变量包括：总初级生产力［GPP，GPP_NT_VUT_REF，gC/（$m^2·d$）］、水汽压亏缺（VPD，VPD_F_MDS，hPa）、土壤含水量（SWC，SWC_F_MDS_1，%）、潜热通量（LE_F_MDS，W/m^2）、显热通量（H_F_MDS，Wm^2）。此外，还有用于计算潜在蒸发量的辅助变量，即降水（P_F，mm）、温度（TA_F_MDS，℃）、净辐射（NETRAD，W/m^2）、土壤热通量（G_F_MDS，W/m^2）和风速（WS_F，m·s）。

根据质量控制标志原则进一步定义了强调变量选择和数据同化所需的质量、熟练度和保真度的条件准则（即百分位数指标）。在 FLUXNET 2015 数据集中，日尺度数据的质量标志 0 和 1 分别表示从半小时记录中测量的和质量良好填充数据的百分比。然后，我们在日尺度数据上保留了 83 个站点，其中每个变量的质量标志比例大于或等于 80%（即质量标志比例≥80%）。在日尺度上，数据缺失比例小于 25%的站点年（70 个站点，299 个站点年）被保留下来。最后，本研究选取了至少有 4 年数据的站点（35 个站点，231 个站点年）（图 11-1）。日尺度数据被进一步整合为多时间尺度的数据，包括 8 天、每月和每年的平均值。

这些通量塔和原位观测提供了北半球生长季（即 4 月至 10 月）长达 20 多年的可靠测量信息。这些站点覆盖了国际地圈生物圈计划（IGBP）分类系统所定义的广泛生态系统类型，包括常绿针叶林（evergreen needleleaf forest，ENF）、常绿阔叶林（evergreen broadleaf forest，EBF）、落叶阔叶林（deciduous broadleaf forest，DBF）、混交林（mixed forest，MF）、稀树草原（savannas，SAV）、草地（grassland，GRA）、耕地（cropland，CRO）、开放灌木丛（open shrublands，OSH）、木质稀树草原（woody savannas，WSA）和封闭灌木丛（closed shrublands，CSH）。此外，为了获得足够的样本分布以分析 GPP、ET、WUE 与水分指标之间的关系，将这些选定的站点合并为四类：森林（19 个站点，包括 MF、ENF、DBF 和 EBF）、灌木（4 个站点，包括 OSH 和 CSH）、草地（10 个站点，包括 GRA、SAV 和 WSA）和耕地（2 个站点，包括 CRO）。

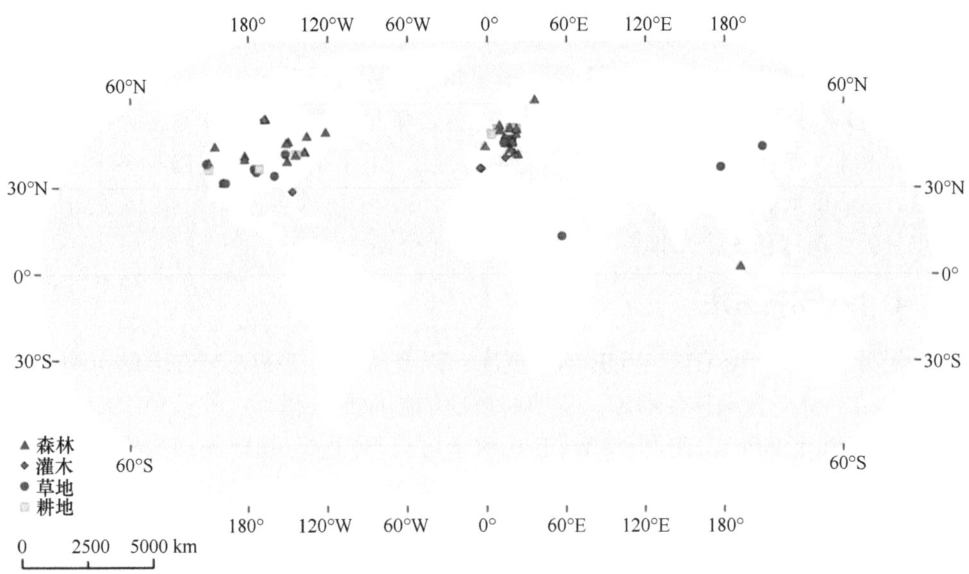

图 11-1　研究中使用的涡度相关通量塔站点空间分布

这些站点包括 19 个森林站点（绿色三角形，由常绿针叶林、常绿阔叶林、落叶阔叶林和混交林组成），4 个灌木站点（紫色菱形，由开放灌木、封闭灌木组成），10 个草地站点（红色圆形，由稀树草原、木质稀树草原和草地组成），以及 2 个耕地站点（黄色正方形）

2）MODIS 地表反射率和植被指数数据

2000～2015 年，各个通量塔站点的 MODIS 日尺度地表反射率合成数据（MOD09GA，C61）从 Application for Extracting and Exploring Analysis Ready Samples（AppEEARS，https://appeears.earthdatacloud.nasa.gov/）数据门户网站下载。我们利用地表反射率数据计算了 LSWI 指数，如下所示：

$$\mathrm{LSWI}=\frac{\rho_{\mathrm{nir}}-\rho_{\mathrm{swir}}}{\rho_{\mathrm{nir}}+\rho_{\mathrm{swir}}} \tag{11-1}$$

其中，ρ_{nir} 和 ρ_{swir} 分别表示 MODIS 产品中近红外（NIR：841～875 nm）和短波红外（SWIR：1628～1652 nm）波段的表面反射率。只有包含了通量塔站点的像素数据才被使用。

3）干旱站点的识别

除了比较 FLUXNET 各站点的大气、土壤和指标水分指标以外，本研究还使用了干旱指数（aridity index，AI）来识别干旱站点。这个辅助指标的计算方法如下，即年平均降水量（P）相对于潜在蒸发量（PET）的比率：

$$\mathrm{AI}=\frac{P}{\mathrm{PET}} \tag{11-2}$$

根据 Penman-Monteith 方程，PET 是根据 FLUXNET 站点的观测数据和涡度协方差测量数据计算出来的。因此，干旱指数的空间分辨率与 GPP、ET、WUE 以及 VPD 和 SWC 的空间分辨率相同。此外，干旱指数阈值（如 0.65）被用来量化干旱和非干旱站点。在 35 个样点中，确定了 21 个干旱站点（10 个森林、4 个灌丛、5 个草地和 2 个耕地，分别有 75、22、50 和 16 个站点年）和 14 个非干旱站点（9 个森林和 5 个草地，分别有 44 和 24 个站点年）。

4）统计分析方法

根据表征 GPP、ET、WUE 的数据库，以及从选定的 FLUXNET 站点和辅助遥感产品中得出的森林、灌木、草地和耕地的相应水分指标，我们使用皮尔逊相关（r）来确定 GPP、ET 和/或 WUE 相对于这些不同水分指标的相关程度。

$$R_{xy} = \frac{\sum_{i=1}^{n}\left[\left(x_i - \overline{x}\right)\left(y_i - \overline{y}\right)\right]}{\sqrt{\sum_{i=1}^{n}\left(x_i - \overline{x}\right)^2}\sqrt{\sum_{i=1}^{n}\left(y_i - \overline{y}\right)^2}} \tag{11-3}$$

其中，i 表示某一时间段（即年尺度、季节尺度、月尺度、8 天尺度和日尺度）的同期时间指数，n 是时段内出现的次数，x_i 表示时间 i 时的 GPP、ET 或 WUE 值，y_i 指时间为 i 时的水分指标。此外，$\overline{x}$ 代表 GPP、ET 或 WUE 的平均值，$\overline{y}$ 代表水分指标（VPD、SWC、LSWI）的平均值。

考虑到这三类水分指标由于其特征范围（即基于大气的、基于土壤的、基于植物的）而表现出环境共变性，因此需同时计算偏相关性，以分解每个水分指标对地球系统的单独影响：

$$r_c^{ab} = \frac{r_{ab} - r_{ac}r_{bc}}{\sqrt{\left(1 - r_{ac}^2\right) + \left(1 - r_{bc}^2\right)}} \tag{11-4}$$

其中，r_c^{ab} 表示控制变量 c 的共变性时，变量 a 与变量 b 的偏相关性。r_{ab}，r_{ac} 和 r_{bc} 表示变量 a 和 b，a 和 c，b 和 c 共变之间的相关系数。除非另有说明，本章以下数据和图表都是基于 FLUXNET 站点和相应遥感产品的去趋势或去季节趋势异常值。

11.1.2 结果

1）水分指标对水分-能量耦合机制的季节性动态的影响

图 11-2 显示了干旱站点 GPP、ET 和 WUE 相对于水分指标的年际变化（IAV）。GPP、ET 和 WUE IAV 与 LSWI 和 SWC 显示出明显的正相关，而这些指标与干旱站点 VPD 则显示出明显的负相关关系。与 VPD 和 SWC 相比，LSWI 与 GPP

（r=0.47，P<0.01）、ET（r=0.43，P<0.01）和 WUE（r=0.33，P<0.01）的相关性最高。另外，SWC 和 VPD 水分指标与 GPP IAV 表现出类似的相关性。此外，SWC 与 ET 的相关性高于 VPD；然而，VPD 与 WUE 的相关性高于 SWC。

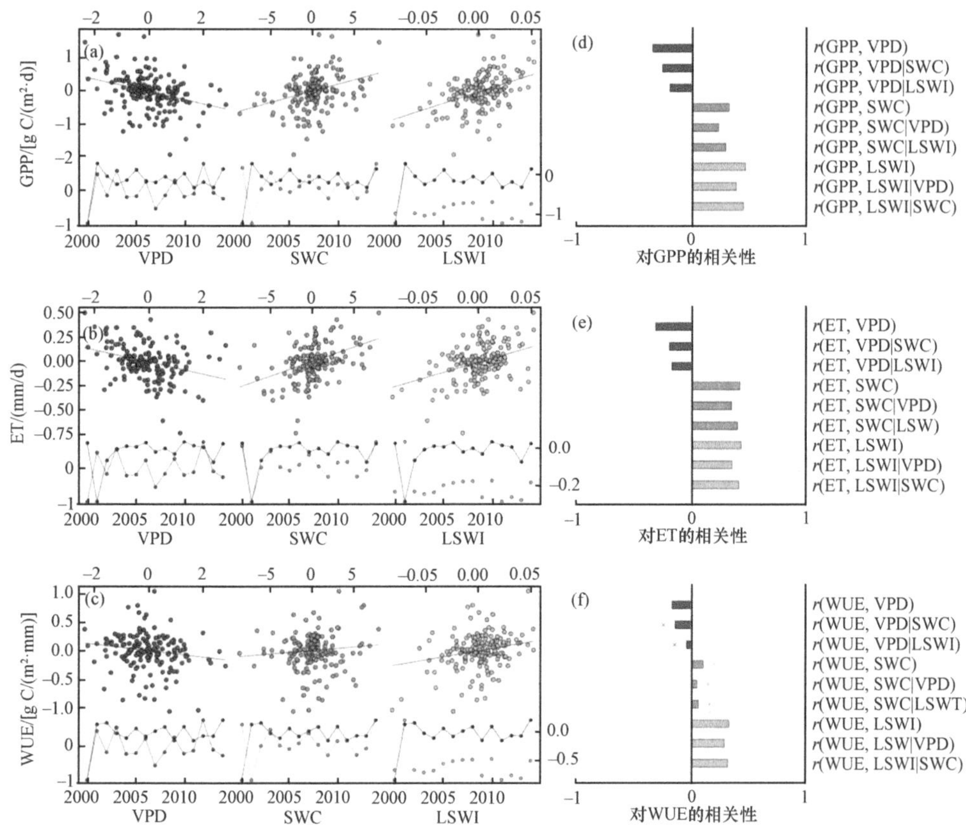

图 11-2 干旱站点水分指标与 GPP、ET、WUE 的关系

干旱站点水分指标（水汽压亏缺 VPD、土壤含水量 SWC、地表水分指数 LSWI）与总初级生产力（GPP）[(a)(d)]、蒸散发（ET）[(b)(e)] 和水分利用效率（WUE）[(c)(f)] 之间年尺度异常值的关系。(a)(b)(c)：在每个面板上，上面是 GPP、ET、WUE 与三个水分指标年尺度异常值的散点图，下面是相应的年平均变化图。(d)(e)(f)：水分指标对 GPP、ET 和 WUE 相关性的混合影响。从上到下，红色显示的首先是年 GPP（ET、WUE）与 VPD 异常的相关性，其次是在控制了年 SWC 和 LSWI 异常的影响后，分别是年尺度 GPP（ET、WUE）与 VPD 异常的偏相关性。橙色显示的首先是年尺度 GPP（ET、WUE）和 SWC 异常的相关性，然后是在控制了年尺度 VPD 和 LSWI 异常的影响后，分别是年尺度 GPP（ET、WUE）和 SWC 异常的偏相关性。蓝色显示的首先是年尺度 GPP（ET、WUE）与 LSWI 异常之间的相关性，其次是在控制了年尺度 VPD 和 SWC 异常的影响后，分别是年尺度 GPP（ET、WUE）和 LSWI 异常之间的偏相关性

然而，大气、土壤和植物水分指标对 GPP、ET 和 WUE 的单独影响很难区分，因为这三种水分指标在空间和时间上表现出共变性。这就引出了一个问题：植物

水分指标（LSWI）是否可能隐含着与大气和/或土壤水分指标（VPD、SWC）相关的响应？偏相关性表明，在控制了大气或土壤水分指标的影响后，LSWI 与 GPP、ET 或 WUE 的相关系数仍然很高（图 11-2）。相反，控制植物水分指标的影响，会强烈改变 VPD 与 GPP、ET 和 WUE 的偏相关关系。另一方面，控制 VPD 的影响也会改变 SWC 与 GPP、ET 和 WUE 的偏相关性。

2）协同变异性和时间标度

通过比较 GPP、ET 和 WUE 与这三个水分指标（VPD、SWC、LSWI）在日尺度、8 天尺度和月尺度上的相关性，研究了这些关系与时间变化的共线性（图 11-3）。研究发现，随着时间尺度的增加，LSWI 和 GPP 之间的相关性明显增加，即在日尺度（median r=0.05）、8 天尺度（median r=0.24）和每月尺度（median r=0.38）上的 LSWI-GPP 相关性。此外，LSWI 与 ET/WUE 之间的相关性也在增加，相对于时间尺度有类似趋势。然而，相对于 GPP、ET 和 WUE，其他水分指标（即 VPD、SWC）之间的相关性并没有随着时间尺度的增加而增加。事实上，这些水分指标与响应变量之间存在的最高相关性发生在日尺度的 VPD-ET 和月尺度的 VPD-WUE，而 SWC-ET 之间的最高相关性发生在 8 天尺度，SWC-GPP 发生在日尺度。

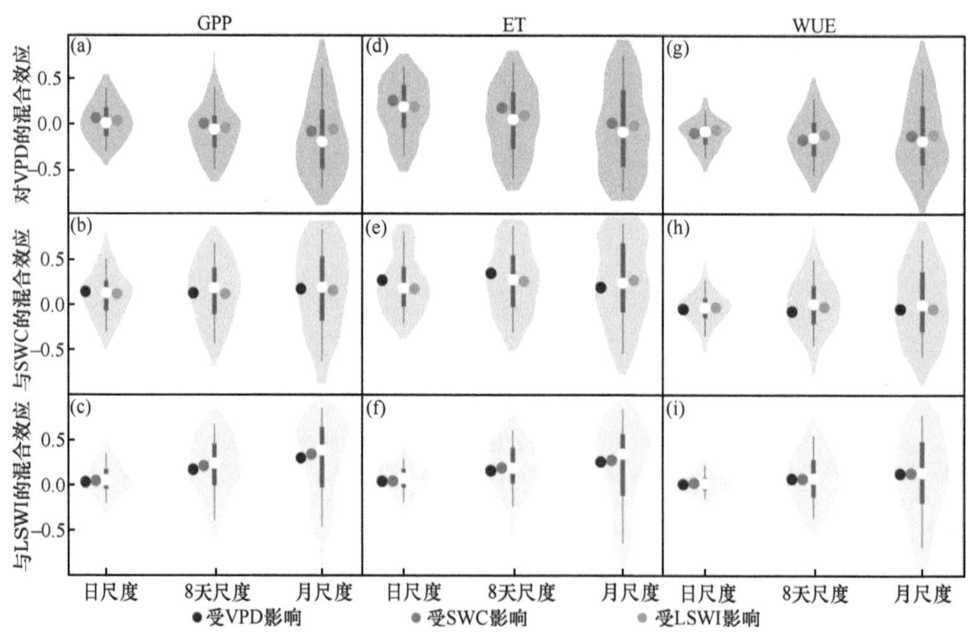

图 11-3　水分指标与 GPP、ET、WUE 的混淆效应

水分指标（水汽压亏缺 VPD、土壤含水量 SWC、地表水分指数 LSWI）对干旱站点选定站点年（AI≤0.65）的日尺度、8 天尺度和月尺度 GPP［(a)(b)(c)］、ET［(d)(e)(f)］和 WUE［(g)(h)(i)］的混淆效应。箱表示数值的四分位数范围（Q25，Q75），晶须表示第 5 和第 95 百分位数范围

此外，偏相关性表明，GPP、ET 和 WUE 与 LSWI 的相关系数也从日尺度增加到 8 天和月尺度，这些关系不受大气（即 VPD）或土壤（即 SWC）水分指标的影响（图 11-3）。而 SWC 和 VPD 与 GPP、ET 和 WUE 的关系倾向于受其他水分指标的影响。特别是，SWC 略微受到 VPD 的影响，尤其是在日尺度和 8 天尺度的 SWC-ET 关系中。而 VPD 受到 LSWI 和 SWC 的影响，特别是在月尺度的 VPD-GPP 关系和 8 天尺度的 VPD-ET 关系中。

3）景观特征和耦合动态

我们进一步比较了不同生态系统类型的 GPP、ET 和 WUE 与水分指标的相关性，以研究它们在干旱站点森林、灌木、草地和耕地中的不同表现（图 11-4 和图 11-5）。我们发现，低生物量植物（如草地和耕地）的水分指标与 GPP、ET 和 WUE 的相关性高于高生物量植物（如森林）。就年际变化而言，草地的 LSWI 与 GPP（r=0.72，P<0.01）、ET（r=0.64，P<0.01）和 WUE（r=0.59，P<0.01）的相关性高于森林（GPP：r=0.03，ET：r=0.10，WUE：r=−0.12）（图 11-4）。VPD 和 SWC 也是如此，它们在草地上与 GPP、ET 和 WUE 的关系也比在森林中的强。

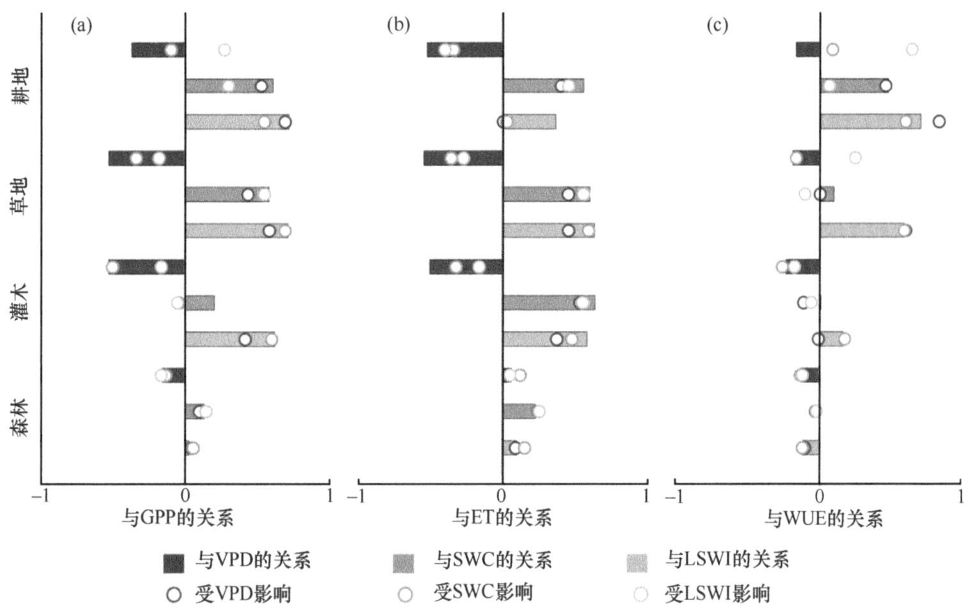

图 11-4　不同生态系统中水分指标与 GPP、ET、WUE 的关系（年尺度）

在干旱站点（AI≤0.65）上，森林、灌木、草地和耕地四种生态系统类型的水分指标（水汽压亏缺 VPD、土壤含水量 SWC、地表水分指标 LSWI）与总初级生产力（GPP）(a)、蒸散发（ET）(b) 和水分利用效率（WUE）(c) 异常在年尺度上的关系。红色、橙色和蓝色的柱状图分别表示与 VPD、SWC 和 LSWI 的关系。红色、橙色和蓝色的圆圈分别表示受 VPD、SWC 和 LSWI 影响的相关关系

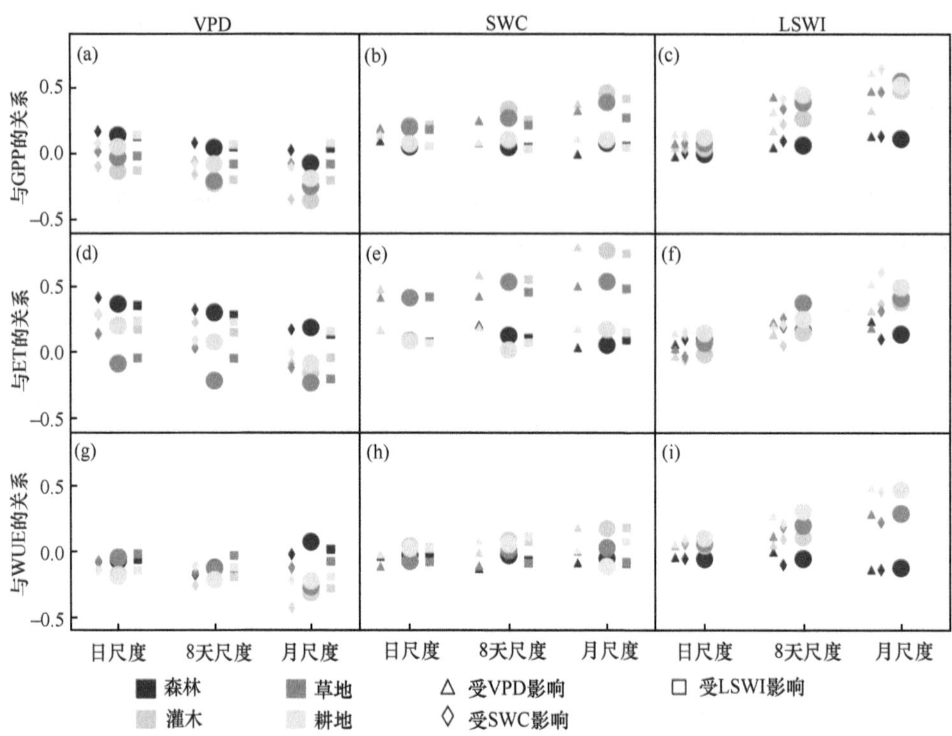

图 11-5　不同生态系统中水分指标与 GPP、ET、WUE 的关系（日、8 天、月尺度）

在干旱站点（AI≤0.65）的选定站点年中，四种生态系统类型（森林、灌木、草地和耕地）的水分指标（水汽压亏缺 VPD、土壤含水量 SWC 和地表水分指数 LSWI）与 GPP［(a)（b)（c)］、ET［(d)（e)（f)］和 WUE［(g)（h)（i)］在日尺度、8 天尺度和月尺度上相关性的混淆效应。显示的是中位数值

耕地中水分指标与 GPP、ET 和 WUE 的相关性也高于在森林中的相关性。就季节变化而言，当生态系统类型从森林和灌木到草地和耕地时，LSWI 与 GPP、ET 和 WUE 的相关性也在增加，尤其是 LSWI-GPP 的相关性（图 11-5）。在月尺度上，草地（median r=0.54）和耕地（median r=0.51）的 LSWI-GPP 相关性比森林（median r=0.11）和灌木（median r=0.47）中的相关性高。

偏相关性也证实了低生物量植物的 LSWI 与 GPP、ET 和 WUE 的相关性高于高生物量植物。就年际变化而言，灌木、草地和耕地的 VPD 与 GPP、ET 和 WUE 的相关性主要受 LSWI 的影响。对于季节变化而言，LSWI 与 GPP、ET 和 WUE 的关系很少受到 SWC 和 VPD 的影响，特别是在草地和耕地。而森林中 GPP、ET 和 WUE 与 VPD 的关系经常受到 SWC 的影响。同样，在灌木中，SWC 与 GPP、ET 和 WUE 的关系通常受到 VPD 的影响，特别是 GPP 和 ET 在月尺度上的关系。

11.2　专题案例：自然保护区生态管控与干扰压力评估

全球土地利用的变化正在导致生物多样性的显著下降和栖息地的普遍退化（Ceballos et al.，2015；Steffen et al.，2011）。保护区的建立是遏制生物多样性下降的重要方法，而且保护区正日益成为受威胁物种的最终避难所（Laurance et al.，2012；Xu et al.，2017）。联合国环境规划署《生物多样性公约》制定的 2020 年后全球生物多样性框架旨在到 2030 年将保护区扩大到陆地面积的 30%，到 2021 年，全球范围内陆地保护区的覆盖率已增长到 15.4%，并且在持续增加（Cbd，2020；Unep，2021；Yang et al.，2020）。保护区旨在通过提供缓冲区以防止人类直接对自然生态环境进行干预，其已经成为维持栖息地完整性和物种多样性的有效工具（Geldmann et al.，2013；Geldmann et al.，2019；Shrestha et al.，2021）。

保护区周围的人类活动可能会破坏保护区旨在实现的保护目标，人类活动造成了生物多样性的显著下降，因此研究保护区周围的人类活动对保护区内部产生的影响或保护区面临的外部威胁具有重要意义（Jones et al.，2018；Newbold et al.，2015）。目前的一些指标，如高分辨率的不透水层及夜间灯光数据等有助于帮助我们了解保护区外的人类活动对保护区内部造成的压力（Chen et al.，2021；Gong et al.，2020）。不透水层面积的变化是了解城市化对环境和生物多样性影响的主要指标，夜间灯光数据可以定量描述经济发展的活动，同时夜间灯光也被广泛的认为对保护区是有害的。同时，仅了解保护区内部的变化是不充足的，还需要对保护区外部即非保护区地区进行对比，这样可以消除一种偏见——保护区的明显保护效果可能与其位置有关，而不是由于其保护本身（Ferraro and Pressey，2015；Gray et al.，2016；Joppa and Pfaff，2009）。

中国拥有地球上约 10%的物种，并拥有许多全球重要的生态系统（Ren et al.，2015）。然而，由于中国经济的快速增长和城市扩张，中国的生物多样性和自然栖息地正在迅速退化，因此，制定保护区被认为是一项有价值的保护战略（Liang et al.，2018a）。中国的保护区数量在不断增加，到 2019 年底，中国已经建立 11800 个保护区，占中国陆地面积的 18%（http://www.cnemc.cn/），但人类活动对保护区的干扰仍然十分普遍（Liu et al.，2001a；2001b）。之前对中国保护区有效性的评估主要集中在栖息地的变化（Zhu et al.，2018）、植被多样性（Sun et al.，2020）和受威胁物种（Liang et al.，2018b），只有少数研究评估了中国保护区内人类活动的影响，同时这些研究也并未进行保护区内外的对比研究（Shrestha et al.，2021；Xu et al.，2019）。因此，利用不透水层数据和夜间灯光数据，评估中国 290 个国家级自然保护区内外生态环境的时空变化特征以及所面临的压力状况具有重要意义（Chen et al.，2021；Gong et al.，2020）。

11.2.1 自然保护区的范围与研究方法

根据中华人民共和国生态环境部（https://www.mee.gov.cn/）的保护区数据，截至 2019 年，中国已建立 474 个国家级自然保护区。在这里，本书重点研究陆地保护区，而没有考虑海洋保护区。且排除了古生物和地质类型保护区，因为它们与动物、植物或生物多样性的保护无关。最终，本书自然保护区的范围总共包括了 290 个国家级自然保护区，它们覆盖了中国约 10%的陆地表面积。这些保护区包括 144 个森林生态系统类型、3 个草原草甸类型、42 个内陆湿地类型、10 个沙漠生态系统类型、12 个野生植物类型和 79 个野生动物类型自然保护区（图 11-6）。按我国 4 大经济区进行地域划分，这 290 个保护区分布在西部的有 144 个、东部 52 个、东北 47 个、中部 47 个。采取了保护区内外对比法、趋势分析法、Pearson 相关分析法、线性回归法等方法分析保护区内外存在的压力以及保护区外部压力对内部产生的影响。

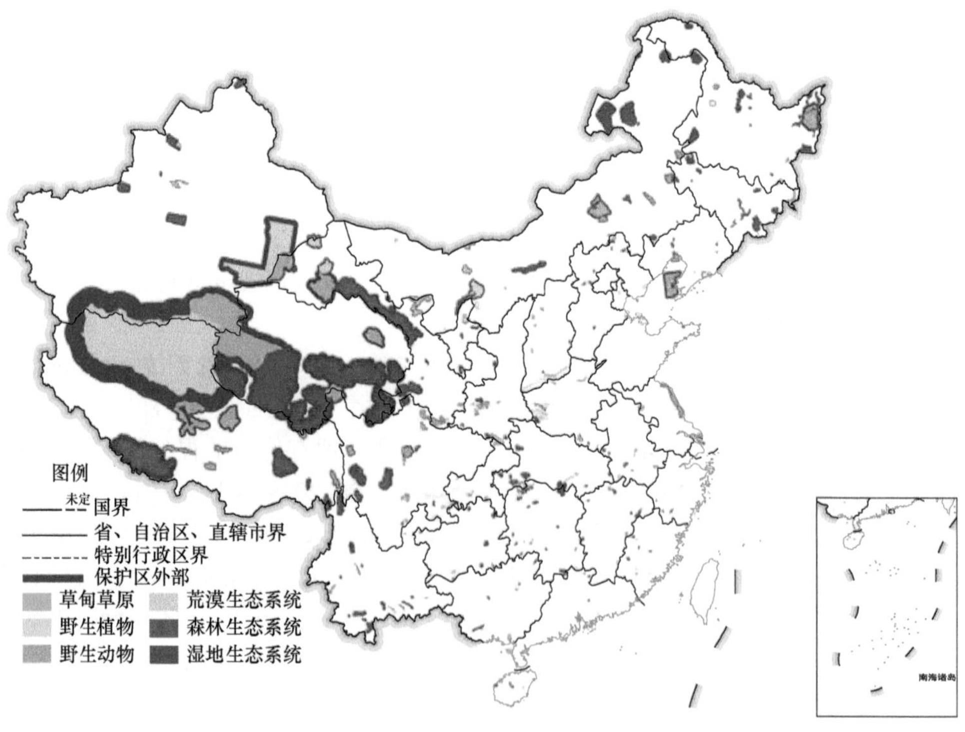

图 11-6　中国保护区分布及其所属不同类别

保护区内外对比法：利用 Python 3.8 以及 geopandas 和 descartes 包（https://www.lfd.uci.edu/～gohlke/pythonlibs/），创建了与保护区面积相同大小的缓冲区（保护区外部），用该区域表示每个保护区周围未受保护的区域。用“等面积法”生成保护区外的缓冲区，主要是因为中国保护区面积分布不平衡——中国西部已经建立了特大型保护区，而中国东北、南部和中部的保护区的面积较小（Sun et al.，2020）。如果用一定的距离来创建缓冲区，比如 2 km，可能只适用于小型保护区，而分析大型保护区时则会有不确定性。因此，分析保护区在抵抗外部压力的有效性时，保护区内外的面积差异可能会产生无法进行比较的现象。计算并比较了保护区内部和外部的不透水层和夜间灯光数据值，以反映保护区内部和外部承受的压力。

趋势分析法：利用一元线性回归模型评估了 2000～2018 年发展压力，计算公式为：

$$\theta_{\text{slope}} = \frac{\sum_{i=1}^{n}(x_i - \overline{x})(y_i - \overline{y})}{\sum_{i=1}^{n}(x_i - \overline{x})^2} \tag{11-5}$$

式中，θ_{slope} 表示该回归方程的斜率；i 表示年份编号（i=1,2,…,19），x_i 表示自变量，y_i 表示因变量。$\theta_{\text{slope}}>0$ 表示发展压力是增加的，$\theta_{\text{slope}}<0$ 表示发展压力是减小的，$\theta_{\text{slope}}=0$ 表示没有任何变化。采用 F 检验评估变化趋势的显著性，计算公式为：

$$F = U \times \frac{n-2}{Q} \tag{11-6}$$

$$U = \sum_{i=1}^{n}(\hat{y}_i - \overline{y})^2 \tag{11-7}$$

$$Q = \sum_{i=1}^{n}(y_i - \hat{y}_i)^2 \tag{11-8}$$

式中，U 表示平方和；Q 表示回归平方和；y_i 是第 i 年的发展压力值；$\hat{y}_i$ 表示回归值；$\overline{y}$ 表示在研究时段内平均发展压力值；n 表示研究时段年份个数。基于检验结果，趋势变化可以被分为 3 个层次，即显著（$p<0.05$）增长、显著降低和没有任何显著变化。

保护区外部压力对内部的影响：Hansen 等（2011）研究表明保护区外部的人类活动可能会影响到保护区内部的生物多样性。因此，可以假设保护区内部的一些变化可以归因于外部的变化，因为保护区内部与外部在空间上接近，具有几乎相同的环境条件。利用 Pearson 相关分析法来检验保护区外的发展压力对保护区内部可能产生的影响，其公式如下所示：

$$\mathrm{Corr}(r)=\frac{n\sum XY-\left(\sum X\right)\left(\sum Y\right)}{\sqrt{\left\{n\sum X^2-\left(\sum X\right)^2\right\}}\sqrt{\left\{n\sum Y^2-\left(\sum Y\right)^2\right\}}} \tag{11-9}$$

式中，Corr(r)表示 Pearson 相关系数；n 为数量；ΣXY 表示成对变量的和；ΣX 和 ΣY 分别表示 x 值的和与 y 值的和，ΣX^2 和 ΣY^2 分别表示 X 值的平方和与 Y 值的平方和；我们使用 T 检验在 0.05 水平上来确定显著性。

保护区外的发展压力对沿不同人口梯度保护区的影响：设计了一个新指标来量化保护区外部发展压力对保护区内部的影响，即外部对内部压力指数（$\mathrm{OtoI_{pres}}$），其公式如下所示：

$$\mathrm{OtoI_{pres}}=\frac{\mathrm{Slope_{outPA}}}{\mathrm{Area_{outPA}}}-\frac{\mathrm{Slope_{inPA}}}{\mathrm{Area_{inPA}}} \tag{11-10}$$

式中，$\mathrm{OtoI_{pres}}$代表保护区外部对内部的压力；$\mathrm{Area_{inPA}}$和$\mathrm{Area_{outPA}}$分别代表保护区内部和外部的面积，这两个值是相等的，因为其利用了“等面积”法创建了保护区外部的缓冲区。以不透水层为例，$\mathrm{Slope_{inPA}}$和$\mathrm{Slope_{outPA}}$分别代表了不透水层在保护区内部和外部的变化率，当$\mathrm{OtoI_{pres}}$为正值时表示保护区可能面临外部较大的压力，当为负值时表示保护区内部面临的发展压力大于外部，$\mathrm{OtoI_{pres}}$指数可以较好地评价保护区保护成效，同时也可以减少保护区由于不同的区域面积造成的空间数据尺度带来的不确定性。

还使用沿不同人口梯度的线性回归法分析了 $\mathrm{OtoI_{pres}}$ 压力对人口密度的依赖性，因此，当 R^2 值越高，人口密度这一指标解释 $\mathrm{OtoI_{pres}}$变化的百分比就越高。

11.2.2 保护区内外发展压力及变化评估

1）保护区内外发展压力分析

如图 11-7 所示，2018 年保护区内部的发展压力小于外部，具体表现在 2018 年保护区外部不透水层所占比例为 0.29%，高于内部（不透水层占比 0.06%）；在 290 个保护区中，有 176 个保护区其保护区外部的不透水层面积大于内部；195 个保护区其外部不透水层占比高于保护区内部；如拉鲁湿地国家级自然保护区其保护区内外的不透水层占比差异最大，保护区外部不透水层占比为 31.3%，内部不透水层占比为 8.9%。对夜间灯光数据的分析与不透水层的分析较为类似（图 11-8），2018 年有 161 个保护区其外部的总体夜间灯光强度高于内部，具体而言，保护区外部总的夜间灯光强度为 246997 nW/（$\mathrm{cm^2 \cdot sr}$），而内部仅为 46905 nW/（$\mathrm{cm^2 \cdot sr}$）。

2）保护区内外部发展压力变化分析

2000～2018 年间，保护区外部的不透水层增长速度[（118.9±2.3）$\mathrm{km^2/a}$]快于保护区内部[（26.1±0.4）$\mathrm{km^2/a}$]（图 11-9）。具体而言，151 个保护区内部的不透

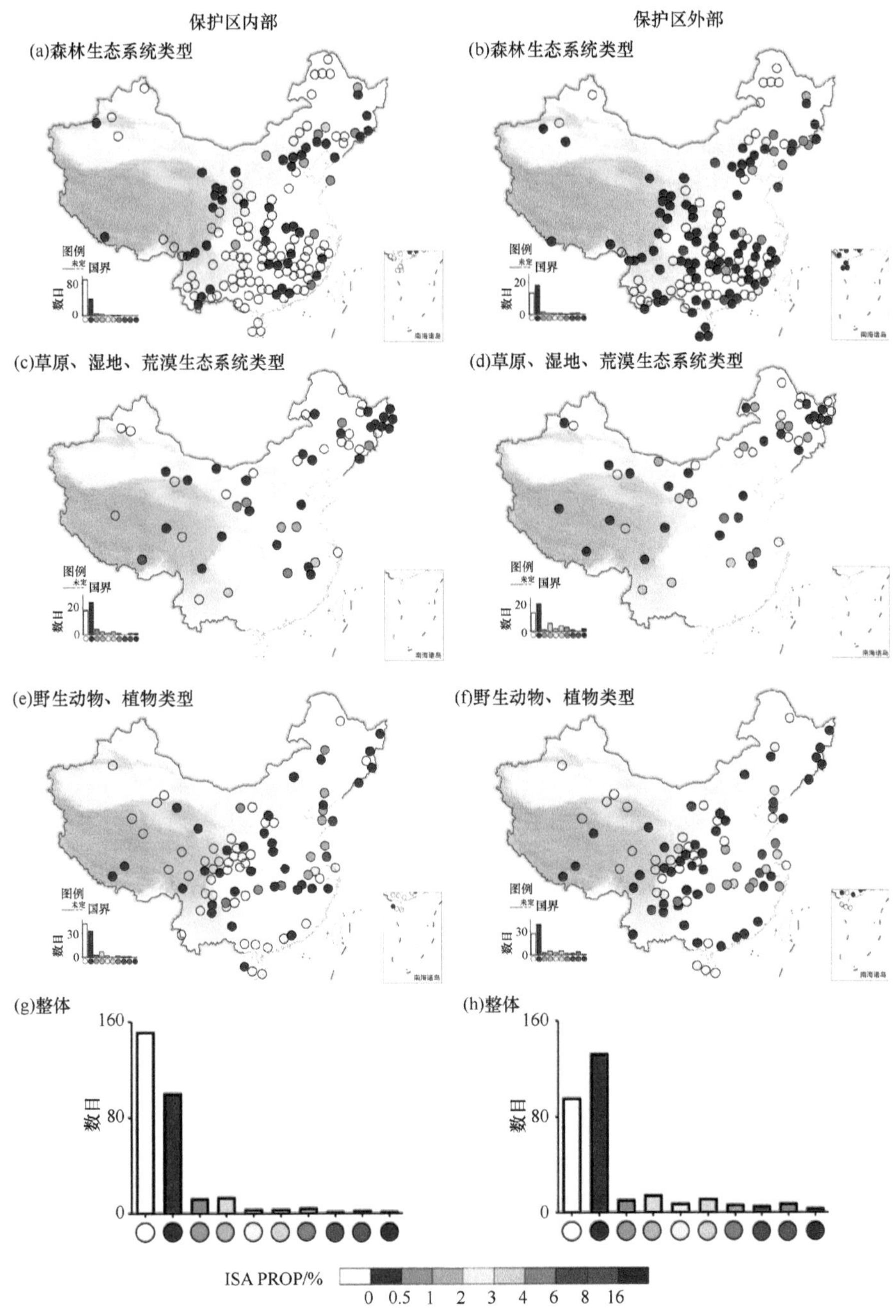

图 11-7　2018 年保护区内、外部不透水层比例

“数目”代表保护区的个数，左边一栏表示保护区内部不透水层比例，右边一栏表示保护区外部不透水层比例

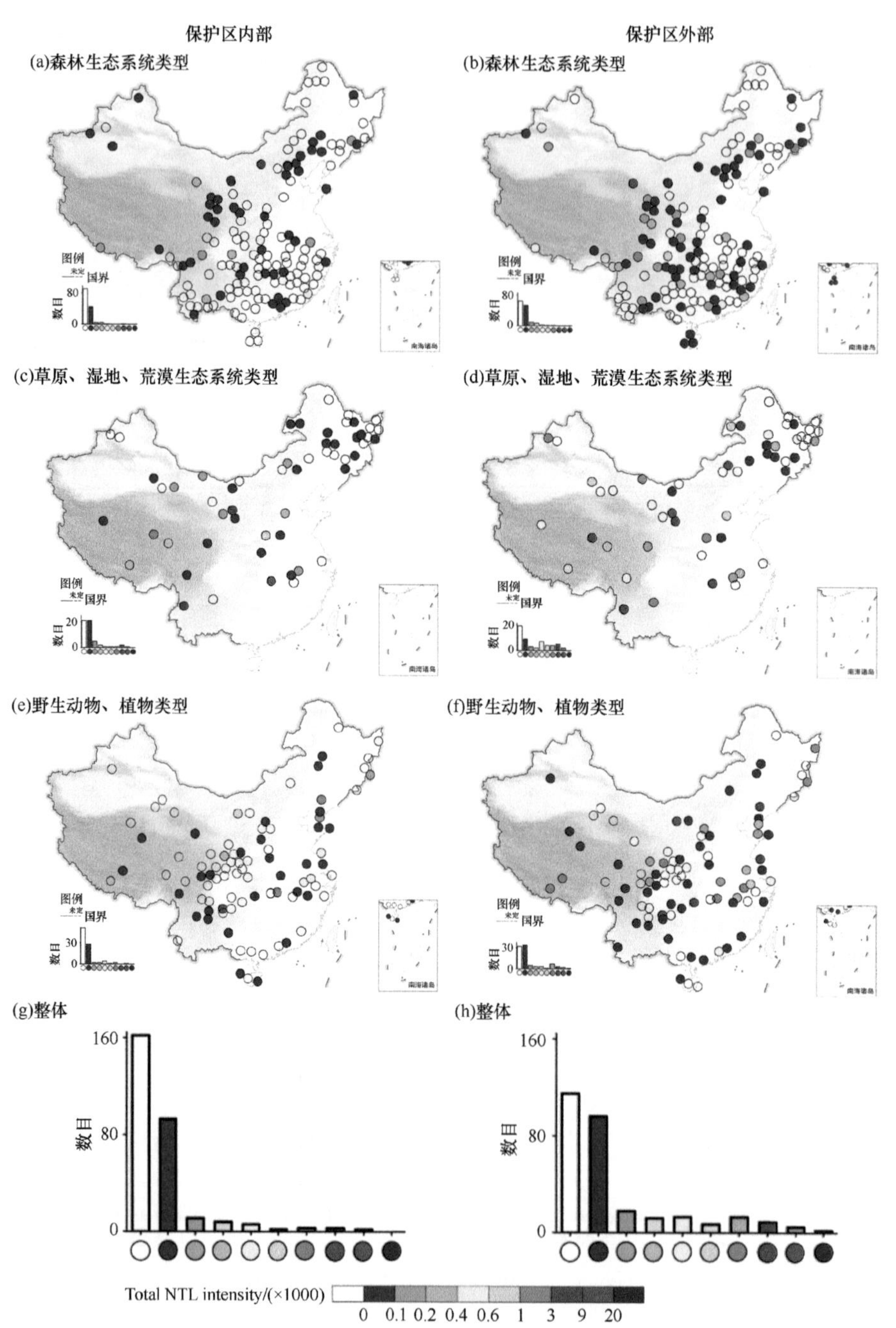

图 11-8　2018 年保护区内、外部总夜间灯光强度

“数目”代表保护区的个数，左边一栏表示保护区内部总夜间灯光强度，右边一栏表示保护区外部夜间灯光强度

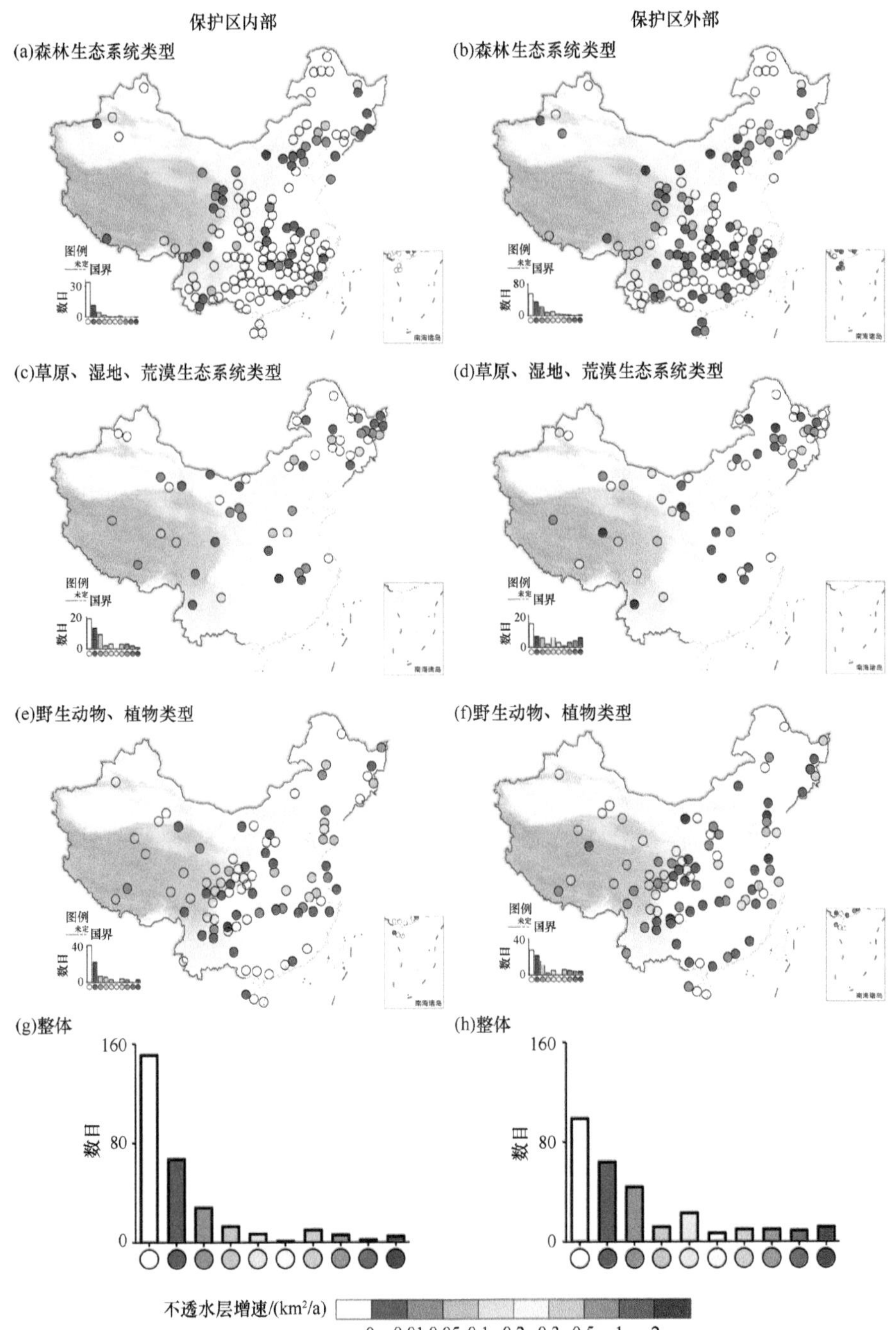

图 11-9　保护区内、外部不透水层在 2000～2018 年间的增加速率

“数目”代表保护区的个数，左边一栏表示保护区内部不透水层增速，右边一栏表示保护区外部不透水层增速

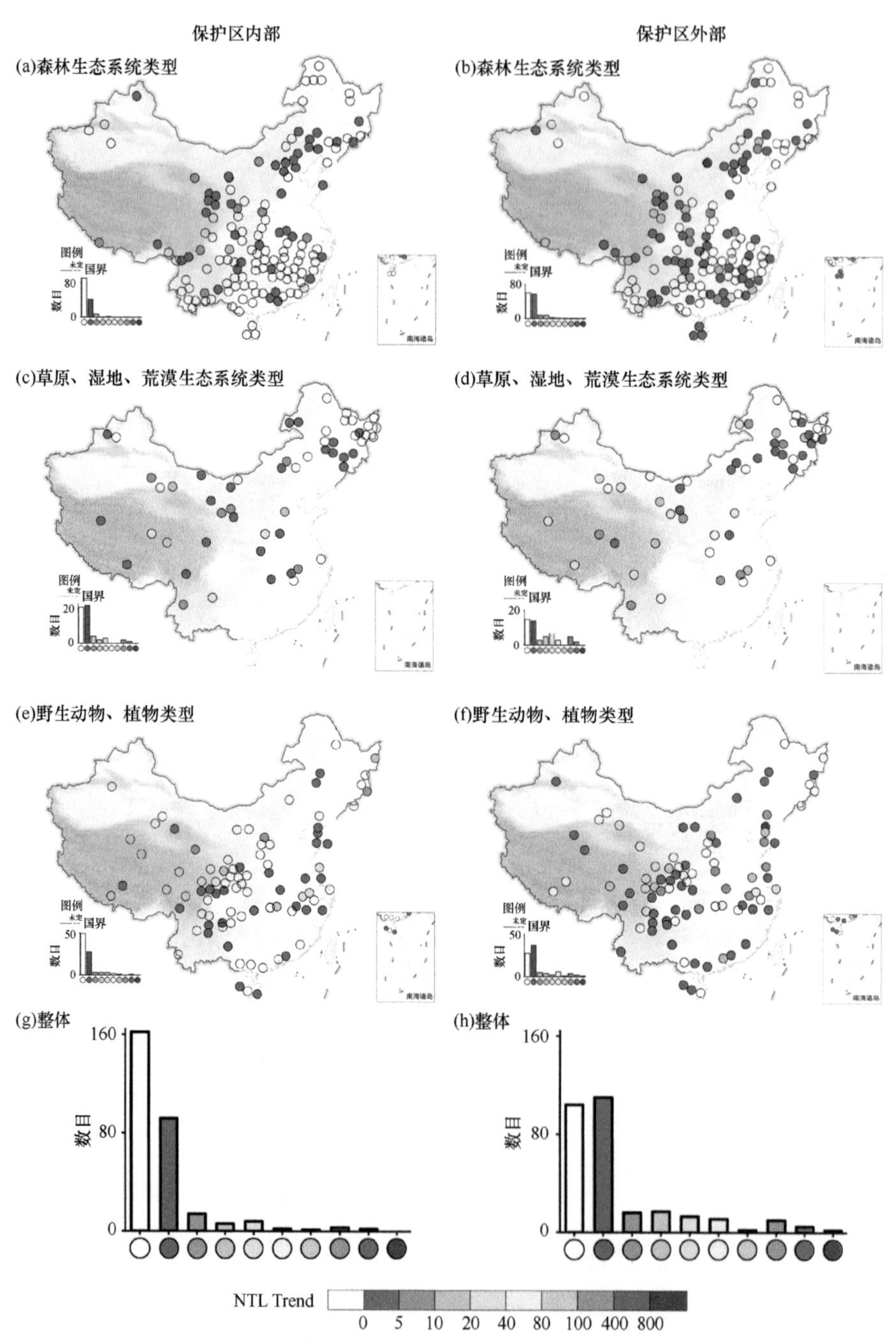

图 11-10　保护区内、外部夜间灯光强度在 2000～2018 年间的增加速率

"数目"代表保护区的个数，左边一栏表示保护区内部夜间灯光增速，右边一栏表示保护区外部夜间灯光增速

水层面积在多年间没有变化，而 139 个保护区其内部不透水层面积在增加；99 个保护区其外部的不透水层在多年间没有变化，而 191 个保护区其外部的不透水层在大幅增加。保护区内部和外部不透水层的增长率之间的差异可以表明保护区外部的发展压力对保护区所带来的潜在影响，175 个保护区受到外部的威胁，仅有 28 个保护区其内部的不透水层增长速度大于外部。不透水层的变化状况与夜间灯光强度的变化状况相似，即保护区外部夜间灯光强度的增长率较高为（9247.6±129.3）nW/（cm^2·sr），保护区内部的夜间灯光强度的增长率较低为（2230.6±46.4）nW/（cm^2·sr）；186 个保护区其外部的夜间灯光强度在多年间存在增加的趋势，其中 177 个保护区其外部的夜间灯光强度增速大于保护区内部（图 11-10）。

对四个不同的经济区进行分析结果表明，保护区外部的不透水层或夜间灯光强度增长速率高于保护区内部（图 11-11）。具体来看，2000～2018 年保护区内外的不透水层和夜间灯光增速在中国西部最高，在中国东部最低，这可能是由于我国保护区的面积大小在东西部有较大的差异，中国西部分布大型保护区，而在东部地区保护区的规模较小、分布较零散。2000～2018 年间，我国西部保护区（10.4 km^2/a）和中部保护区（6.6 km^2/a）内部不透水层的增长速率高于其他地区，西部和中部保护区内部其不透水层比例分别从 0.01%增加到 0.03%和 0.5%增长到 1.4%（增长了约 3 倍），而东部地区不透水层比例从 0.7%增加到 1.1%（1.6 倍）；从保护区外部来看，西部地区（58.4 km^2/a）的保护区和东北地区（40.0 km^2/a）的保护区其外部不透水层增长更快，而东部地区的保护区增速仅为 9.4 km^2/a。基于夜间灯光强度的分析也发现了相同的规律。

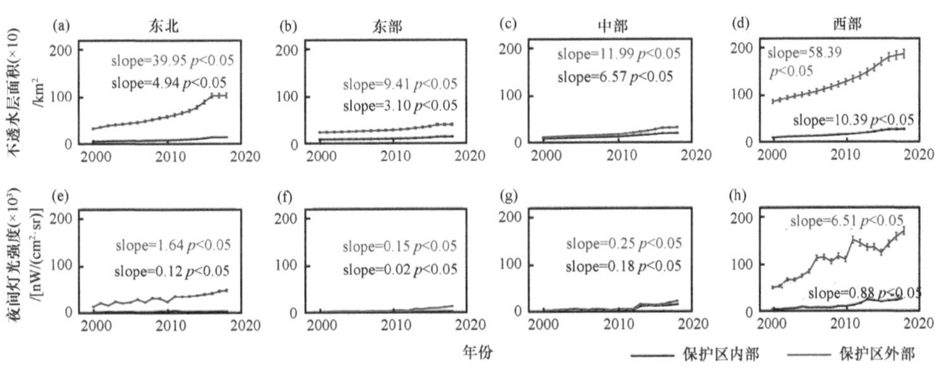

图 11-11　在不同经济区不透水层和夜间灯光的增速

第一行代表不透水层的变化，第二行代表夜间灯光的变化，图中的“slope”代表增长速率，第一列、第二列、第三列、第四列分别代表了中国东北、东部、中部和西部地区

11.2.3　保护区外部发展压力对内部产生的潜在影响评估

保护区内部和保护区外部之间的不透水层和夜间灯光的年际变化呈显著相

关，r 值分别为 0.46（不透水层）和 0.50（夜间灯光），这表明保护区外部的发展压力可能对保护区内部产生影响（图 11-12）。进一步研究发现，随着经济发展水平的提高，保护区外部的发展压力对保护区内部的潜在影响更加明显。在四个经济区中，保护区内部和保护区外部的不透水层（夜间灯光强度）相关性在东部或中部地区最强，这表现出保护区外的经济增长和保护区内的发展压力具有一致趋势，表明保护区外的经济活动可能威胁到保护区内部的管理；而在东北部地区，保护区内外的不透水层（夜间灯光）的相关性最弱，可能与东北地区经济活动和人口下降有关。

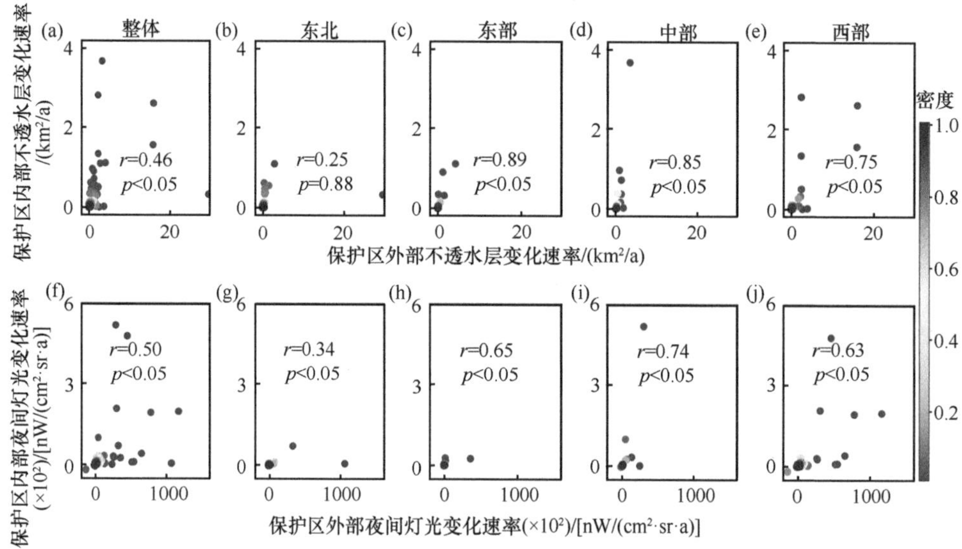

图 11-12 保护区内外部不透水层（夜间灯光）从 2000～2018 年的变化速率的 Pearson 相关分析

圆点代表了保护区，圆点的不同颜色代表了密度，（a）和（f）是总体分析，（b）和（g）是我国东北地区的分析，（c）和（h）是我国东部地区的分析，（d）和（i）是我国中部地区的分析，（e）和（j）是我国西部地区的分析

11.2.4 保护区外部发展压力对沿不同人口梯度保护区的影响

经济发展不仅可以反映人类活动，人口密度也可以反映人类活动，经济增长已被证明与人口的快速增长是一致的（Johnson，1999），因此我们利用 $OtoI_{pres}$ 指数进一步研究了保护区外的人口密度对保护区保护有效性的影响，利用线性回归法，我们发现保护区外的人口密度可以解释保护区 $OtoI_{pres}$ 变化的很大一部分（图 11-13）[不透水层的 R^2=0.49（p<0.05），夜间灯光的 R^2=0.22（p<0.05）]，因此，在人口分布较多的地区，保护区外部的压力高于保护区内部的压力是较为普遍的。

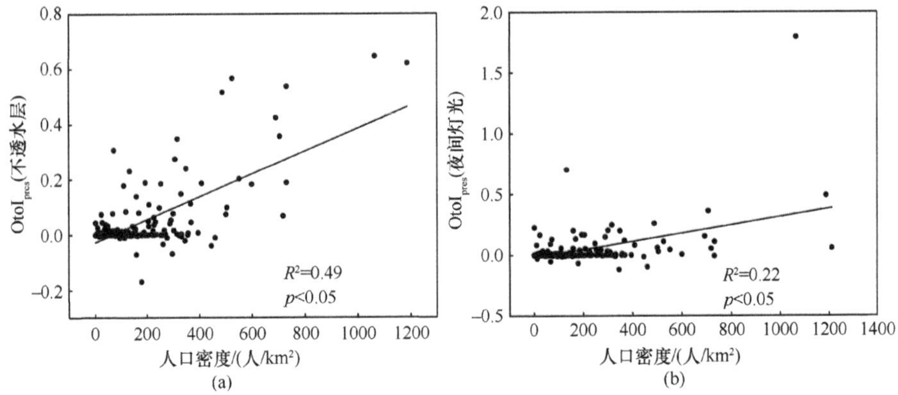

图 11-13　保护区外的人口密度对 $OtoI_{pres}$ 指数的影响

（a）表示不透水层，（b）表示夜间灯光强度

参 考 文 献

Cbd. 2020. Zero draft of the post-2020 global biodiversity framework CBD/WG2020/2/3, CBD; Montreal, Canada.

Ceballos G, Ehrlich P R, Barnosky A D, et al. 2015. Accelerated modern human-induced species losses: Entering the sixth mass extinction. Science Advances, 1(5): e1400253.

Chen Z, Yu B, Yang C, et al. 2021. An extended time series (2000–2018) of global NPP-VIIRS-like nighttime light data from a cross-sensor calibration. Earth System Science Data, 13(3): 889-906.

Ferraro P J, Pressey R L. 2015. Measuring the difference made by conservation initiatives: protected areas and their environmental and social impacts. Philosophical Transactions of the Royal Society B-biological Sciences, 370(1681).

Geldmann J, Barnes M, Coad L, et al. 2013. Effectiveness of terrestrial protected areas in reducing habitat loss and population declines. Biological Conservation, 161: 230-238.

Geldmann J, Manica A, Burgess N D, et al. 2019. A global-level assessment of the effectiveness of protected areas at resisting anthropogenic pressures. Proceedings of the National Academy of Sciences, 116(46): 23209-23215.

Gong P, Li X, Wang J, et al. 2020. Annual maps of global artificial impervious area (GAIA) between 1985 and 2018. Remote Sensing of Environment, 236-243.

Gray C L, Hill S L L, Newbold T, et al. 2016. Local biodiversity is higher inside than outside terrestrial protected areas worldwide. Nature Communications, 7: 12306.

He B, Chen C, Lin S, et al. 2022. Worldwide impacts of atmospheric vapor pressure deficit on the interannual variability of terrestrial carbon sinks. National Science Review, 9(4): nwab150.

Humphrey V, Berg A, Ciais P, et al. 2021. Soil moisture–atmosphere feedback dominates land carbon uptake variability. Nature, 592(7852): 65-69.

Johnson D G. 1999. Population and economic development. China Economic Review, 10(1): 1-16.

Jones K R, Venter O, Fuller R A, et al. 2018. One-third of global protected land is under intense human pressure. Science, 360(6390): 788-791.

Joppa L N, Pfaff A. 2009. High and far: biases in the location of protected areas. PLoS ONE, 4(12):

e8273.

Laurance W F, Useche D C, Rendeiro J, et al. 2012. Averting biodiversity collapse in tropical forest protected areas. Nature, 489(7415): 290-295.

Liang J, He X, Zeng G, et al. 2018a. Integrating priority areas and ecological corridors into national network for conservation planning in China. Science of the Total Environment, 626: 22-29.

Liang J, Xing W, Zeng G, et al. 2018b. Where will threatened migratory birds go under climate change? Implications for China's national nature reserves. Science of the Total Environment, 645: 1040-1047.

Liu J, Liu J, Yuan Z, et al. 2001a. Isolation and identification of genes expressed differentially in rice inflorescence meristem with suppression subtractive hybridization. Chinese Science Bulletin, 46(2): 98-100.

Liu J G, Linderman M, Ouyang Z Y, et al. 2001b. Ecological degradation in protected areas: The case of Wolong Nature Reserve for giant pandas. Science, 292(5514): 98-101.

Liu L, Gudmundsson L, Hauser M, et al. 2020. Soil moisture dominates dryness stress on ecosystem production globally. Nature Communications, 11(1): 4892.

Newbold T, Hudson L N, Hill S L L, et al. 2015. Global effects of land use on local terrestrial biodiversity. Nature, 520(7545): 45-50.

Ren G, Young S S, Wang L, et al. 2015. Effectiveness of China's National Forest Protection Program and nature reserves. Conservation Biology, 29(5): 1368-1377.

Shrestha N, Xu X, Meng J, et al. 2021. Vulnerabilities of protected lands in the face of climate and human footprint changes. Nature Communications, 12(1): 1632.

Steffen W, Grinevald J, Crutzen P, et al. 2011. The Anthropocene: conceptual and historical perspectives. Philosophical Transactions. Series A, Mathematical, Physical, and Engineering Sciences, 369(1938): 842-867.

Stocker B D, Zscheischler J, Keenan T F, et al. 2019. Drought impacts on terrestrial primary production underestimated by satellite monitoring. Nature Geoscience, 12(4): 264-270.

Sun S, Sang W, Axmacher J C. 2020. China's national nature reserve network shows great imbalances in conserving the country's mega-diverse vegetation. Science of the Total Environment, 717: 137159.

Unep W I. 2021. Protected Planet Live Report 2021, I. A. N. UNEP-WCMC. UNEP-WCMC, IUCN and NGS; Cambridge UK; Gland, Switzerland; and Washington, D.C., USA.

Xu P, Wang Q, Jin J, et al. 2019. An increase in nighttime light detected for protected areas in mainland China based on VIIRS DNB data. Ecological Indicators, 107: DOI 10.1016.

Xu W, Xiao Y, Zhang J, et al. 2017. Strengthening protected areas for biodiversity and ecosystem services in China. Proceedings of the National Academy of Sciences of the United States of America, 114(7): 1601-1606.

Yang R, Cao Y, Hou S, et al. 2020. Cost-effective priorities for the expansion of global terrestrial protected areas: Setting post-2020 global and national targets. Science Advance, 6(37): DOI10.1126.

Yuan W, Zheng Y, Piao S, et al. 2019. Increased atmospheric vapor pressure deficit reduces global vegetation growth. Science Advances, 5(8): eaax1396.

Zhang Y, Song C, Sun G, et al. 2015. Understanding moisture stress on light use efficiency across terrestrial ecosystems based on global flux and remote-sensing data. Journal of Geophysical Research: Biogeosciences, 120(10): 2053-2066.

Zhu P, Huang L, Xiao T, et al. 2018. Dynamic changes of habitats in China's typical national nature reserves on spatial and temporal scales. Journal of Geographical Sciences, 28(6): 778-790.

第12章 生态修复成效监测评估实践

导读 本章以我国典型生态修复工程——三北防护林和黄土高原退耕还林还草为案例，针对当前工程成效不清这一问题，介绍了基于实时、准确的长时间序列遥感图像对生态工程修复成效评估方法和结果。本章揭示了2007～2017年我国三北地区（西北、华北、东北）不同降雨梯度区域的森林面积变化，以及2000年以来黄土高原退耕空间范围变化、GPP年际变化和退耕还林还草对GPP的影响。通过本章介绍，读者将会对基于多源长时序的遥感数据开展生态工程成效评估形成一定的认识和理解。

12.1 专题案例：三北防护林森林变化监测评估

森林生态系统是陆地生态系统的主体，在区域环境保护和可持续发展中起着重要的生态保障作用。为防治沙尘暴和荒漠化，我国政府于1978年在西北、华北、东北的风沙危害与水土流失重点地区启动了“三北防护林体系建设工程”（以下简称“三北工程”）。作为我国规模最大、时间跨度最长、最具有代表性的生态修复项目，三北工程涉及13个省市（市、区）的551个县（旗、市、区），其工程建设总面积占全国陆地总面积的42.4%。然而，在生态脆弱的干旱和半干旱地区，生态工程的合理性存在争议。随着三北工程的推进，许多研究关注其有效性，同时许多研究报道了该地区树木的高死亡率。到目前为止，我国北方森林分布的时空变化信息仍不清楚，特别是不同降水区的森林分布及其变化情况。鉴于三北工程对生态环境的巨大影响，及时获取详细的森林增量和减量信息至关重要，有助于森林管理的决策和项目的可持续实施。

12.1.1 三北防护林森林面积监测

随着对地观测技术的发展和卫星遥感影像时空分辨率的不断提高，遥感技术在森林资源调查、变化监测、健康评价等方面发挥了巨大作用，改变了传统林业人工调查耗时、费力、周期长和时效性差等问题。然而，区域或全国等大尺度的森林遥感监测对图像数量、传输速度和计算效率要求高，常用的遥感分析工具无法在短时间内完成遥感大数据处理。GEE 为解决这一问题提供了先进的云端运算平台，可通过在线或离线编程的方式获取海量遥感影像和基础地理信息数据，避免数据下载及预处理等繁琐的过程。针对三北地区森林分布和时空动态变化信息不确定这一问题，我们选取 GEE 平台承载的 2007～2017 年期间 25m 的 PALSAR/ PALSAR-2 数据和 30 m 的 Landsat TM/ETM+/OLI 数据，基于 PALSAR 背向散射系数数据，采用决策树分类算法来识别森林和非森林，在此基础上，基于 Landsat 数据计算 NDVI 最大值时间序列，以此作为掩膜来减少建筑物、裸地和稀疏植被带来的错分误差，从而得到三北地区 2007～2017 年逐年的森林分布图（图 12-1）。生成的 2010 年森林/非森林图的总体分类精度为 93.15%，Kappa 系数为 0.79，而其他产品（比如 GlobeLand30，FROM-GLC 和 NLCD-China and JAXA）的总体精度介于 87%～89%，Kappa 系数介于 0.51～0.61（表 12-1）。

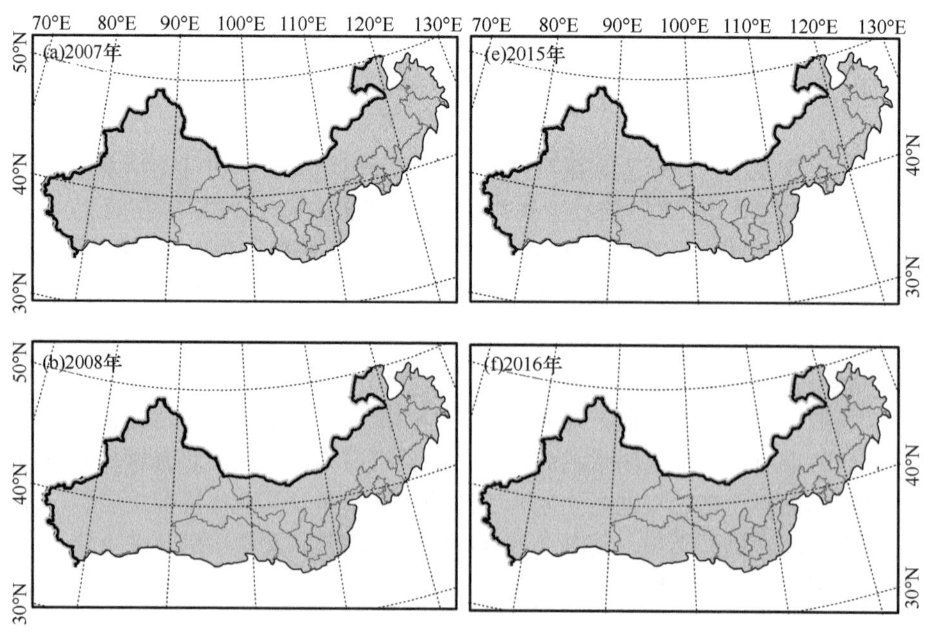

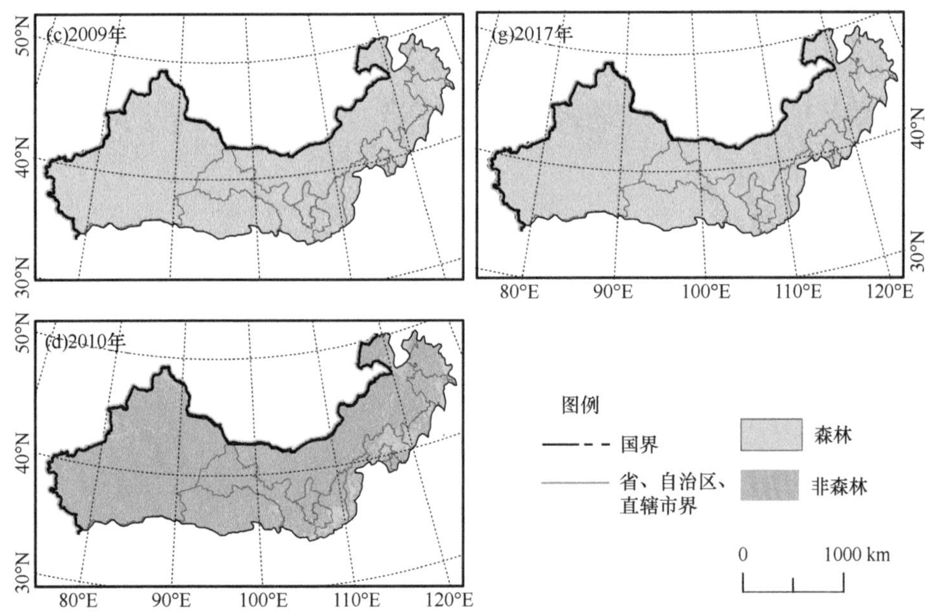

图 12-1　三北地区 2007～2017 年森林空间分布（不包括 2011～2014 年）

表 12-1　本文森林制图产品和其他四种森林产品的准确性对比

	地物类型	UA/%	PA/%	OA/%	Kappa
PALSAR/Landsat	森林	80.19	87.01	93.15	0.79
	非森林	96.71	94.67		
GlobeLand30	森林	87.61	53.61	89.28	0.61
	非森林	89.51	98.12		
FROM-GLC	森林	86.98	53.07	89.09	0.59
	非森林	89.39	98.03		
NLCD-China	森林	76.56	53.07	87.45	0.55
	非森林	89.18	95.97		
JAXA	森林	83.57	43.14	87.02	0.51
	非森林	87.41	97.89		

12.1.2　三北防护林森林面积变化

三北地区 2007～2017 年森林变化如图 12-2 所示，森林增加、森林损失和森林净变化面积分别为 94011 km^2、55380 km^2 和 38630 km^2（图 12-3）。基于 2007～2017 年三北地区的年平均降雨量将研究区分为 0～200mm，200～400mm，400～

600mm，600～800mm 以及>800mm 五个梯度区域。我们发现，在年平均降水量少于 400mm 的地区，森林损失率超过 35%，从森林流失面积占原始森林面积的比例来看，年平均降水量在 400mm 以下的地区所占比例明显高于降雨量充足的地区（图 12-4）。上述数据表明，生态脆弱的干旱和半干旱地区，原始森林面积

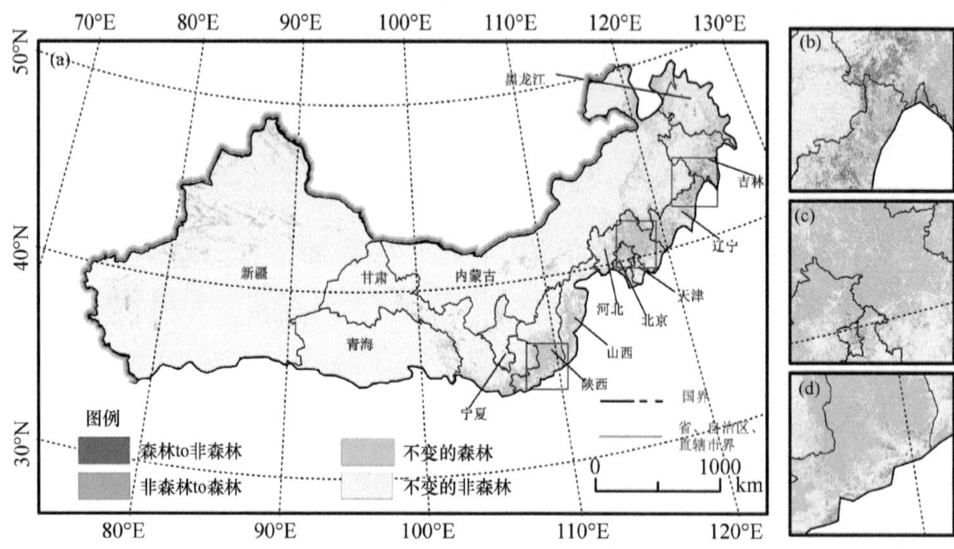

图 12-2　三北地区 2007～2017 年森林变化的空间分布

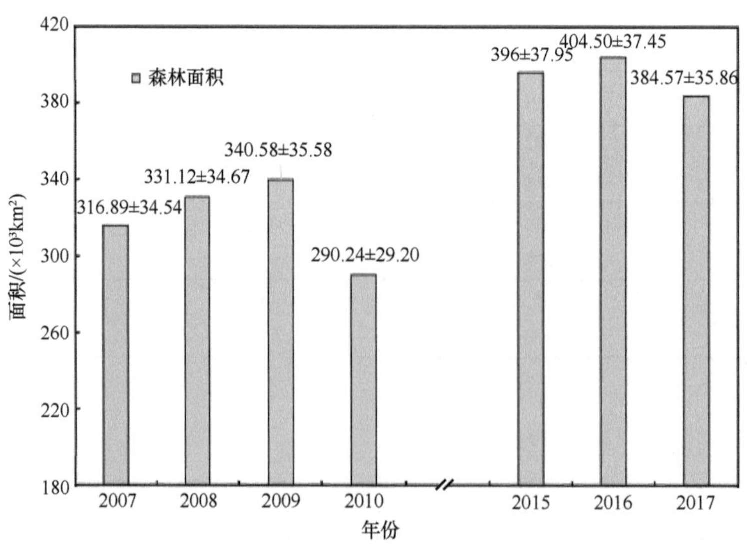

图 12-3　三北地区 2007～2017 年的森林面积变化

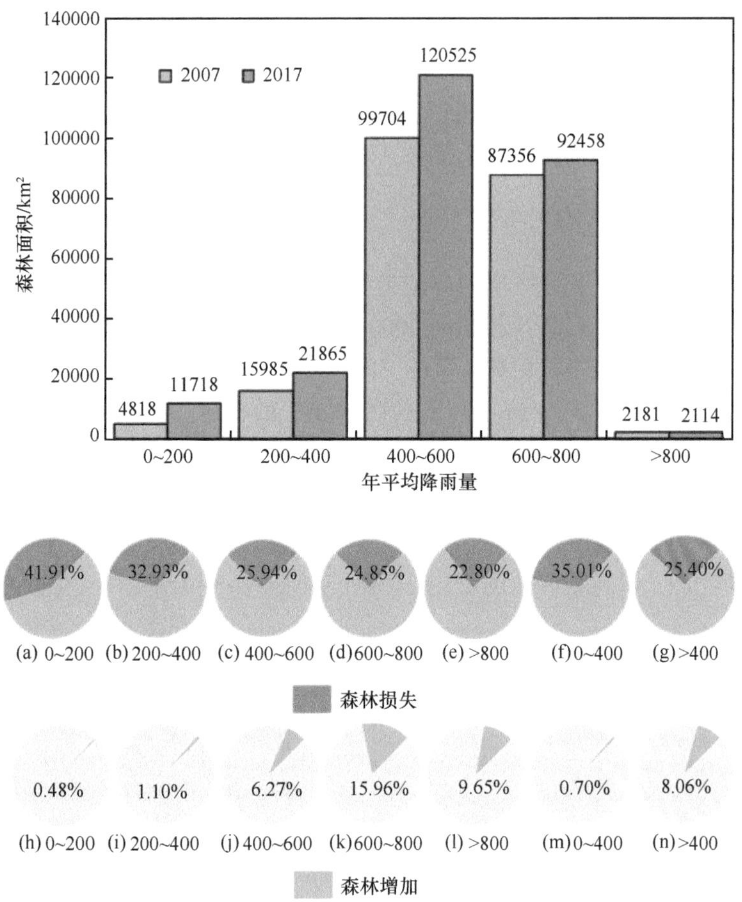

图 12-4　2007 年和 2017 年不同降水量梯度区域的森林面积及其在森林总面积中的比例

（a）～（n）在不同的降水梯度区域下，森林流失面积与原始森林面积的比例

低，森林流失率高，不适宜树木生长。总体来说，基于 PALSAR/Landsat 的森林逐年制图可为三北地区生态工程评估提供及时有效的森林分布和变化信息。一方面，森林面积的大幅度增加表明了“三北”防护林工程的有效性；另一方面，在干旱和半干旱地区，森林损失率高表明在未来的森林管理中应考虑植树造林的适宜性。

12.2　专题案例：黄土高原退耕还林还草生态成效评估

退耕还林还草是一个我国典型的土地利用变化（土地利用类型转换）过程，动态追踪退耕还林还草工程带来的地表生物物理性质的变化过程，准确识别退耕还林还草的空间范围，对于评估生态工程效益、分析土地利用变化的生态和水文能量效应具有重要意义。前期研究已经对2010年以前的黄土高原土地利用变化进行分析，揭示了退耕还林还草工程的初步成效。然而，土地利用的最新变化有待进一步深入分析，特别是需要借助实时、准确的遥感数据揭示2000年以来黄土高原退耕还林还草工程的整体成效。

12.2.1 黄土高原退耕范围

通过叠加中国科学院资源和环境数据中心2000年和2015年的1∶10万土地利用数据，结合VPM模型模拟的2000～2016年总初级生产力（GPP）数据，识别出近16年黄土高原退耕还林还草的空间范围，并估算了GPP的年际变化趋势。相较于2000年，2015年耕地与未利用地面积的全区占比分别下降了1.67%和0.57%；而建设用地、林地与草地面积分别增加了1.60%、0.55%和0.08%。退耕还林还草面积约为3.5×10^4 km^2，占2000年耕地的16.79%，占区域总面积的5.56%。退耕还林还草主要发生在黄土高原中部，尤其在黄河中游段的西侧（陕西省）最为集中，还包括宁夏回族自治区的南部、青海省的东部地区等［图12-5（c）］。

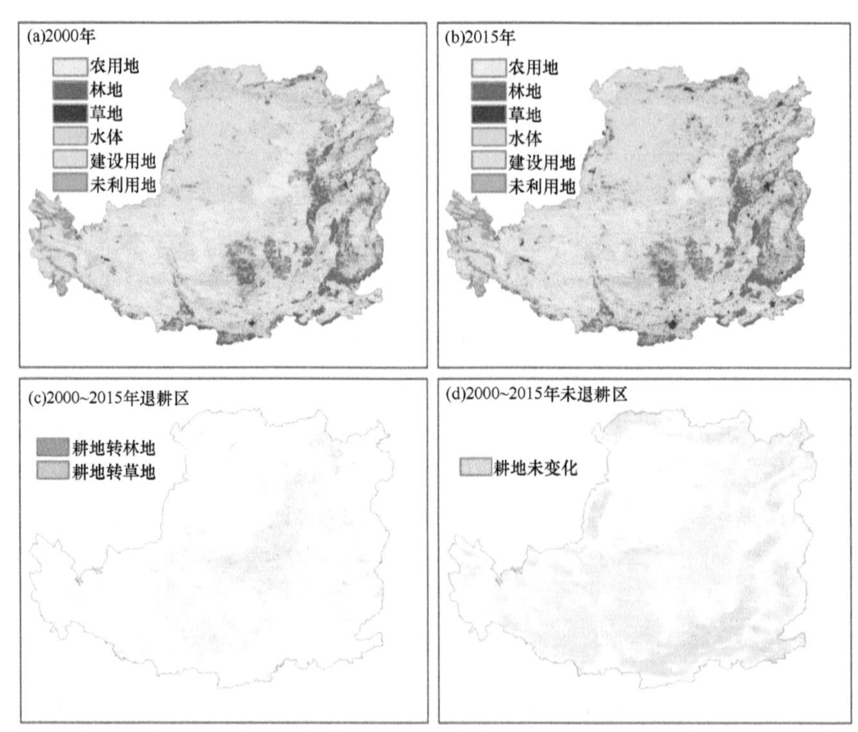

图12-5 黄土高原2000年（a）和2015年（b）土地利用图
以及2000～2015年退耕区（c）和未退耕区（d）的空间分布

12.2.2　黄土高原 GPP 年际变化

2000～2016 年间黄土高原多年平均生长季内 GPP 总量为 630.0gC/m^2，GPP 空间分布格局受到降水量影响，呈现东南高西北低的特征［图 12-6（a）］。在此期间，黄土高原 GPP 整体呈增加趋势，其中 GPP 显著上升（$p<0.05$）的像元面积占区域总面积的 67.3%，平均增速为 24.1 gC/（m^2·a），多分布于黄河东西两侧，在陕西、山西两省最为集中［图 12-6（b）和（c）］。2000～2016 年间黄土高原 GPP 显著上升像元的相对变化率平均为 4.5%，GPP 显著下降像元平均下降 4.4%。与 GPP 年际趋势的空间格局不同，GPP 相对变化率的高值区位于黄土高原西北部，而东南部的相对变化率较低［图 12-6（d）］，从相对变化率的角度来看，西北地区 GPP 增速要高于东南地区，这是由于东南部 GPP 平均值远高于西北部，抵消了相对较高的 GPP 线性趋势。

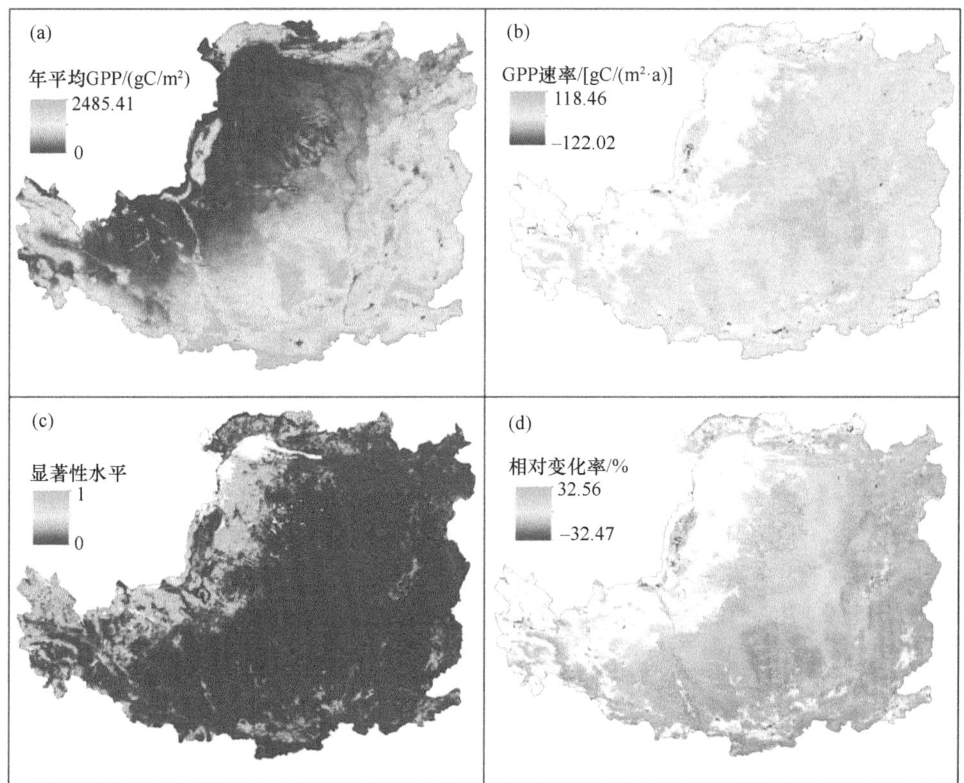

图 12-6　黄土高原 2000～2016 年多年平均 GPP（a）、GPP 速率（b）、显著性水平（c）和相对变化率（d）空间分布

12.2.3 退耕还林还草对 GPP 的影响

比较退耕区、未退耕区和区域整体的 GPP 多年平均值和年际变化率的相对大小，结果表明退耕区多年平均 GPP 相对较低（中值为 545.2 gC/m^2），低于区域整体水平（中值为 581.3 gC/m^2），更低于未退耕区（中值为 712.9 gC/m^2）[图 12-7（a）]。这是由于新转入的林草地林龄小，生产力水平低，低于耕地和区域整体生产力。退耕区 GPP 增长速率 [中值为 28.3 gC/（m^2·a）] 却明显高于未退耕区和区域总体水平 [中值分别为 22.4 和 22.1 gC/（m^2·a）] [图 12-7（b）]。同时，GPP 年际相对变化率在退耕区、区域整体以及未退耕区呈现显著区别，相对变化率的中值分别是 4.9%、3.6%和 3.4% [图 12-7（c）]。上述结果表明黄土高原退耕还林还草工程明显加快了退耕区 GPP 的年际增长速率。

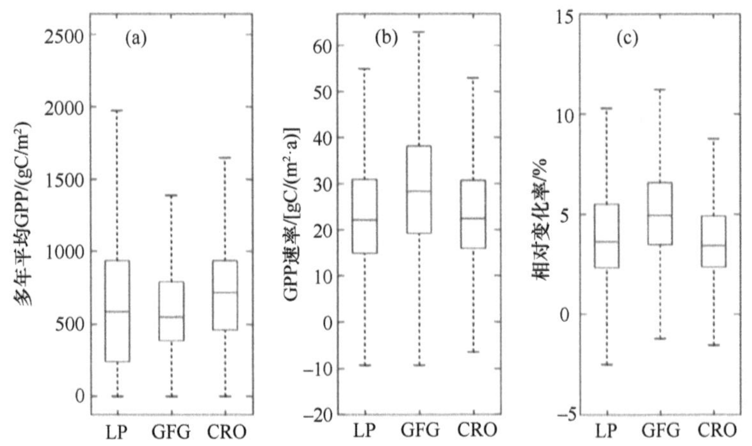

图 12-7 黄土高原 2000～2016 年多年平均 GPP（a）、GPP 速率（b）和相对变化率（c）在整个区域（LP）、退耕区（GFG）和未退耕区（CRO）的差异

在对 2000～2016 年每年的 GPP 在退耕区、未退耕区以及区域整体进行区域平均的基础上，分析不同区域 GPP 年际变化的差异。结果显示（图 12-8），退耕区 GPP 增长速率高于未退耕区和区域整体，比未退耕区 GPP 增速高 6.5 gC/（m^2·a），比区域整体的 GPP 增速高 8.8 gC/（m^2·a）。同时，退耕区 GPP 相对变化率也显著高于未退耕区和区域整体，三者的相对变化率分别为 4.3%、2.7%和 2.7%。综上所述，无论从像元尺度还是区域尺度，退耕区的 GPP 增速和相对变化率均高于未退耕区和区域整体水平。

此外，典型样地的分析进一步证明了退耕还林工程对退耕区 GPP 的提速作用。如图 12-9（a）和（b）所示，随机选取黄土高原退耕还林还草典型区域（陕西省

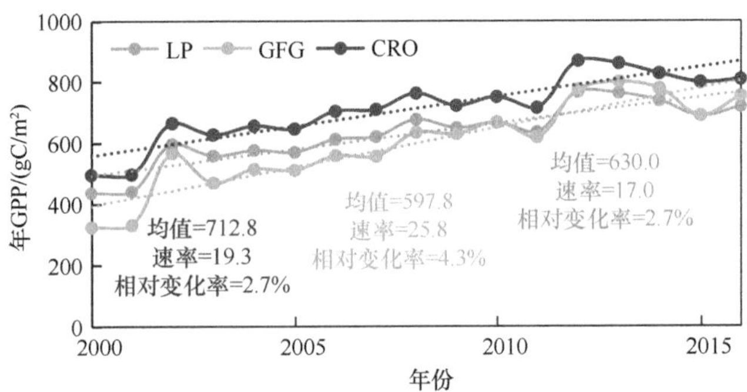

图 12-8　黄土高原 2000～2016 年区域整体（LP）、退耕还林还草区（GFG）以及耕地未变化区（CRO）区域平均 GPP 的年际变化

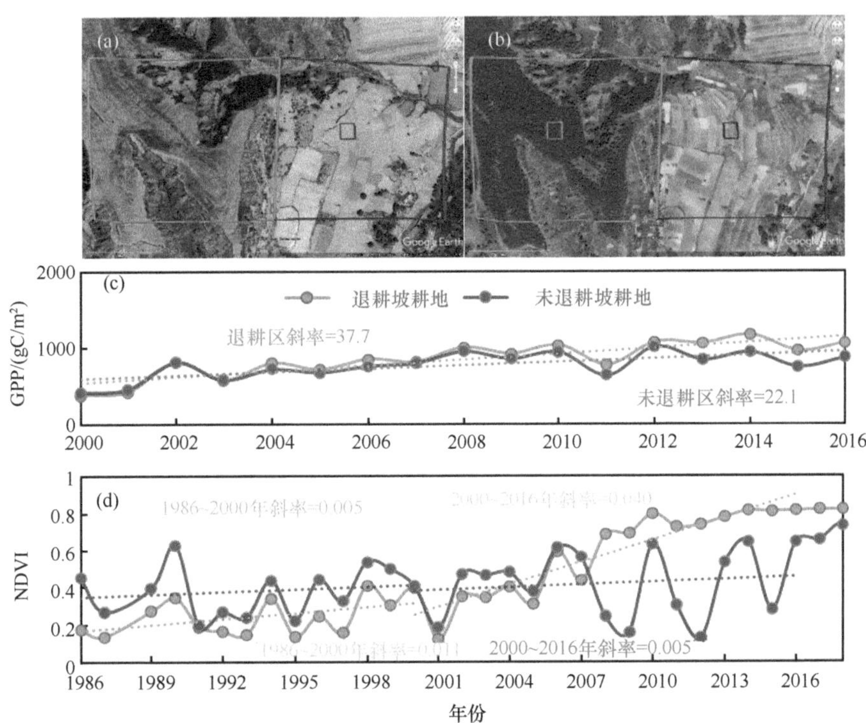

图 12-9　典型退耕样地（绿色方框）和非退耕样地（红色方框）GPP 与 NDVI 的变化

（a）2003 年 Google Earth 高分辨率影像；（b）2015 年 Google Earth 高分辨率影像；（c）2000～2016 年相邻样地 GPP 的年际变化（绿色为退耕样地，红色为未退耕样地）；（d）1986～2018 年相邻样地 NDVI 的年际变化（绿色为退耕样地，红色为未退耕样地）

延安市）内一对相邻的退耕和未退耕像元，2003 年退耕像元（绿色框）布满了人工挖掘的育林坑（俗称鱼鳞坑），表明此像元内的坡耕地正在实施退耕还林工程，

2015 年该像元的坡耕地几乎被森林覆盖，而退耕像元（红色框）在 2003 和 2015 年都是耕地。自 2008 年开始，退耕样地 GPP 明显高于未退耕样地，且差距逐渐加大，退耕样地 GPP 的年际增速比未退耕样地高 15.6 gC/（$m^2 \cdot a$）[图 12-9（c）]。同时发现，2000～2016 年退耕像元 NDVI 的年际增速明显高于 1986～2000 年，而未退耕像元的 NDVI 增速在 2000 年前后并无差别。

第13章

基于遥感云计算的甘南藏族自治州生态大数据平台

导读　甘南藏族自治州（以下简称甘南州）是我国黄河的重要水源补给区、国家生态文明示范工程试点地区、国家生态文明先行示范区以及国家主体功能区建设试点地区。本章以甘南州生态大数据平台建设为典型案例，详细介绍平台建设背景、平台总体设计以及平台在甘南州智慧生态管理方面的典型功能，包括生态系统结构动态监测与分析、生态功能保障现状与变化分析、生态安全胁迫与驱动机制分析以及生态修复工程成效评价与建议。通过本章的介绍，读者将对生态大数据平台建设的总体设计和核心管理应用等方面形成整体认识。

13.1　甘南州生态大数据平台建设背景

习近平总书记指出：黄河上游要以三江源、祁连山、甘南黄河上游水源涵养区等为重点，推进实施一批重大生态保护修复和建设工程，提升水源涵养能力。保护黄河是事关中华民族伟大复兴的千秋大计，黄河流域生态保护和高质量发展战略已同京津冀协同发展、长江经济带发展、粤港澳大湾区建设、长三角一体化发展等一起成为重大国家战略。黄河发源于三江源，但成河在甘南高原，甘南地处黄河上游，既是黄河重要的水源涵养区，也是水土流失比较严重、生态环境尤为脆弱的地区，生态状况直接关系着黄河流域生态安全。由此可见，甘南在维系黄河的安危和流域生态安全、经济发展中肩负着十分重要的责任。

国务院在 2015 年 7 月下发了《关于积极推进“互联网+”行动的指导意见》，提出“互联网+”绿色生态，对智慧生态大数据管理平台工作提出了更具体的要求：大力发展智慧生态大数据管理平台，利用智能监测设备和移动互联网，完善山水林田湖草各类生态监测系统，增加环境监测指标类型，扩大监测范围，形成全天候、多层次的智能多源感知体系。

13.1.1 甘南藏族自治州概况

甘南藏族自治州地处青藏高原、黄土高原和陇南山地的过渡地带，是黄河蓄水、“中华水塔”的重要组成部分。全州总面积 38521km^2，南与四川阿坝州相连，西南与青海黄南州、果洛州接壤，东部和北部与陇南市、定西市、临夏州毗邻。地势西北高，东南低，由西北向东南呈倾斜状。全州具有大陆性季风气候的特点，光照充裕，降水较多，地理分布差异显著，动植物资源丰富。甘南州在黄河流域具有特殊的地理位置、独特的地质地貌及大面积的湿地、草原和森林生态系统，孕育了其境内黄河、洮河、大夏河等 120 多条纵横分布的干支流，产水模数高达 21.5 万 m^3/km^2，远高于黄河流域 7.7 万 m^3/km^2 的平均水平，每年向黄河补水约 65.9 亿 m^3。

据甘南州 2019 年国民经济和社会发展统计公报，甘南州总人口约 74.97 万人，实现地区生产总值 218.33 亿元，人均生产总值 30252 元，城镇居民人均可支配收入 26592 元。第一产业方面，全年全州完成农林牧渔业及农林牧渔服务业增加值 43.83 亿元，比上年增长 4.7%。其中，农作物种植面积 116.09 万亩，比上年增加 12.58 万亩，增长 12.2%。各类牲畜总增加 152.38 万头（只）；第二产业方面，全年全州全部工业完成增加值 26.77 亿元，比上年下降 6.0%，建筑行业完成增加值 6.46 亿元，比上年增长 9.3%。第三产业方面，全年农、林、牧、渔服务业完成增加值 2.11 亿元，比上年下降 2.7%。

13.1.2 甘南州生态保护与高质量发展的区域定位

近年来，甘南州先后被国家确定为甘南黄河重要水源补给区、国家生态文明示范工程试点地区，国家生态文明先行示范区和国家主体功能区建设试点地区。甘南州特殊的地理位置、生态环境、资源禀赋致使其国家西部生态屏障作用显著，在维护区域生态平衡和生态安全方面地位无可替代，在承接黄河生态保护和高质量发展国家战略，坚持绿水青山就是金山银山的理念，全面贯彻落实习近平总书记在黄河流域生态保护和高质量发展座谈会上的重要讲话精神，深化“保护黄河是事关中华民族伟大复兴的千秋大计”的思想共识等诸多方面均发挥着重要作用。此外，甘南全州整体属于禁止开发区和限制开发区，拥有的丰富天然草原、湿地和森林资源共同组成了黄河上游的绿色生态安全屏障，被誉为“地球之肾”和“中华水塔”，可作为黄河水资源安全的前沿地带。

甘南州空间管控成效显著。国土生态绿化大举推进，资源总量不断增加；生态政策措施全面落实，草原治理效果显著；林草管护措施持续强化，生态红线不断筑牢。全州森林面积、蓄积量、森林覆盖率和草原植被盖度实现了快速增长，林草保护建设取得了显著成效。全州矿山环境整治取得进展，自然保护区内矿产资源开发行为得到遏制，矿山地质环境恢复治理取得一定成效。全州在水源涵养修复也取得了初步成效，黄河重要水源补给生态功能区生态保护与建设取得成效。重大水利工程建设进展顺利，防汛减灾能力显著提升。农村饮水、城镇供水工程建设得到巩固和提升，农田水利建设步伐加快。河湖管理和水生态环境保护逐步提升。实现了山青水美、草畜平衡，促进了产业转移和经济结构调整，生态保护与建设初见成效。

本章将以甘南州为例，阐述基于遥感云计算的生态大数据平台建设及其在生态系统结构、功能保障、安全胁迫以及工程成效评价方面的作用（图 13-1）。

图 13-1　甘南州生态大数据平台示意图

13.2　甘南州生态大数据平台总体设计

13.2.1　服务对象与主要措施

甘南州生态大数据平台主要服务于甘南藏族自治州全域的山、水、林、田、湖、草的管理，主要包括：①基于甘南州水、土、气、动物和植物的样本采集与监测化验提供适宜的生态解决方案；②基于遥感、人工智能、物联网和云计算一体化生态管理平台建立“天-地-空-人”一体的、上下协同的、跨部门信息共享的智慧系统；③通过智慧甘南州大数据平台摸清生态家底，同时建立精准的生态数字监测体系，科学地评估甘南州作为重要的水源地给上下游带来的经济和生态价值，为省域生态流域补偿创新实践打好基础；④基于生态数据分析和挖掘摸清甘南生态禀赋，提升农民、牧民的生态获得感，积极探索“绿水青山就是金山银山”的两山实践。

13.2.2 智慧平台的设计思路

围绕“一张网、一平台、两门户、一中心”四个部分，智慧甘南生态大数据平台整合人工智能、地理信息、物联网及大数据挖掘等技术，面向甘南全域进行生态体检，摸清生态自然禀赋。一张网是指布控甘南黄河流域生态质量监测网，实现水质监测、流域断面监测、草地沙化退化、点源面源污染监控、生态修复工程监测等生态感知。一平台是指在甘南政务云上搭建智慧甘南管理指挥平台，提供研判评估、预知预警、辅助决策、指导实践、监督管理。构建统一标准、规范的甘南生态数据资源服务平台，进一步巩固甘南专项整治工作成果，推动长效机制建设，为草畜平衡、生态修复、生态补偿、生态产业导航提供一体化的技术力量支撑。两门户是构建面向社会公众和面向政府单位的内外网门户，接入民众举报受理响应服务，实现“数据共享、全民参与、共管共治”的良好格局。最后，一中心指搭建智慧甘南生态大数据指挥中心，由高清 LED 大屏幕、人机交互触控操作台和远程连线设备组成，服务生态应急指挥、综合监管监测、会商，实现全区生态状况集中监控，面对突发环境事件时，提供统一应急指挥的智慧甘南中心。

13.2.3 智慧平台的总体架构

甘南州生态大数据从下至上由数据汇聚采集平台、数据存储管理平台、数据治理平台、数据服务平台和应用展示平台组成（图 13-2）。其中，数据汇聚采集平台囊括了基础数据资源、共享数据资源、企业内部信息资源、非结构化数据资源等需建设的数据资源，在数据资源基础上通过合理抽取数据实现生态大数据的整理和汇总。其物理层包括服务器、存储设备、高速网络设备和其他基本的计算资源整合成资源池，作为上层应用运行的基石。平台支持采用云平台，也支持服务器基础设施。数据存储管理模块提供了从建立数据目录、数据入库、加工处理、维护、发布、归档等数据的全生命周期的管理功能。数据治理平台提供数据标准化、数据清洗、审核及监控等功能，可以进行平台参数的配置、工作流定义、权限控制；也可以对平台中用户、开发者、数据集、接口、访问日志等进行监控和统计分析。数据服务平台为开发者提供数据处理工具、可视化分析工具服务以及接口开发环境服务和应用管理服务等。最后，应用展示平台面向最终用户提供实时在线的生态大数据应用软件服务，包括生态资源概况、生态状况检测、生态修复、林草防火、数据导入、草畜平衡、生态预警等。

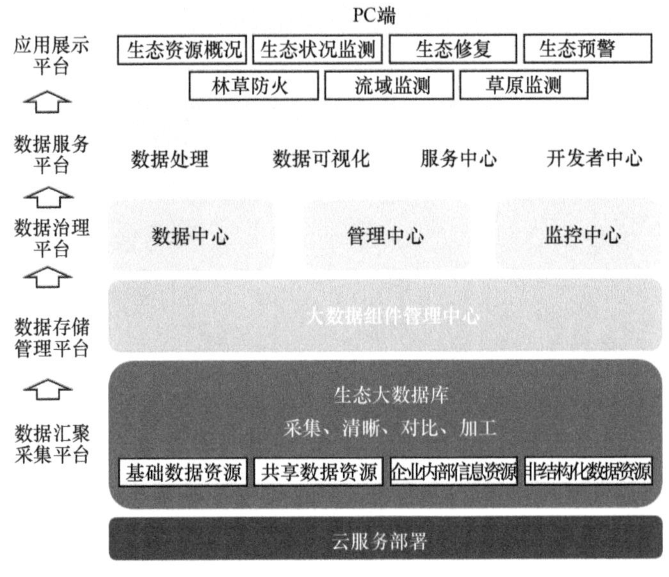

图 13-2　甘南州生态大数据平台总体架构

13.3　基于遥感云计算的甘南州生态大数据平台功能

13.3.1　生态系统结构动态监测与分析

本书基于 2019 年甘南州高精度生态系统分类信息，开展甘南州陆地生态系统宏观结构现状分析，主要包括生态系统一级类型总体特征、主要生态系统类型的空间分布特征（自然和人工），和生态系统空间格局与类型分布的区域差异。分析过程中主要使用生态系统分类面积与比例结构两类指标。为了满足区域尺度生态系统分布格局对生物多样性影响的客观评价要求，依据联合国千年生态系统评估报告的生态系统分类与边界界定原则，以及中国科学院全国土地利用/覆盖现状分类系统的定义，制定甘南州 2019 年生态系统一级类型空间数据，分为农田生态系统、森林生态系统、草原生态系统、水体与湿地生态系统、聚落生态系统、荒漠及其他生态系统六类（图 13-3）。

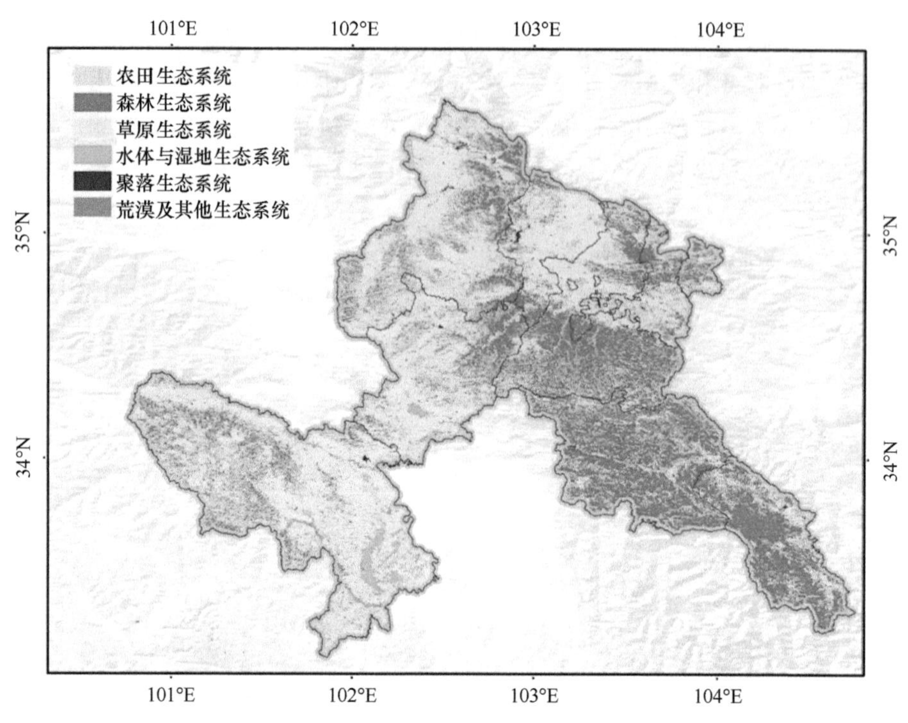

图 13-3　2019 年甘南州生态系统空间分布图

如表 13-1 所示，草原生态系统面积为 20964.04 km^2，占全州生态系统类型总面积的 54.42%。森林生态系统面积为 13804.84 km^2，占生态系统总面积的 35.84%。农田生态系统面积为 1718.21 km^2，占生态系统总面积的 4.46%。荒漠及其他生态系统面积为 627.80 km^2，占生态系统总面积的 1.63%。水体与湿地生态系统面积为 957.72 km^2，占生态系统总面积的 2.49%。聚落生态系统面积为 448.39 km^2，占生态系统总面积的 1.16%。

表 13-1　甘南藏族自治州生态系统类型面积统计表

生态系统类型名称	包含二级类型	面积/km^2	占全州陆地生态系统总面积比例/%
农田生态系统	旱地、水浇地	1718.21	4.46
森林生态系统	灌木林地、果园、乔木林地、其他林地	13804.84	35.84
草原生态系统	人工牧草地、天然牧草地、沼泽草地、其他草地。其他园地	20964.04	54.42
水体与湿地生态系统	河流水面、坑塘水面、湖泊水面、养殖坑塘、干渠、内陆滩涂、沟渠、水库水面	957.72	2.49

续表

生态系统类型名称	包含二级类型	面积/km^2	占全州陆地生态系统总面积比例/%
聚落生态系统	采矿用地、城镇村道路用地，城镇住宅用地、高教用地、工业用地、公路用地、公用设施用地、广场用地及常用地、机关团体新闻出版社、交通服务站用地、空闲地、农村道路、农村宅基地、商业服务业设施用地、设施农用地、水土建筑用地、物流仓储用地、公园与绿地、特殊用地	448.39	1.16
荒漠及其他生态系统	沙地、裸土地、裸岩石地	627.80	1.63

自然生态系统是指在一定时间和空间范围内，依靠自然调节能力维持的相对稳定的生态系统，如原始森林、海洋等。人工生态系统，是指经过人类干预和改造后形成的生态系统，主要表现在人类对自然的开发与改造，如农业生产不仅改变了动植物的品种和习性，也引起气候、地貌等变化。本书聚焦的自然生态系统主要包括森林生态系统、草原生态系统、水体与湿地生态系统、聚落生态系统、荒漠及其他生态系统五类。人工生态系统主要包括农田生态系统以及聚落生态系统。

在不同的地形下，不同生态类型的空间分布迥异（表 13-2）。其中，在 1000～1500m 和 1500～2000m 的梯度内，农田生态系统的面积均最大，分别为 43.58 km^2 和 237.16 km^2。其中在 1000～1500m 梯度内，聚落的生态类型次之为 17.35 km^2，而荒漠及其他生态系统、草原生态系统、森林生态系统和水体与湿地生态系统的面积均少于 10 km^2；而在 1500～2000m 梯度内，森林生态系统的面积为 179.64 km^2，其他生态系统面积均小于 50 km^2；2000～2500m 和 2500～3000m 高程梯度内，森林生态系统类型面积均最多，分别为 973 km^2 和 3124.65 km^2，农田生态系统次之分别为 541.85 km^2 和 1370 km^2；2000～2500m 梯度内其他生态系统类型小于 100 km^2，而 2500～3000m 内草原生态系统面积迅速增加为 742.40 km^2；3000m 以上 4500m

表 13-2　不同生态系统类型在不同海拔梯度下的面积统计表（单位：km^2）

DEM 范围	农田生态系统	森林生态系统	草原生态系统	水体与湿地生态系统	聚落生态系统	荒漠及其他生态系统
1000～1500 m	43.58	8.60	8.67	4.72	17.35	9.83
1500～2000 m	237.16	179.64	34.18	6.16	30.74	35.20
2000～2500 m	541.85	973.34	75.72	29.84	69.58	30.84
2500～3000 m	1370.89	3124.65	742.40	34.16	187.27	53.01
3000～3500 m	506.76	5183.75	8230.14	727.75	179.93	318.53
3500～4000 m	3.18	2982.80	6791.80	89.27	29.23	976.80
4000～4500 m	0.55	752.71	893.96	25.23	3.04	992.33
4500～5000 m	0.00	1.06	2.79	0.39	0.08	52.66

以下的高程梯度内，草原生态系统类型面积最多，森林生态系统次之；4500m 以上的地区，荒漠以及其他生态系统占比 52.66%。

在低海拔区域，农田生态系统占据主要的面积比例，其中 2000m 以下的两个海拔级别中，农田生态系统的面积占比均大于 40%。此外，聚落生态系统主要分布在 1000～1500m 范围内。同时，随着海拔的升高，农田和聚落生态系统的面积比例不断减少，相比之下森林和草原生态系统的随之增加，而森林生态系统的面积比例到 3000m 海拔之后趋于稳定，草原生态系统在 3500～4000m 的海拔范围内达到最大面积比。荒漠及其他生态系统类型随着海拔增加呈现先减少后增大的趋势，低海拔地区主要受人为干扰，高海拔地区则是山顶的裸土地、裸岩石质地以及雪山（图 13-4）。

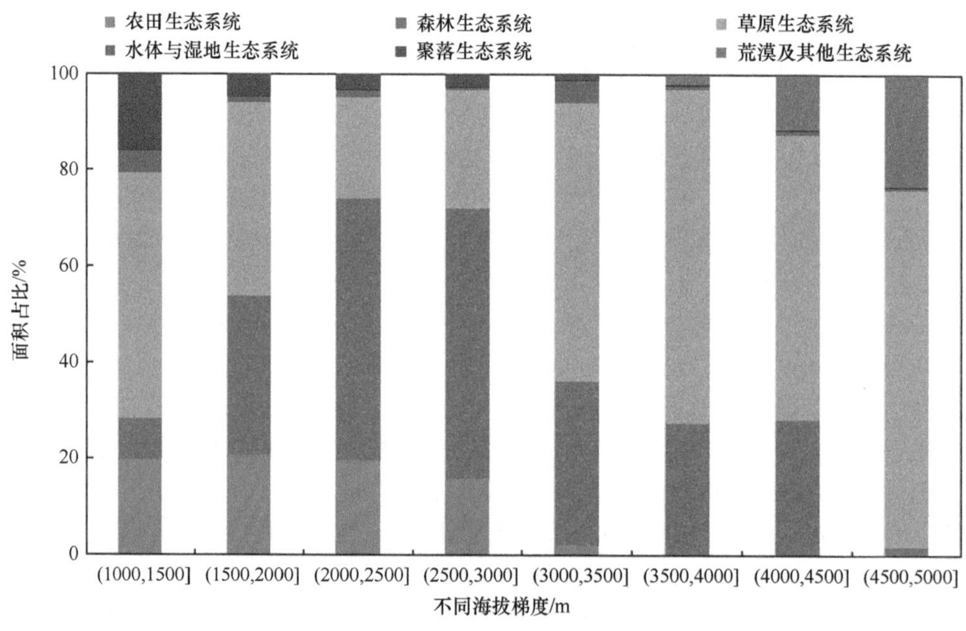

图 13-4 不同生态系统类型在不同海拔梯度的面积占比

13.3.2 生态功能保障现状与变化分析

近五年（2015～2019 年）来，甘南州植被长势变化较为平稳，其中，2017～2019 年，甘南州植被长势越来越好，年均 NDVI 增速约为 0.023/a，大部分县市表现出植被长势变好的趋势。植被盖度总体呈增加趋势，其中，2017～2019 年植被盖度越来越好，年均增速达 2.5%，甘南州其他各县市植被盖度均呈增加趋势。植被总初级生产力呈上升趋势，年均增长速率为 2.92 gC/（m^2·a），甘南州大部分县市植被总初级生产力呈增加趋势。

1）植被长势动态特征分析

2015～2019 年，甘南州植被长势变化较为平稳，年均 NDVI 由 2015 年的 0.3612 变化到 2019 年的 0.3610。年均 NDVI 最低值为 0.2885（1 月份），其次为 0.2952；年均 NDVI 最高值为 0.4867（7 月份），其次为 0.4857（8 月份）（图 13-5）。

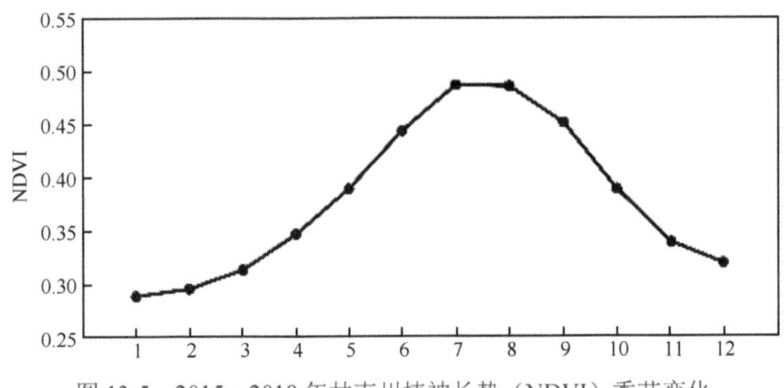

图 13-5　2015～2019 年甘南州植被长势（NDVI）季节变化

2015～2019 年，甘南州年均植被长势总体上呈现“东南高、西北低”的分布格局，表现出由东南向西北递减的趋势（图 13-6），全州年均植被 NDVI 为 0.3538。其中，东南部的迭部县（0.4407）、舟曲县（0.4364）和卓尼县（0.3871）植被年均 NDVI 位于甘南州平均水平以上，而西北部的临潭县（0.3482）、合作市（0.3125）、夏河县（0.3122）、碌曲县（0.3108）的年均 NDVI 则处于甘南州平均水平以下；西南部的玛曲县年均 NDVI 值最低，约为 0.2822。

2）植被覆盖度动态特征分析

2015～2019 年，甘南州植被盖度总体呈增加趋势，由 2015 年的约 75%增加到 2019 年的约 77%，年均增长速率约为 0.4%。全州年均植被盖度最低值为 28.54%（1 月份），其次为 31.03%（2 月份）和 31.77%（3 月份）；年均植被盖度最高值为 98.46%（7 月份），其次为 98.01%（8 月份）和 88.00%（9 月份）（图 13-7）。

2015～2019 年，甘南州年均植被盖度总体上呈现出“东南高、西北低”的分布格局，表现出由东南向西北递减的规律（图 13-8）。年均植被盖度约为 75.78%。其中，舟曲县、卓尼县、碌曲县和迭部县年均植被盖度高于甘南州植被盖度平均水平，分别约为 79.23%、77.74%和 76.89%；迭部县年均植被盖度与甘南州平均水平相当，约为 75.99%；而玛曲县、合作县、夏河县和临潭县植被盖度则低于甘南州植被盖度平均水平，分别约为 74.58%、74.10%、74.07%和 73.6%。

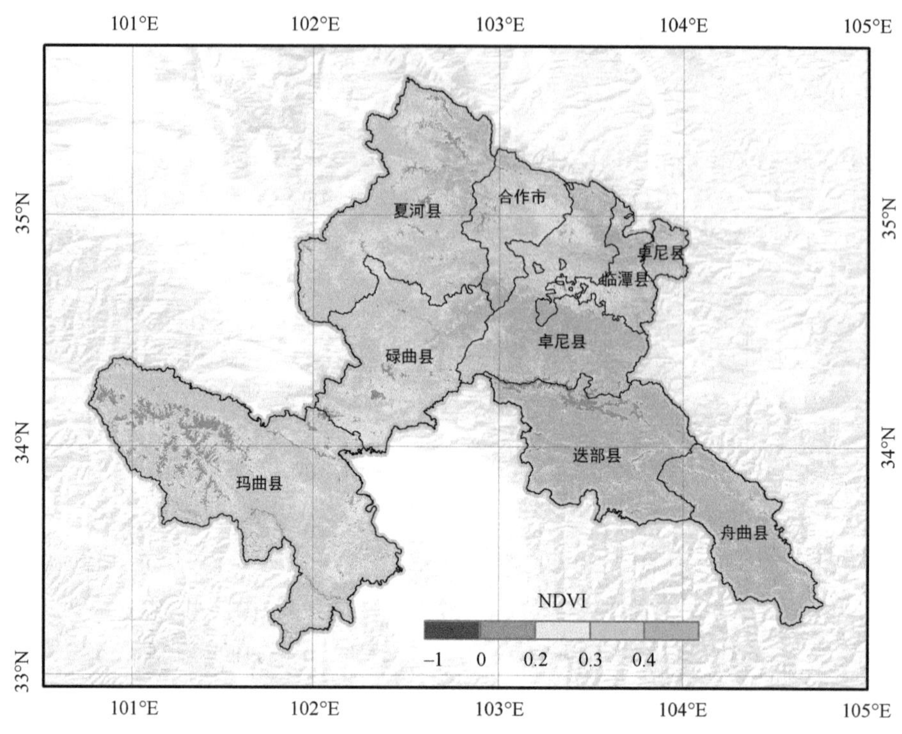

图 13-6　2015～2019 年甘南州植被长势（NDVI）总体空间分布

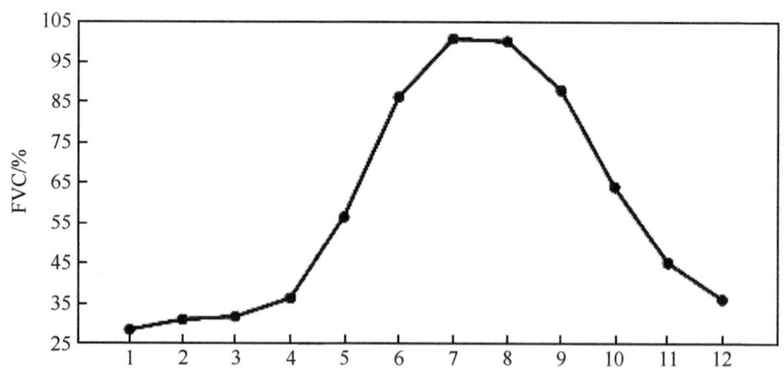

图 13-7　2015～2019 年甘南州植被覆盖度（FVC）季节变化

3）生态系统生产力特征分析

2015～2019 年，甘南州植被生产力总体时间变化趋势如图 13-9 所示。近五年来，甘南州植被总初级生产力呈上升趋势，年平均累计总初级生产力由 2015 年的 146.38 gC/（m^2·a）增加到 2019 年的 165.10gC/（m^2·a），年均增长速率为 2.92 gC/

（m^2·a）。近五年来，甘南州年均累计总初级生产力最低值为 146.38 gC/（m^2·a）（2015 年），最高值为 172.55 gC/（m^2·a）（2016 年）。

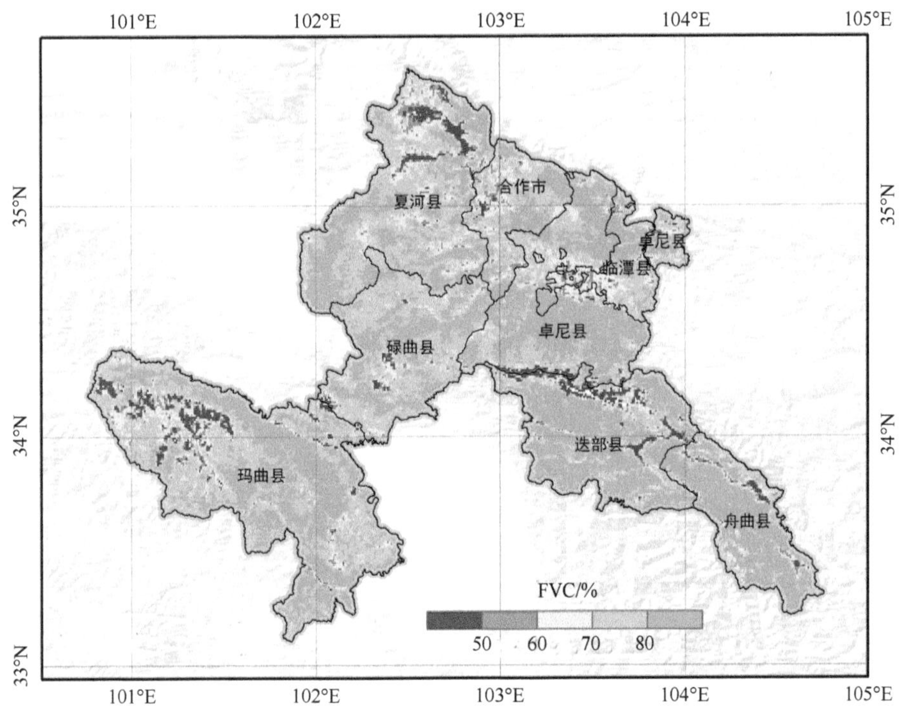

图 13-8　2015～2019 年甘南州植被覆盖度（FVC）总体空间分布

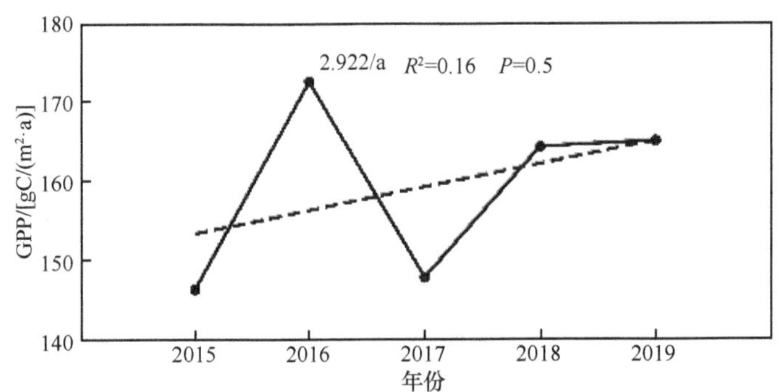

图 13-9　2015～2019 年甘南州植被总初级生产力（GPP）总体时间变化趋势

2015～2019 年，甘南州植被生产力平均季节变化如图 13-10 所示。近五年，生长季（4～10 月）内，甘南州植被年均总初级生产力最低值为 4.60 gC/（m^2·a）（10 月），其次为 4.86 gC/（m^2·a）（4 月）；年均 GPP 最高值为 42.56 gC/（m^2·a）（7 月）。

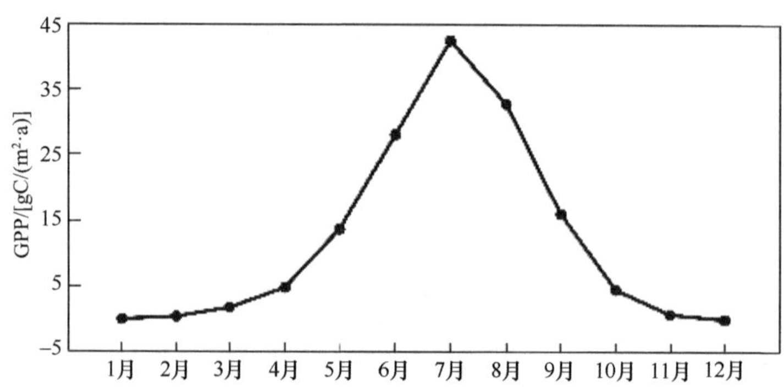

图 13-10　2015～2019 年甘南州植被总初级生产力（GPP）季节变化

2015～2019 年，甘南州年均植被生产力总体空间分布如所示。由图 13-11 可以看出，甘南州年均植被生产力总体上呈现东南高、西北低的分布格局，表现出由东南向西北递减的趋势。近五年，甘南州年均植被生产力为 169.18 gC/（m^2·a）。其中，东南部的迭部县［178.54 gC/（m^2·a）］、临潭县［180.80 gC/（m^2·a）］、舟曲县［243.02 gC/（m^2·a）］和卓尼县［169.83 gC/（m^2·a）］年均植被生产力位

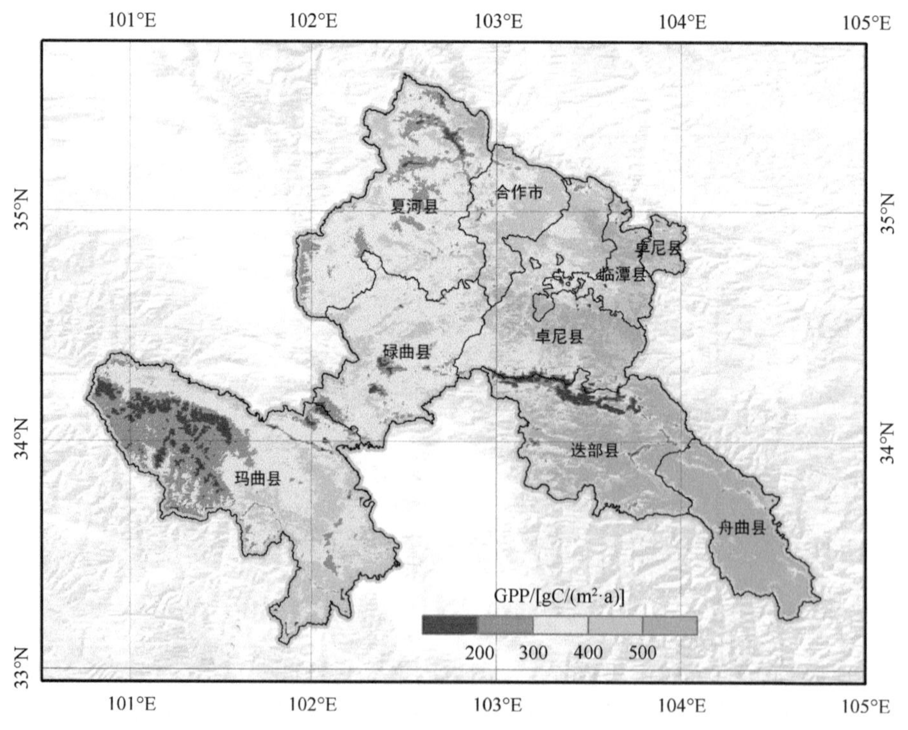

图 13-11　2015～2019 年甘南州植被总初级生产力（GPP）总体空间分布

于甘南州平均水平以上；而西北部的合作市［162.48 gC/（m^2·a）］、夏河县［144.07 gC/（m^2·a）］、碌曲县［143.32 gC/（m^2·a）］的年均植被生产力则处于甘南州平均水平以下；西南部的玛曲县年均植被生产力值最低，为 131.40 gC/（m^2·a）。

13.3.3　生态安全胁迫与驱动机制分析

甘南州整体生态安全胁迫压力有所缓解。一方面，人口增长、经济发展等促进了社会进步，但同时给生态系统带来了压力；另一方面，关闭矿山等政策措施有效实现了区域生态恢复。从空间上来看，甘南州各县市人口与经济发展呈现不断增长的态势。

1）人口时空特征分析

根据《中国统计年鉴》分析（图 13-12 和图 13-13），2000～2018 年，甘南州总人口由 67 万人增加到了 75 万人，其中乡村人口由 54 万人增长到 64 万人，乡村人口占总人口比例由 81%上升至 85%。18 年间，除迭部县人口有所下降外（2000 年的 6 万人至 2018 年 5.7 万人），其他甘南州县市（合作市，临潭县，卓尼县，舟曲县，玛曲县，碌曲县，夏河县）人口均有所上升。

2）GDP 时空特征分析

根据《中国统计年鉴》分析（图 13-14～图 13-16），甘南州第二产业及第三产业增值价值由 2000 年的 86135 万元增长至 597482 万元，增长幅度为 593%。其中，甘南州第二产业增值价值及第三产业增值价值均呈现明显上升态势，增长幅度分别为 524%及 749%。甘南州 2000～2018 年第三产业发展较为迅速。迭部县第三产业发展由 1400 万元增长至 30146 万元，上升最为明显。

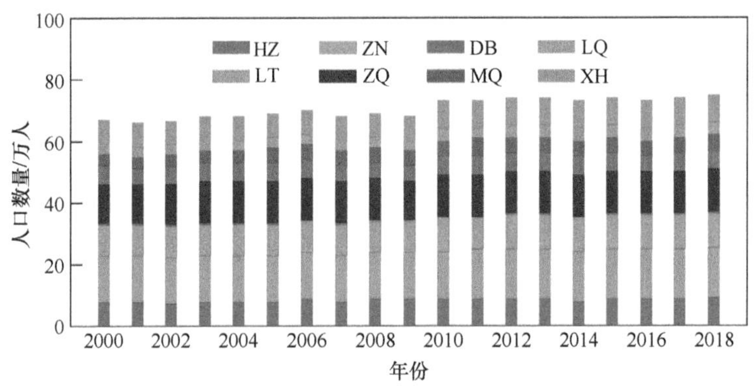

图 13-12　甘南州各县市总人口

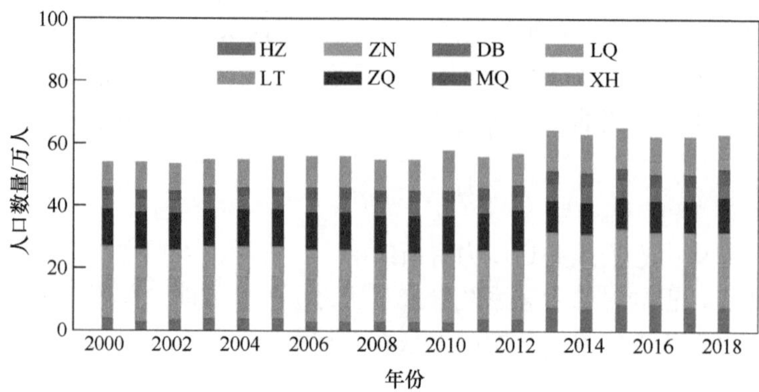

图 13-13 甘南州各县市乡村人口

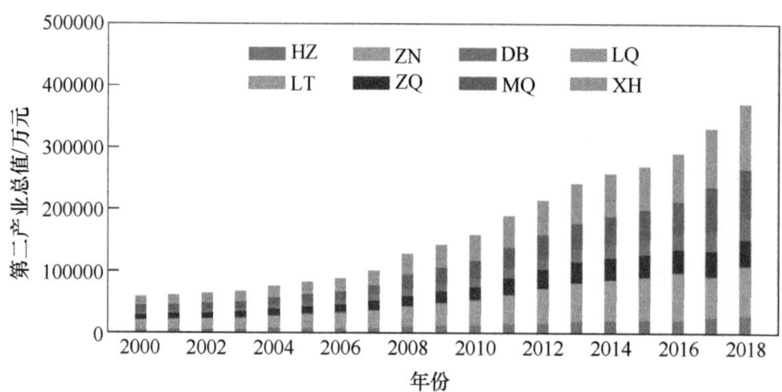

图 13-14 甘南州各县市第二产业总值

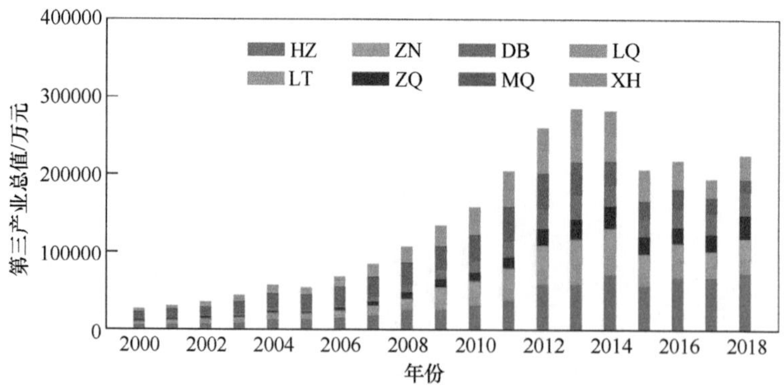

图 13-15 甘南州各县市第三产业总值

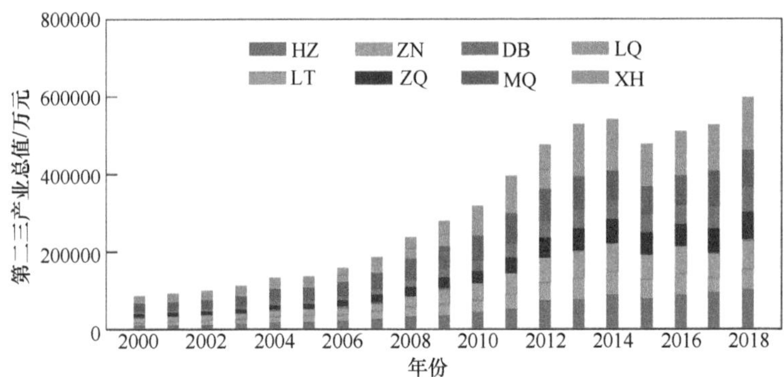

图 13-16　甘南州各县市第二三产业总值

3）人类干扰变化特征分析

本研究利用夜间灯光数据和矿山这两个指标来表征人类干扰的变化情况。夜间灯光卫星数据被广泛应用于城市化过程的研究中。我们利用 2000～2018 年 NPP-VIIRS-like 夜间灯光数据进行相关分析，这套产品能在更长的时间内监测人口统计和社会经济活动的动态变化特征。

对甘南州夜间灯光数据进行分析，得到 2000～2018 年夜间灯光变化曲线（图 13-17）。甘南州整体夜间灯光数据呈波动上升趋势，表明人类活动如经济活动等较为明显，人类干扰加大，2000～2018 年间甘南州夜间灯光数据变化趋势斜率为 159.7 nW/（cm^2·sr·a），对比 2000～2010 年（图 13-18）和 2011～2018 年（图 13-19）变化趋势，发现 2000～2010 年变化趋势斜率为 61.2 nW/（cm^2·sr·a），2011～2018 年变化趋势斜率为 222.9 nW/（cm^2·sr·a），2011～2018 年变化趋势斜率值高于前半段，表明 2011～2018 年社会经济活动更为发达，人类干扰更大。

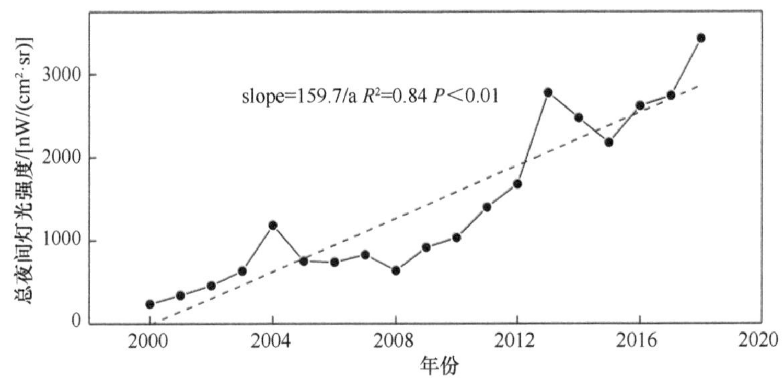

图 13-17　2000～2018 年甘南州夜间灯光数据总强度

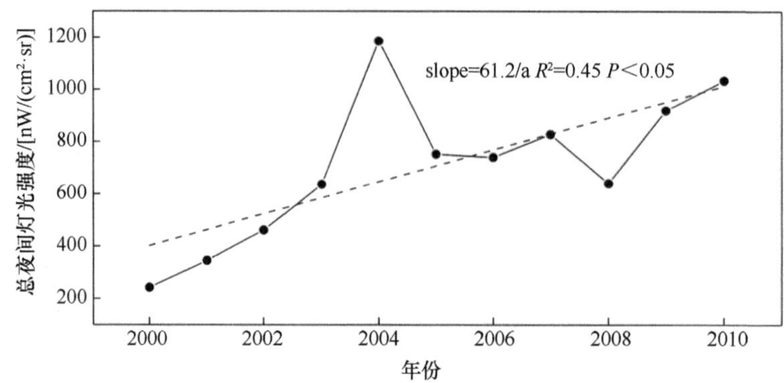

图 13-18　2000～2010 年甘南州夜间灯光数据总强度

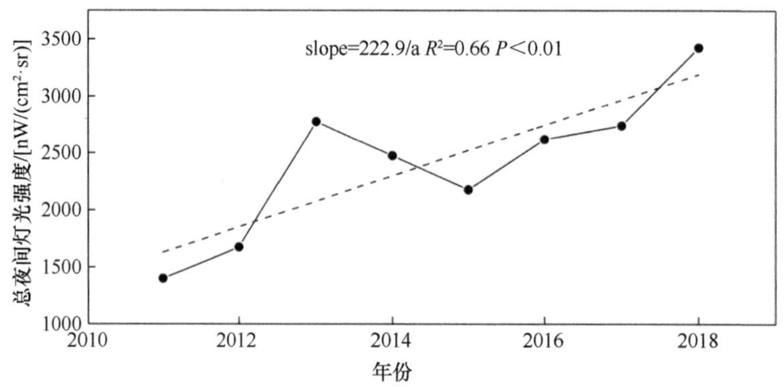

图 13-19　2011～2018 年甘南州夜间灯光数据总强度

由于矿产开采导致的生态环境遗留问题多，但甘南州近年来积极治理，使得矿山地质环境恢复治理取得一定成效。严格按照“谁开发，谁保护，谁破坏，谁治理”的原则，实施了矿山地质环境恢复治理项目。全州现有 202 宗矿业权，139 宗探矿权，63 宗采矿权，已全部建立一矿一说明台账，并由第三地质勘察院对全州七县一市矿山制订了矿山地质环境恢复治理规划和甘南州矿山地质环境详细调查报告。各县市政府和自然资源部门与矿业权人《矿山环境保护责任书》签订率达 100%。同时加大监管力度，出台了《甘南藏族自治州加快推进矿山地质环境治理恢复工作指导意见》，加快推进全州矿山地质环境治理恢复工作。从总体上看，各县市矿山生态环境整治工作都已全面铺开，制定了方案措施，建立起良好的工作机制，整改工作取得明显成效。

同时对自然保护区内矿产资源开发行为进行了遏制。州内制定了《加强全州矿产资源勘查开采管理做好矿产资源领域生态环境保护专项整治工作实施方案》，组织生态环境、自然资源、林草、水务、农业农村等部门，分阶段推进自然保护区矿业权调查清理工作。截至 2019 年，全州涉及国家级、省级自然保护区 33 宗矿业权，已通过注销式退出 21 宗矿业权，扣除式退出矿业权 8 宗、补偿退出 4 宗；全州涉及自然保护区外水源地、林地等各级各类保护地内矿业权共计 26 宗，已退出 19 宗；全州各级各类保护地内矿业权共 59 宗，清理退出了 52 宗，退出率 88.1%。

13.3.4 生态修复工程成效评价与建议

近年来，由于受气候变暖、冻土消融、雪线上升、降雨量减少、地下水位下降、湿地面积减少等自然因素和人口增加、草原超载过牧、森林过度采伐等人为因素的影响，“高原明珠”尕海湖曾三次干涸，“黄河蓄水池”玛曲湿地明显萎缩，沼泽湿地草甸植被逐渐向中旱生高原植被转变导致甘南生态环境日益恶化，生态环境变得十分脆弱，突出表现在以四个方面：一是森林资源减少，二是草地“三化”及水土流失严重，三是水资源减少，水源补给能力下降，四是生物多样性锐减，草原鼠虫害泛滥。

人为因素的不利影响也是甘南生态环境问题产生的主要根源。在传统畜牧业、农业生产方式下，随着人口增加和生产生活需求的增长，资源环境的负重不断增加，生态环境恶化趋势加剧。主要表现在：乱砍滥伐等行为造成对资源的不合理开发利用；超载过牧等粗放经营的生产方式，使生态压力不断加大；企业生态环境保护意识淡薄，矿产开采导致生态环保遗留问题多；水电开发使地表、山体遭到破坏，生态流量减少导致江河几近断流；游牧民定居工程困难多，科技推广难度大等诸多方面。

21 世纪以来，生态保护越来越受到党和国家的高度重视。党的十九大历史性地将“美丽”写入社会主义现代化强国目标，提出“坚持人与自然和谐共生”的基本方略，要求“加快生态文明体制改革，建设美丽中国”，彰显了我们党的远见卓识和使命担当。习近平总书记多次对“美丽中国”作出明确指示，要求贯彻创新、协调、绿色、开放、共享的发展理念，推动形成绿色发展方式和生活方式，改善环境质量，建设天蓝、地绿、水净的美丽中国。甘肃出台了《甘肃省加快推进生态文明建设实施方案》《甘肃省生态文明体制改革实施方案》等系列措施，为生态文明建设提供了政策支持。州委、州政府历来高度重视生态环境保护，始终坚持生态保护优先发展的科学理念，并以生态文明建设统领全州经济社会各项事业的发展。同时为了缓解生态环境日益恶化，使区域资源、环境、人口的可持续发展之间得到优化与永续发展，国家陆续在甘南开展了退牧还草工程、退耕还林工程、草地修复工程等多项重点生态工程。在此背景下，本书基于生态大数据平台对甘南州自然保护区、退牧还草、退耕还林、天然保护林工程进行成效评估。

1）自然保护区工程成效

自然保护区2000～2019年归一化植被指数（NDVI）的范围为0.1～0.92，平均值为0.79，自然保护区内的NDVI在空间上的分布情况如图13-20和图13-21所示。除在卓尼县与迭部县交界处的洮河国家级自然保护区和尕海那省级森林公园的小部分区域以及夏河甘加白石崖省级地质公园南部区域的植被指数较小外，在其他自然保护区内大部分区域NDVI均大于0.6，总体上自然保护区内的植被的生长呈现较好的状态。整体上保护区内的NDVI以每年0.0012的速率缓慢增加，保护区内植被生长状况逐渐转好。核心区、缓冲区、实验区的NDVI变化与自然保护区整体保持一致，分别以0.001、0.0012、0.0014的速率呈现缓慢增加的趋势。

此外，自然保护区内，植被覆盖度平均值为90.51%，植被覆盖度较高（图13-22）。在2000～2019年间，保护区整体的植被覆盖度呈现上升趋势，以每年0.155的速率增加，植被覆盖状况良好（图13-23）。自然保护区整体的NDVI以每年0.146的速率增加，不同功能区的植被覆盖度与自然保护区整体的植被覆盖度的趋势保持一致，均为缓慢增加，增长速率由大到小分别为实验区（0.165）、缓冲区（0.141）、核心区（0.127）。

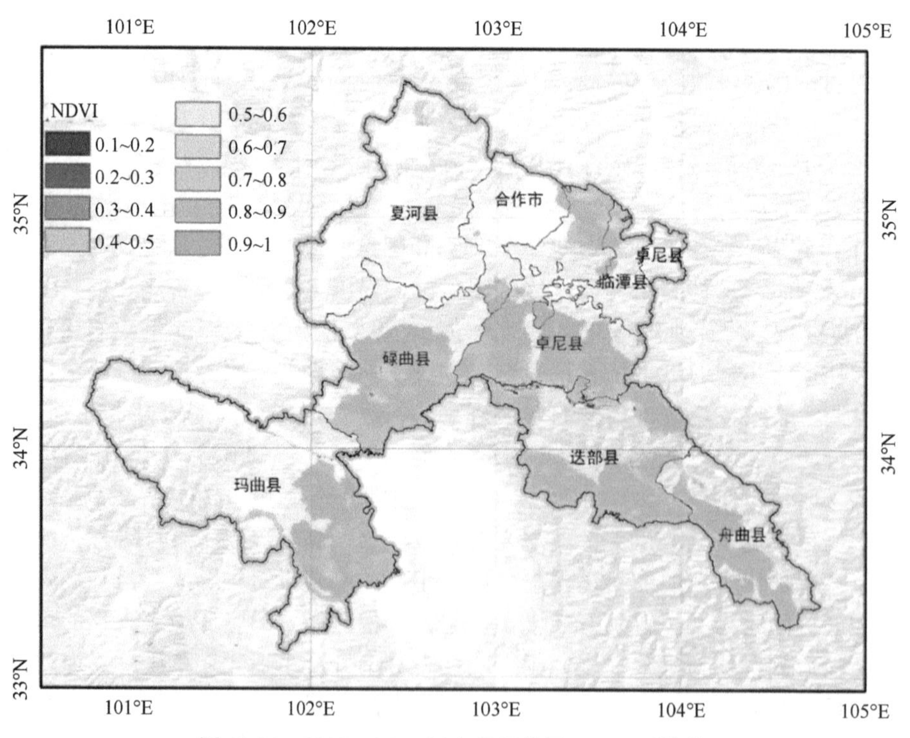

图13-20　2000～2019年自然保护区NDVI平均值

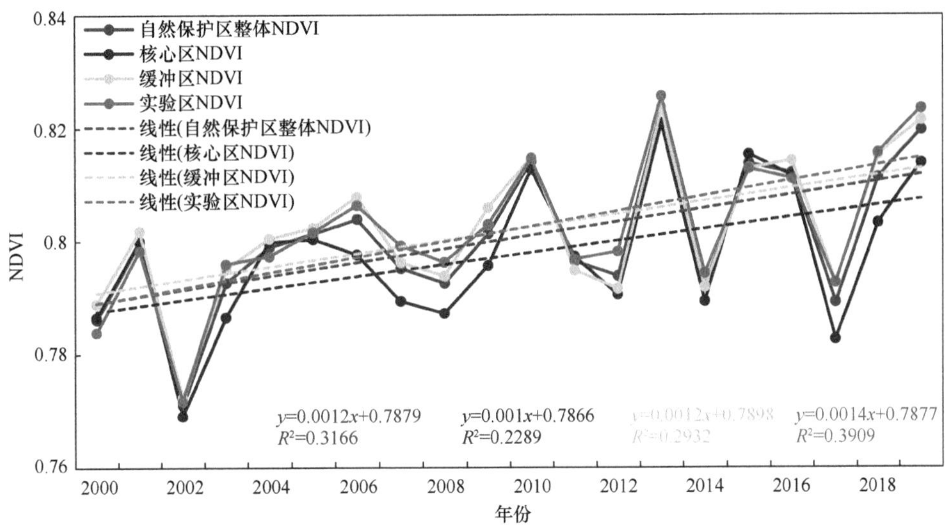

图 13-21 2000～2019 年自然保护区 NDVI 变化情况

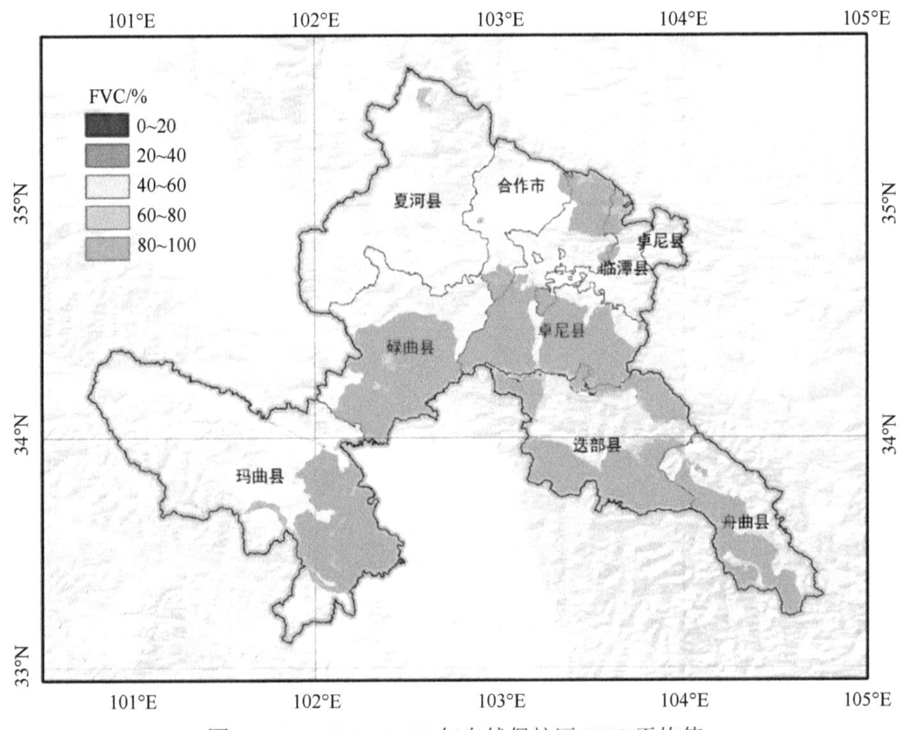

图 13-22 2000～2019 年自然保护区 FVC 平均值

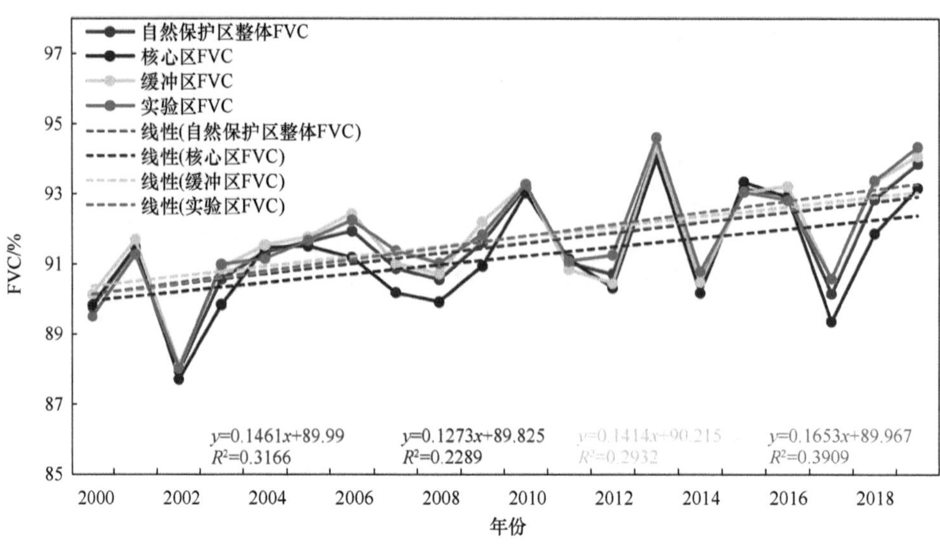

图 13-23　2000～2019 年自然保护区植被覆盖度变化情况

最后，自然保护区内 2000～2019 年间的总生产力的平均值为 626.74gC/（m^2·a）。然而，在空间上存在空间分异（图 13-24）。碌曲县尕海则岔国家级自然保护区、

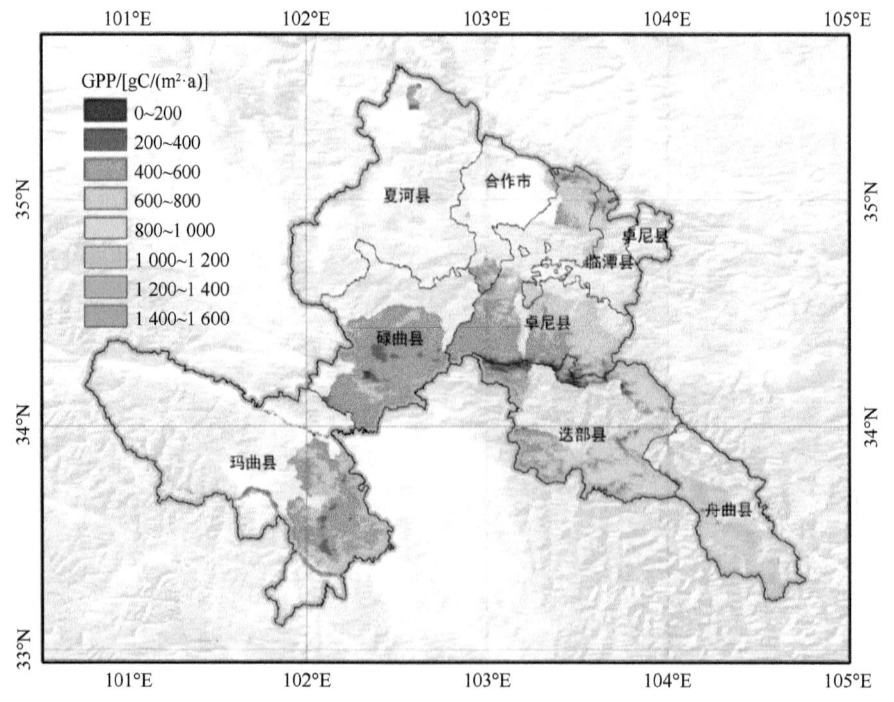

图 13-24　2000～2019 年自然保护区平均总初级生产力（GPP）

玛曲县黄河首曲国家级自然保护区、卓尼县的洮河国家级自然保护区的部分区域的 GPP 集中在 400～600 gC/（m^2·a）。在迭部县阿夏省级自然保护区、多儿国家级自然保护区、腊子口国家森林公园大部分区域的 GPP 范围集中在 600～1000 gC/（m^2·a），GPP 处于较高水平。而在舟曲县插岗梁省级自然保护区、大峡沟国家森林公园、博裕河自然保护区内大部分区域的 GPP 处于 800～1200 gC/（m^2·a），GPP 处于高水平状态。

由图 13-25 可知，近 20 年来，自然保护区的 GPP 呈现波动增加趋势，以 4.46gC/（m^2·a）的速率增加，在 2016 年达到峰值。在自然保护区不同功能区的 GPP 整体上均呈现缓慢增加趋势，GPP 增长速率由大到小分别为实验区［5.039gC/（m^2·a）］、缓冲区［4.283gC/（m^2·a）］、核心区［3.997gC/（m^2·a）］。

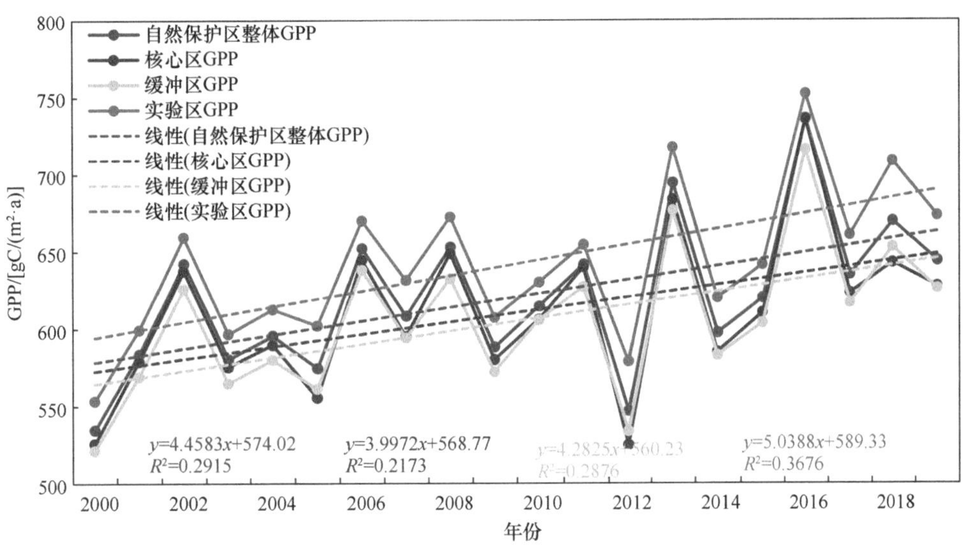

图 13-25　2000～2019 年自然保护区 GPP 变化情况

2）退牧还草工程成效评价

在退牧还草工程实施前，工程区内的归一化植被指数范围为 0.48～0.89，NDVI 的平均值为 0.82；退牧还草工程实施后，NDVI 范围为 0.47～0.91，平均值为 0.83，植被指数上升了 0.01。退牧还草工程区内植被生长状况呈现转好的趋势。

在退牧还草工程实施前后，工程区内归一化植被指数变化幅度在–0.22～0.10 之间，总体上呈现上升趋势。根据 NDVI 的变化情况，将其分为五类（表 13-3），并对其进行统计分析。在退牧还草工程实施后，工程区内植被得到改善的区域面积达到 92.52km^2，占退牧还草工程区总面积的 76.1%；植被基本无变化的面积为

3.61km²，占退牧还草工程区总面积的 2.97%；植被指数下降面积 25.47km²，占工程区总面积的 20.94%，其中植被轻微恶化面积占植被指数下降总面积的 86.89%。通过以上统计结果，表明在退牧还草工程实施后，工程区内的植被变化以改善作用为主。

表 13-3　NDVI 变化分类情况

NDVI 变化值	变化程度	面积/km²	面积占比/%
<-0.05	明显恶化	3.34	2.75
-0.05～-0.001	轻微恶化	22.13	18.20
-0.001～0.001	基本无变化	3.61	2.97
0.001～0.05	轻微改善	85.79	70.55
>0.05	明显改善	6.73	5.54

根据退牧还草工程实施前后 NDVI 变化情况（图 13-26），植被指数（NDVI）明显增加的工程区有玛曲县的采日玛乡兴昌村围栏建设、欧拉乡达尔庆村退化草原改良、尼玛镇秀玛村黑土滩治理、碌曲县的拉仁关乡唐科村退化草原改良等工程区；几乎所有的工程区内植被状况都得到了改善，但是也存在实施退牧还草工程后，植被暂未出现改善的工程区，如郎木寺镇郎木村黑土滩治理工程区，可能与近年气候条件不好有关。

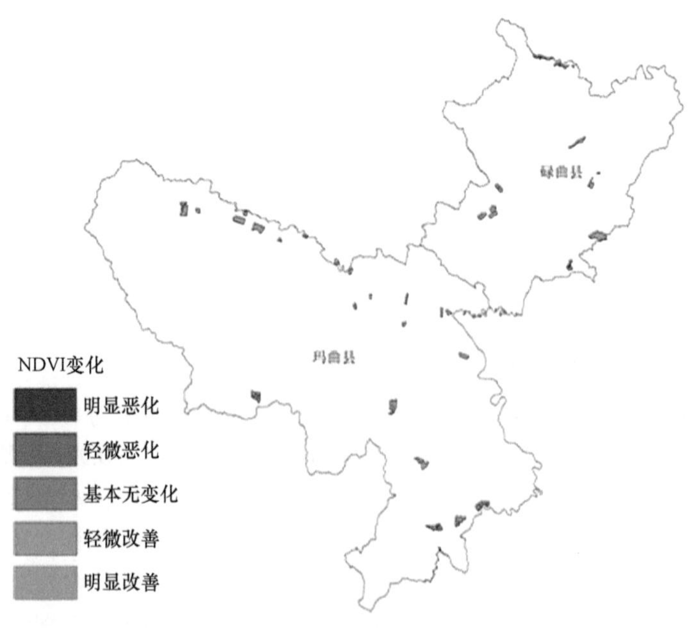

图 13-26　退牧还草工程前后植被指数（NDVI）变化空间分布图

退牧还草工程实施前，工程区内的植被覆盖度平均值为 93.67%，项目实施后植被覆盖度增加至 95.07%，覆盖度上升了 1.4%。

退牧还草工程实施前后，工程区的植被覆盖度变化幅度在空间上的分布情况如图 13-27 所示，由图可以看到大部分工程区内植被覆盖度呈现增加趋势，将其分为 5 类，并统计分析，得到工程区内植被不同变化程度的面积占比。由表 13-4 可以看到生态修复项目实施前后，工程区内植被得到改善的面积达到 93.97 km^2，面积占比达到了 76.94%，植被发生恶化的面积为 24.50 km^2，占退牧还草工程区总面积的 20.06%，总体上工程区内植被呈转好趋势。

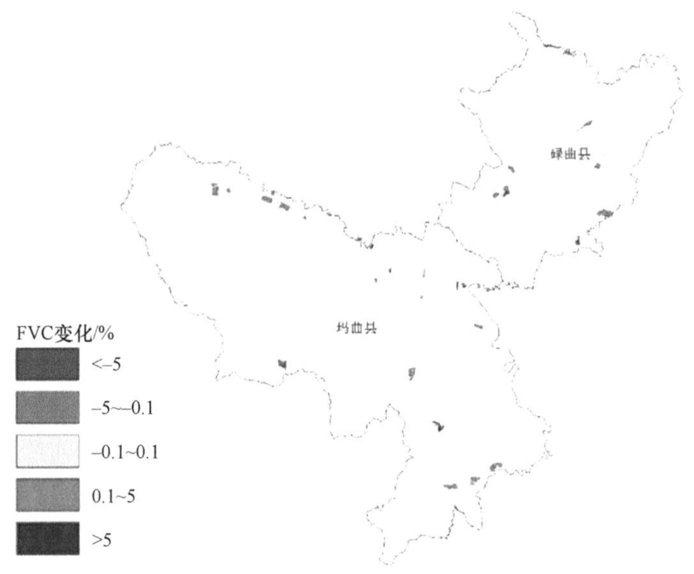

图 13-27　退牧还草工程前后植被覆盖度（FVC）变化空间分布图

表 13-4　植被覆盖度分类图

植被覆盖度变化值	变化程度	面积/km^2	面积占比/%
<–5	明显减小	4.15	3.40
–5～–0.1	轻微减小	20.36	16.67
–0.1～0.1	基本无变化	3.66	3.00
0.1～5	轻微增加	82.13	67.24
>5	明显增加	11.85	9.70

退牧还草工程实施前工程区内的 GPP 平均值为 567.67gC/（m^2·a），实施后工程区内的 GPP 平均值为 619.12gC/（m^2·a），对比平均值，发现在退牧还草工程实

施后工程区内的植被总初级生产力有所上升。

退牧还草工程实施前后，工程区内 GPP 的变化幅度为–69.42～129.07gC/(m²·a)，平均变化 51.45gC/（m²·a）（图 13-28）。对 GPP 变化情况进行分类，如表 13-5 所示，工程区内的初级生产力（GPP）增加的面积达到 113.52km²，占工程区总面积的 87.63%；初级生产力（GPP）不变面积 9.88km²，占工程区总面积的 7.63%；初级生产力（GPP）下降面积 6.15km²，占工程区总面积的 4.75%。整体上退牧还草工程区的初级生产力以增加为主。

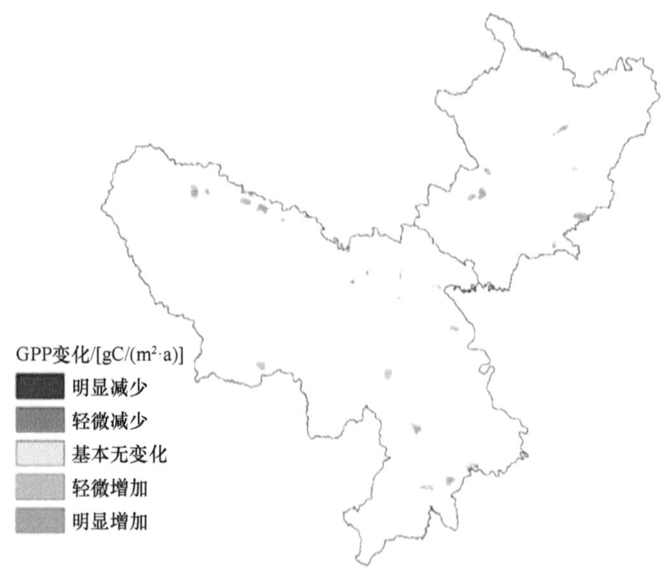

图 13-28　退牧还草工程前后总初级生产力（GPP）变化空间分布图

表 13-5　GPP 变化分类图

GPP 变化范围/［gC/（m²·a)］	等级	面积/km²	面积占比/%
<–50	明显减少	0.66	0.51
–50～–10	轻微减少	5.49	4.24
–10～10	基本无变化	9.88	7.63
10～50	轻微增加	44.13	34.07
>50	明显增加	69.38	53.56

3）退耕还林工程成效评价

近 20 年来，退耕还林工程区内的植被生长状况良好，退耕还林工程区内的 NDVI 以每年 0.0054 的速率呈现增加的趋势（图 13-29 和图 13-30）。2000～2005 年，工程实施前期，退耕还林工程区的平均植被指数为 0.63，在 2006～2019 年退耕还林工程实施后期，植被指数增加到 0.69，相较于工程前期上升了 0.06。

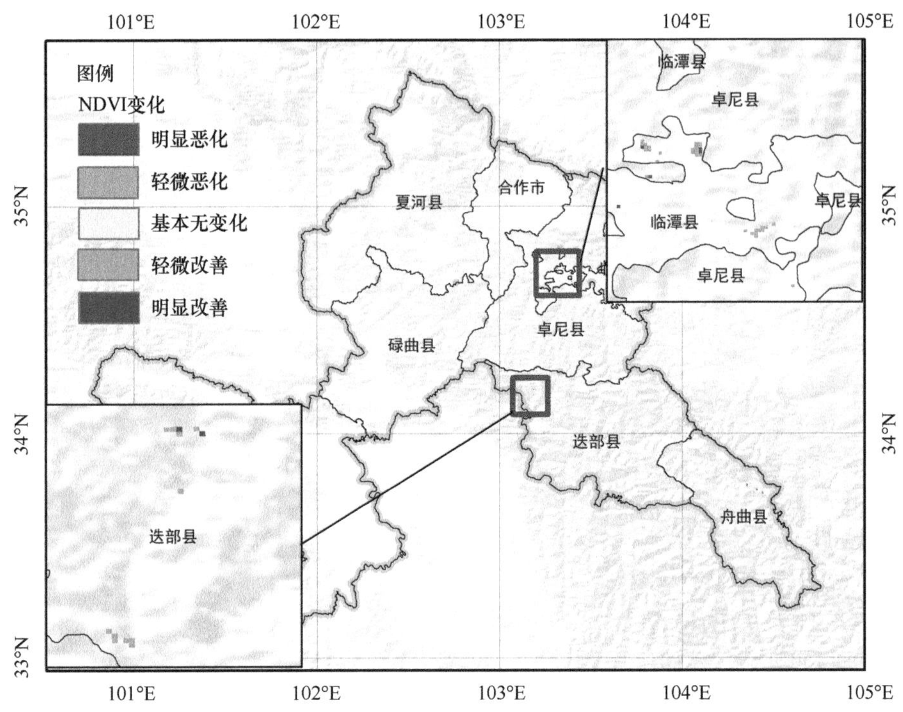

图 13-29　退耕还林工程 2000～2019 年植被指数（NDVI）变化空间分布图

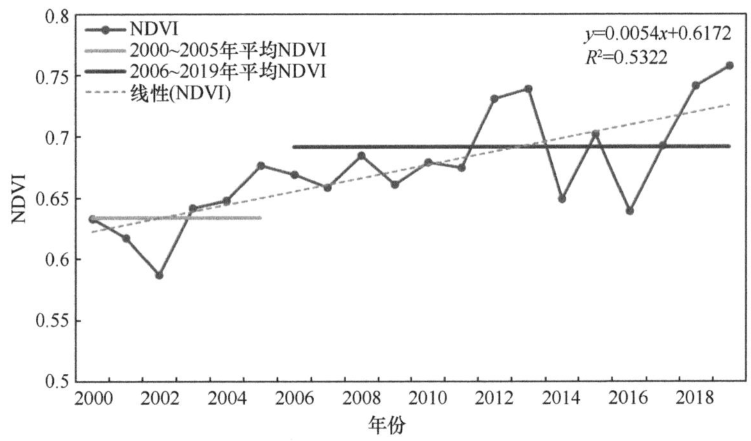

图 13-30　退耕还林工程 2000～2019 年植被指数（NDVI）变化图

2000～2019 年，退耕还林工程区内植被覆盖度整体上呈现增加趋势，以每年 0.66%的速率增加。在工程实施前期与实施后期，植被覆盖度由 69.97%上升至 77.77%，植被覆盖度上升了 7.8%。表明随着时间的推移，退耕还林工程的实施效果逐渐凸显，植被覆盖不断向好发展（图 13-31 和图 13-32）。

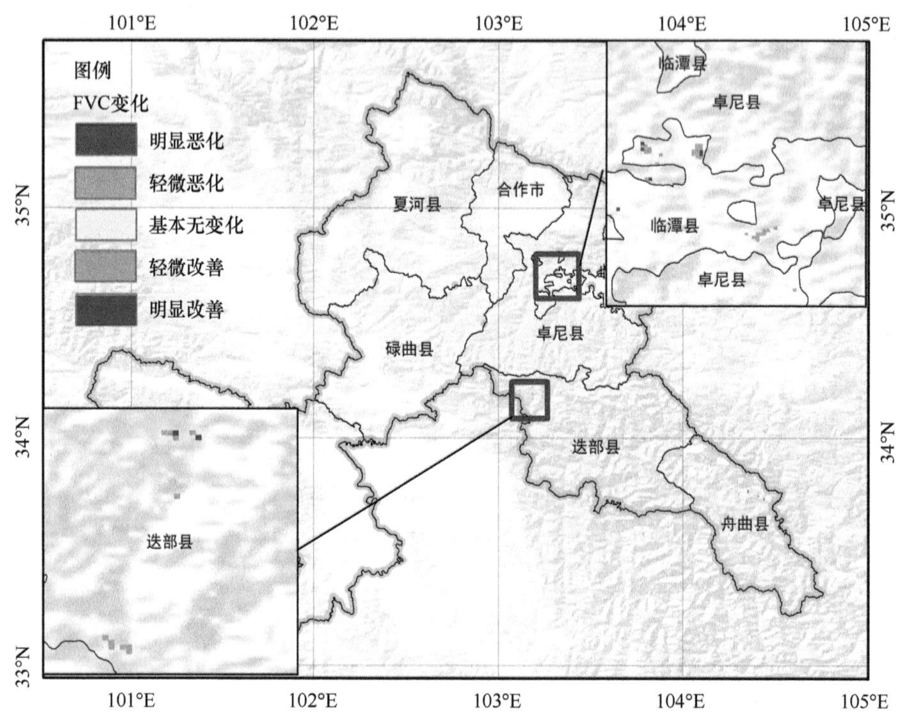

图 13-31　退耕还林工程 2000～2019 年植被覆盖度（FVC）变化空间分布图

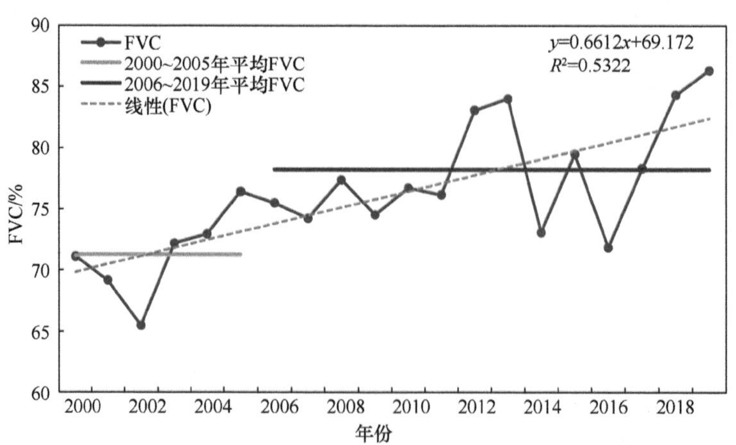

图 13-32　退耕还林工程 2000～2019 年植被覆盖度（FVC）变化图

2000～2019 年退耕还林工程区的植被初级生产力总体上呈现上升趋势，以每年 12.13gC 的速率增加。在工程实施前期（2000～2005 年），总初级生产力的平均值为 466.03gC/（m^2·a），而在工程实施后期，GPP 平均值达到 586.61 gC/（m^2·a），与工程前期相比增加 120.54 gC/m^2，出现了明显的抬升，同比增加约 25.9%（图 13-33 和图 13-34）。

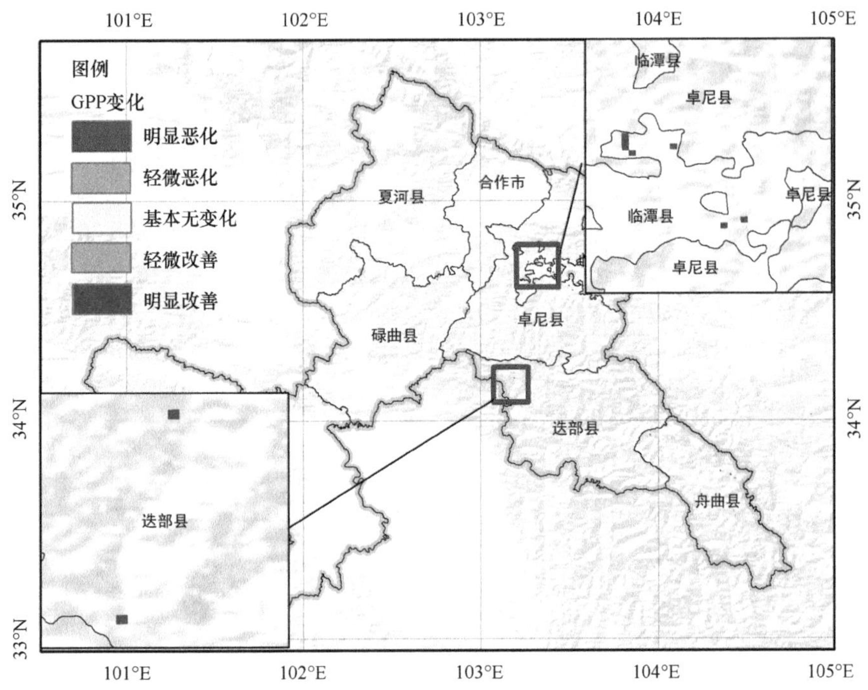

图 13-33　退耕还林工程 2000～2019 年 GPP 变化空间分布图

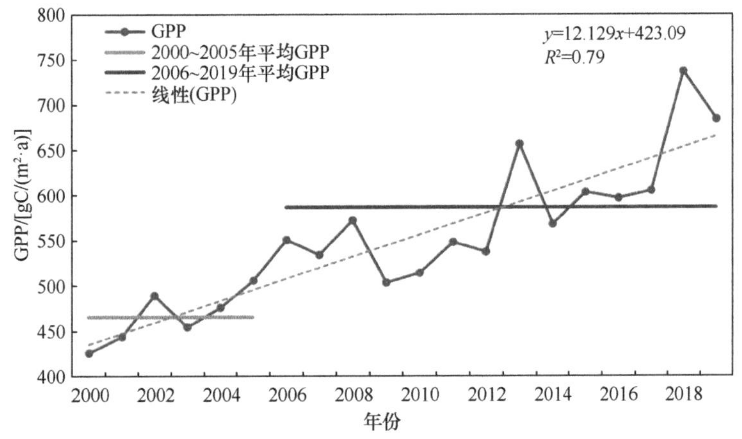

图 13-34　退耕还林工程 2000～2019 年 GPP 变化图

4）天然保护林工程成效评价

2000～2019 年，甘南地区天然保护林区域的植被指数总体上呈现波动上升趋势，以每年 0.022 的速率增加。在 2000～2005 年，天然保护林区域的平均植被指数为 0.78，到了后期 2006～2019 年，平均植被指数增加至 0.81，表明随着时间的推移，天然保护林工程实施的生态成效不断凸显（图 13-35 和图 13-36）。

近 20 年来，整体上，天然保护林区域内的植被覆盖度呈现上升趋势，以每年 0.2645%的速率缓慢上升。在实施前期，平均植被覆盖度为 89.41%，实施后期，植被覆盖度为 92.0%，上升了 2.59%，实施前期与后期相比出现了明显的抬升（图 13-37 和图 13-38）。

近 20 年来，天然保护林的初级生产力呈现上升趋势，每年以 6.70gC 的速率上升。实施前期，天然保护林初级生产力平均值为 619.11 gC/（m^2·a），实施后期平均初级生产力为 689.26 gC/（m^2·a），上升了 70.15 gC/m^2，表明天然保护林的植被生长状况呈现转好的趋势（图 13-39 和图 13-40）。

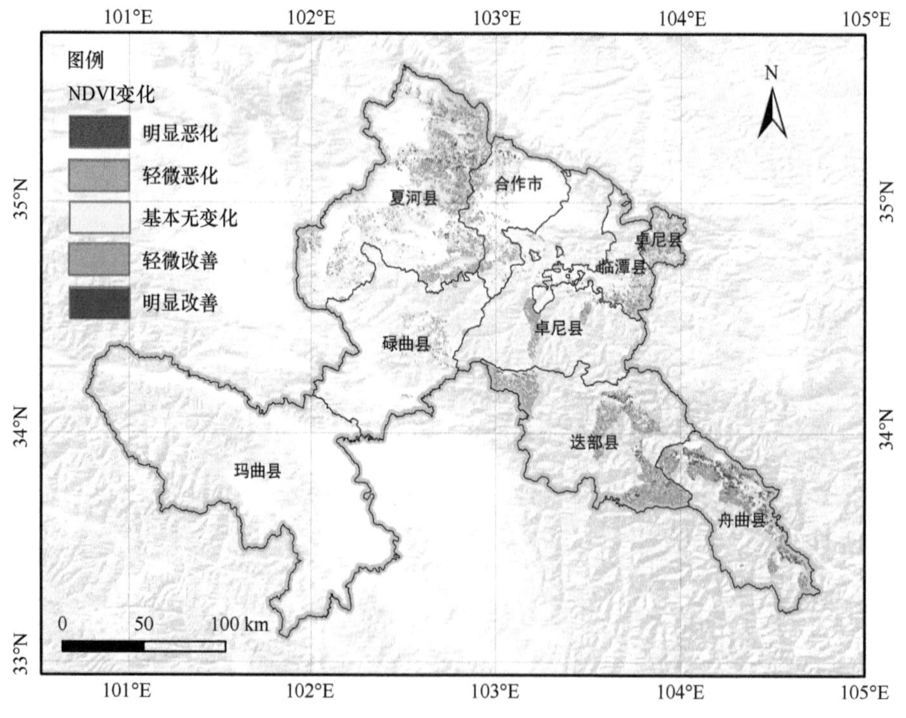

图 13-35　天然保护林工程前后植被指数（NDVI）变化空间分布图

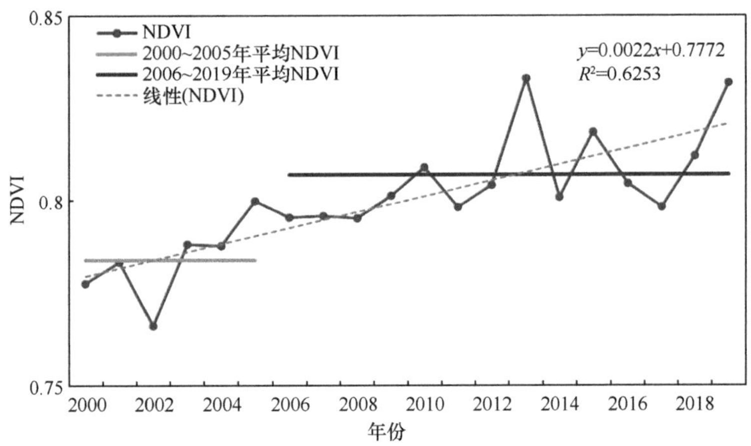

图 13-36　天然保护林工程 2000～1019 年植被指数（NDVI）变化图

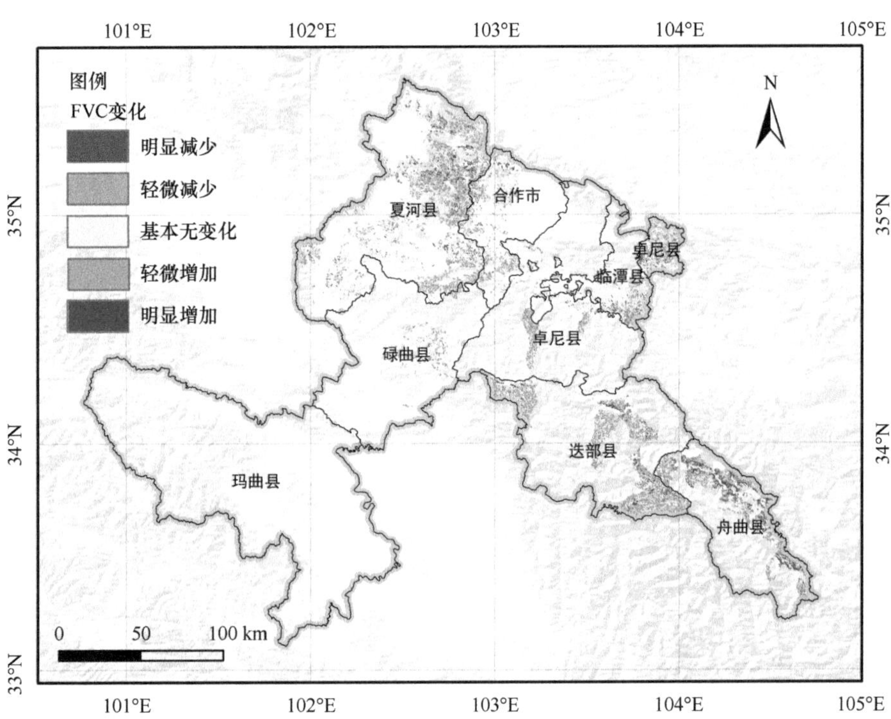

图 13-37　天然保护林工程 2000～1019 年植被覆盖度（FVC）变化空间分布图

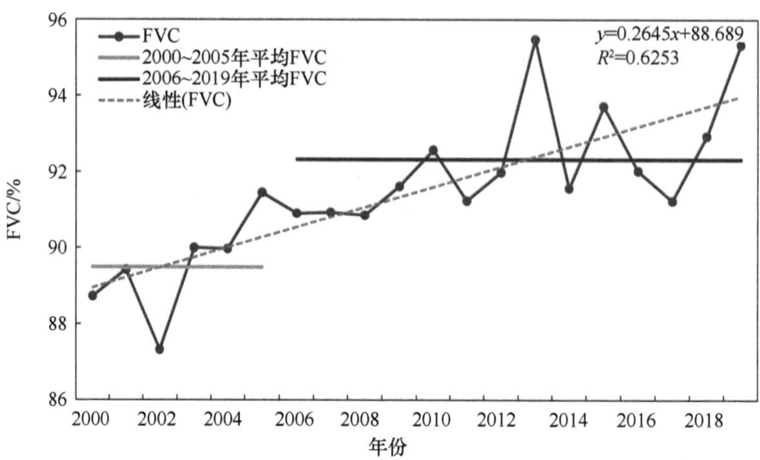

图 13-38 天然保护林工程 2000～1019 年植被覆盖度（FVC）变化图

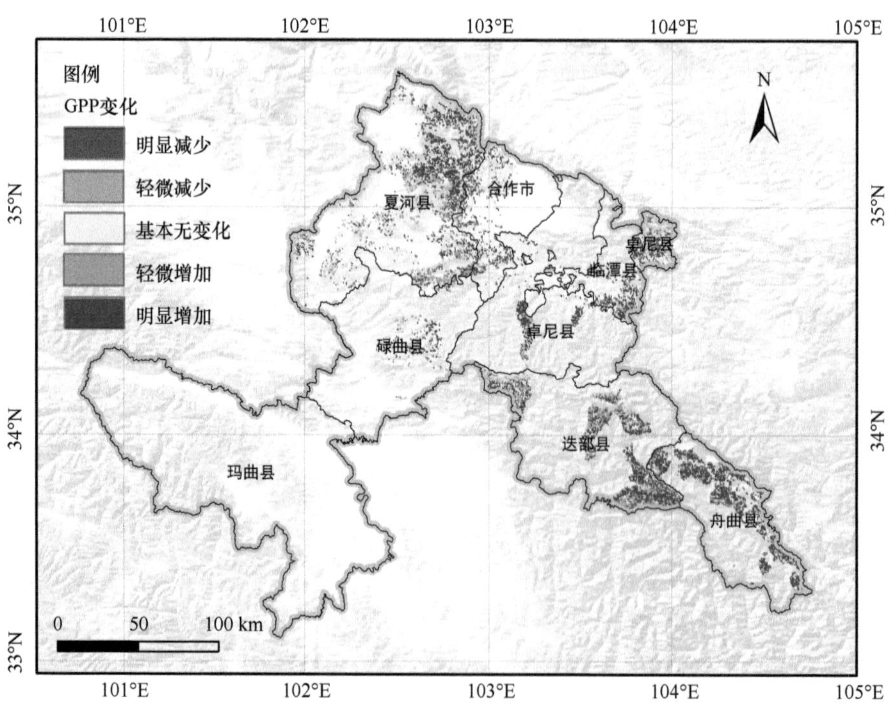

图 13-39 天然保护林工程 2000～1019 年 GPP 变化空间分布图

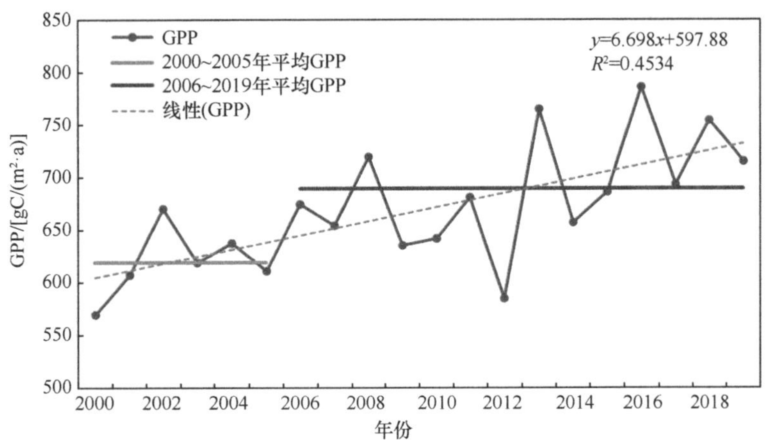

图 13-40　天然保护林工程 2000～1019 年 GPP 变化图

5）生态修复工程成效评估建议

根据习近平总书记在视察甘肃时作出的重要指示，针对甘南州生态保护与修复的现状和保护管理中存在的问题，结合本报告的主要发现，在此提出四点建议：

一、坚持生态保护优先，切实保障区域水源涵养生态功能的恢复和改善。紧紧围绕黄河上游水源涵养这一生态恢复重点，坚守“绿水青山就是金山银山”的重要生态理念，坚持生态优先、绿色发展，强化“上游意识”，担起“上游责任”，讲好“黄河故事”，做好“黄河文章”，走“举生态牌、谋生态策、走生态路、吃生态饭”的发展路子。加大生态环境系统保护与修复力度，提高生态产品自产能力和资源环境综合承载能力，集约利用空间资源和高效实施重点开发项目，使生态环境保护与经济社会发展相互协调、相互促进。推动黄河流域生态保护和高质量发展重大国家战略在甘南落地生根。

二、科学识别典型生态脆弱区，通过生态工程修复遏制和扭转退化态势。结合本报告中关于森林、湿地等退化的时空格局分析成果，划定重要生态修复工程实施的范围和优先等级。通过科学监测和评估结果严筛生态修复项目，针对识别出的典型生态退化区开展生态工程整治，切实将生态工程资金用到关键区域。

三、建立农牧一体化的畜牧生产模式，实现全州草畜平衡问题的标本兼治。立足人与自然和谐共生，在科学测算天然牧场草畜平衡状况和压力指数的前提下，结合人工饲草生产的适宜性分布，制定切实可行的人工饲草种植规划，实现区域内草畜平衡，从源头上遏制草地退化的问题。充分挖掘药材等特色农业发展模式，增加农民收入，提高基本公共服务能力和社会保障水平，实现基本公共服务均等化，不断提高人民生活水平和生活质量。

四、寻找可持续发展的科学创新途径，通过政策引导实现区域科学发展。生态保护与高质量发展是一项投资大、时间长、工作复杂的系统工程，具有综合性、系统性和艰巨性的特点，必须从实际出发，综合各方面情况，科学规划、重点突破、分步实施。结合甘南在生态旅游等领域的优势，发展特色旅游项目；科学筛选项目，确保生态效益和产业效益最大化，从而全面提升生态保护与高质量发展保障水平。